경관법과 경관계획

경관법과 경관계획

1판 1쇄 인쇄 2008년 12월 10일
1판 1쇄 발행 2008년 12월 15일

지은이 | (사) 한국경관협의회
발행인 | 김병계
발행처 | 도서출판 보문당
등록 | 1990년 6월 15일(제1-1066호)
주소 | 서울시 마포구 신수동 448-6 우) 121-110
전화 | 704-7025 / 704-0635
팩스 | 704-2324
전자우편 | bmdpub@empal.com

값 20,000원

ISBN 978-89-8413-155-2

경관법과 경관계획

(사) 한국경관협의회 지음

普 文 堂

발간사

바야흐로 환경과 경관의 시대가 도래하고 있습니다. 국토관리정책은 '환경과 삶의 질을 우선하는 선진형 국토관리' 로 그 지향점이 수정되고 있으며, 국토건설의 패러다임도 개발중심에서 환경을 중시하는 '아름다운 국토경관' 조성으로 전환되고 있습니다. 또한 공공디자인이 국가적 과제로 떠오르고 있습니다. 이러한 사회적 변화 추세에 맞추어 2007년에는 경관법이 제정되었으며, 이와 더불어 경관 전문가에 대한 수요가 급속하게 늘어나고 있습니다.

이와 같은 친경관적 흐름이 형성되는데 있어서는 건축, 도시, 조경, 공공디자인 등 경관 관련 전문가들의 많은 연구와 노력이 밑거름 역할을 하였습니다. 그러나 한편으로는 경관이 가지는 다양성으로 인해 분야마다 미묘한 차이를 보여 온 것도 부인할 수 없는 현실이었습니다. 이러한 시점에 경관과 관련있는 산 · 관 · 학 전문가들이 마음과 뜻을 모아 2005년 '한국경관협의회' 를 창립함으로써, 그 동안 논란의 여지가 있었던 여러 주제들을 함께 고민하고 풀어나갈 수 있는 장을 마련하게 된 것은 매우 뜻 깊은 일이라고 하겠습니다. 지금까지 도시, 건축, 조경, 공공디자인 등 전문분야별로 각자의 대안을 모색하여 왔지만, 관련분야 전문가들의 공동의 노력을 통하여 경관문제를 종합적이고 체계적으로 접근하고자 하며 더 나아가 상승효과를 기대합니다.

경관법 제정 이후로 중앙정부의 관련부처는 물론이고 각 지방자치단체들도 각자 분야에서 경관의 중요성을 인식하고, 관련제도를 보완하거나 경관관련 계획을 수립하고 경관사업을 추진하는 등의 일련의 움직임을 보이고 있습니다. 특히 경관법에 의한 법정계획으로서의 경관계획 작성이 각 지방자치단체별로 본격적으로 진행될 것으로 보입니다. 그러나 이러한 제도적 변화에 적절히 대응하고 지방자치단체별로 진행하는 경관계획을 수

행할 경관 관련 전문인력이나 경험이 부족한 것이 사실입니다. 경관관련 제도를 마련하는 일 못지않게 인력이나 경험을 충분히 배양하는 것이 경관분야가 조속히 정착될 수 있는 길이라고 생각합니다.

이러한 문제의식을 가지고 본 (사)한국경관협의회에서는 '경관법과 경관계획' 이라는 주제로 경관교육 프로그램인 경관아카데미를 많은 관심 속에 진행한 바 있습니다. 이 책은 경관아카데미의 연속선 상에 있으며 경관법의 주요 내용과 경관계획에 대한 내용을 다루고 있어 경관관련 실무추진에 많은 도움이 되리라 생각합니다. 특히 건축, 도시, 조경, 공공디자인 분야에서 학계 뿐만 아니라 실제 업무를 진행하고 있는 실무진들이 집필진으로 참여하고 있어 실질적인 도움이 될 것으로 기대합니다. 바쁜 일정 속에서도 집필작업에 동참해 주신 여러 집필위원 및 출판관계자 여러분에게 감사의 뜻을 전합니다.

이 책 "경관법과 경관계획"을 시작으로 경관분야의 학술적, 실무적인 성과가 계속해서 출간되기를 희망하며, 이와 같은 성과를 바탕으로 경관분야의 발전이 지속적으로 이루어지기를 바랍니다.

2008년 10월

(사)한국경관협의회 회장 임 승 빈

머리말

지난 2007년은 경관법의 통과와 시행이 이루어져 국토경관의 보전 및 형성을 위한 제도적 토대가 마련된 뜻 깊은 해였다. 경제성장과 지방자치 제도의 도입 등에 따른 경관에 대한 높은 사회적인 관심을 반영한 조치라고 할 수 있다. 경관법 이전에도 경관과 관련된 다양한 제도적 장치가 있었으나, 경관법 시행 이후 본격적으로 주변 환경과 경관에 대한 구체적인 계획 및 관리가 진행될 것으로 예상된다. 올해부터 경관법 시행에 따른 여러 가지 변화가 나타날 것으로 예상되는데, 특히 경관법에 의한 경관계획의 작성이 각 지방자치단체를 중심으로 본격적으로 진행될 것으로 보인다.

그러나 이러한 제도적인 보완에 비해 국내 경관관련 부문은 아직 양적, 질적인 측면에서 충분한 토양이 마련되었다고 보기에는 무리가 있다. 특히 경관계획을 수립하고자 하는 지방자치단체의 입장에서는 전문인력의 부족으로 계획의 수립과 진행에 많은 어려움이 있으리라 생각된다. 이러한 제도도입에 따른 교육의 필요성을 절감하여 (사)한국경관협의회에서는 '경관법과 경관계획' 이라는 주제로 경관아카데미를 진행한 바 있으며, 이 책은 경관아카데미의 결과물로 실무적 측면에서 경관법의 주요 내용과 경관계획에 대한 사항을 다루고 있다.

이 책은 경관법의 체계와 경관계획의 진행단계에 맞추어 각 단계별로 장을 구성하였다. 제1장에서는 경관의 개념과 접근방법에 대해 이론적인 배경을 다루고 있으며, 제2장에서는 경관법의 도입배경과 주요 내용을 설명하였다. 제3장에서는 경관계획 수립과정을 경관현황조사, 경관기본구상 및 경관기본계획, 경관설계지침, 실행계획 등의 단계로 구분하여 설명하였으며, 제4장에서는 사업단위의 진행방식인 경관사업과 자율적 경관형성방식인 경관협정에 대한 내용을 다루고 있다. 제5장에서는 경관관련 행정 및 관리를 위한 경관조례와 경관위원회에 대해 설명하였으며, 제6장에서는 실제 진행

된 경관계획 사례를 소개하여 실무적인 도움이 될 수 있도록 하였다.

경관법이 본격적으로 작동하여 우리의 주변 경관이 아름답게 변하기까지는 앞으로 많은 과정과 노력이 필요할 것으로 생각한다. 비록 이 책에 담은 내용으로 우리의 환경과 경관이 즉각적으로 변화하리라고 기대할 수는 없겠지만, 이러한 작은 시작이 미래의 변화에 기여할 수 있으리라 기대해 본다.

끝으로 이 책의 출판을 쾌히 승낙하고 지원해 주신 보문당의 김병계 사장님과 김태우 실장님, 편집부 여러분, 그리고 이 책의 기획에서부터 출판에 이르기까지 많은 관심과 지원을 아끼지 않으셨던 (사)한국경관협의회 임승빈 회장님과 임원진 여러분들께 감사드린다. 무엇보다 바쁘신 일정 중에도 이 책을 완성하기 위해 노력해 주신 집필진 여러분들께 마음 속 깊이 감사를 드리고, 경관아카데미의 진행과 이 책의 출판을 위해 궂은 일을 도맡아 준 (사)한국경관협의회 사무국의 이현승, 조중석, 이청원, 김미선에게 진심으로 고마운 마음을 전한다.

2008년 10월

집필책임 주신하

차 례

2007년 경관법이 제정되면서 국내 경관관련 분야에는 경관계획을 비롯해서 다양한 경관사업과 경관협정이 이루어질 것으로 예상된다. 그러나 경관관련 접근 방법은 계획마다 서로 다르게 진행되고 있으며, 경관관련 개념 또한 매우 혼란스럽게 사용되고 있는 실정이다. 본 장에서는 경관법 시행에 따른 변화를 살펴보고 현재 사용되고 있는 각종 경관이론 및 경관용어들에 대해 잠정적인 용어정의를 제시하여 앞으로 전개되는 내용들의 이해에 도움을 주고자 한다.

– 김 한 배 –

I. 경관의 개념과 접근방법

경관의 개념과 접근방법

Part 01

1.1 도시경관과 경관계획

1. 변화하는 도시개념

밀레니엄으로 넘어오면서 인류문화 패러다임의 변화와 함께 환경과 도시의 가치관도 전환되고 있다. 20세기가 도시건설의 시대였다면 21세기는 도시관리와 도시재생의 시대이다. 기술과 효율에 기반한 양적 공간공급의 시대에서 문화와 미학에 기초한 질적 관리와 환경창조의 시대로 바뀌어가고 있다. 이러한 변화는 위정자나 전문가의 정책의지 이전에 시민사회의 자생적인 수요변화에서부터 빠르게 나타나고 있다.

앞 시대의 도시인프라가 공장과 도로, 항만 등이었다면 이 시대의 도시인프라는 자연, 녹지와 어우러지는 문화공간, 가로공간, 워터프론트 등 감성적 공간들이 이를 대체해가고 있다. 도시환경의 품격과 이미지가 주민의 생활환경으로서는 물론 지역경제 활성화의 필수기반이 되어가고 있는 것이다. 이러한 새로운 시대에 대두되는 시각적, 미학적 환경을 총칭하여 우리는 '경관'이라고 부를 수 있다. 1980년대 시민운동과 함께 한국에 도시의 물리적, 생태적 환경에 대한 관심이 급증한 것에 비교하여 2000년대에는 보다 문화적이고 감성적인 도시경관의 시대가 도래할 것으로 예견된다.

이러한 시대정신에 비추어서 우리 생활경관의 현 상황은 어떠한가. 날로 잠식되어가는 자연경관, 획일적 아파트 일색으로 덮여가는 주거경관, 어지럽고 천박한 상업경관, 훼손되고 위축되어가는 역사경관 등 공공경관의 총체적 부실이 제도적 혁신을 요구하고 있다. 경관법은 이러한 시대적 요구에 대처하기 위하여 만들어진 포괄적 성격의 법이다.

2. 다가오는 도시경관의 시대

도시경관의 보전과 개선에 대한 문제는 주로 제2차 세계대전 이후에 유럽의 여러나라에서 본격적으로 논의되기 시작하였다. 이후 도시경관의 제도적, 계획적 관리는 세계적인 운동으로 파급되어 왔고, 아시아권에서는 일본이 앞서고 있는데 많은 도시들이 이미 제도화단계를 넘어서 시행단계에 와있다. 이 운동은 초기에는 역사적 경관의 보전과 함께 도시미관의 형성 등과 같은 조형적 측면에서 보려는 관점이 강했으나 최근으로 올수록 각 도시마다의 특유한 개성을 의식하고 역사나 풍토의 이미지, 주민의 특성을 반영하려는 '도시의 얼굴' 로서의 성격을 중시하게 되었다고 보인다.

미래학자들에 의하면 21세기는 문화와 이미지의 시대로서 국가간, 지역간 경쟁도 이러한 이미지를 통해 진행되리라고 한다. 이런 면에서 도시문화의 눈에 보이는 표현인 도시경관은 단순히 도시미관의 차원을 넘어서서 궁극적으로는 그 도시의 독자적 이미지인 '도시정체성(C.I.; city identity)' 을 형성할 수 있다. 즉, 도시경관계획은 도시미관과 함께 정체성 형성(identity making)을 목적으로 하는 새로운 차원의 도시계획부분이나. 지방도시계획의 독자적 전개가 가능해진 한국의 현 지방자치제 하에서, 도시경관계획은 도시민의 실질적 삶의 질을 높이는 수단이 됨과 동시에 그동안 돌보지 않았던 각 도시의 고유한 개성을 신장시키는 중요한 전략수단이 될 것이다.

3. 경관법과 도시경관

우리나라는 2007년 5월에 드디어 경관법을 제정하였다. 이로서 종래 애매한 미적 개념에 머물렀던 '경관' 이 실재하는 공공재로서 법과 행정의 구체적 대상이 되었다. 이는 경관이 다수 국민의 피부에 와 닿는 시대가 되었다는 것을 반영한다. 사적인 입장에서도 조망권은 부동산 가치의 중요 척도로 민감한 소송사안이 되기도 하고 공공적 입장에서 주요 산 등 도시의 대표경관과 그 조망은 도시민들이 투쟁을 불사하고 지켜내야 할 공유자산으로 인식되기 시작하였다.

경관은 독립적 어휘로도 사용되나 자연경관, 도시경관 등과 같이 복합어로 더 자주 사용된다. 근대 이전에는 풍경, 경치 등의 동의어로 주로 자연경관을 위주로 하는 미적 완상의 대상으로 인식되었으나 근대화에 따르는 급격한 도시화나 대규모 국토개발과 더불어 자연경관 훼손의 예방과 보존, 복구 등 경관관리가 환경행정의 과제로 대두되기 시작하였다. 이러면서 경관개념은 도시경관에 집중되었고 특히 도시화의 외연에 위치하여 훼손의 위험에 노출되어 있는 자연경관과 역사경관의 보존과 조화가 쟁점화 되어 왔다.

이번에 경관법 제정에 관심을 갖고 동참하였던 정부부처들로는 환경부와 농림수산식품부, 문화체육관광부 등이 있었다. 이들 부처는 그들 각각의 고유영역인 자연경관과 농촌경관, 역사경관의 관리에 관심을 갖고 법제정 과정에 참여 의견을 제시하였고, 사실상의 법제정은 경관문제 유발에 가장 책임이 큰 국토해양부가 결자해지 차원에서 주도하게 되었다. 따라서 경관법의 내용은 실제적으로 상기의 여러 유형의 국토경관들을 모두 포괄하고 있다.

그러나 최근에 경관법을 제정한 일본의 예에서 볼 수 있는 바와 같이 도시경관관련 제도와 계획은 사실상 각 도시자치정부의 필요에 의해서 출발되어 현재까지 발전되어 온 것과 같이 무엇보다도 도시경관이 주된 비중을 차지한다. 이러한 배경에서 본 절의 소제목에 도시경관이라고 쓴 것은 도시경관이 경관법의 전부라는 말이기 보다는 경관법에서 해결하고자 하는 문제의 중심이 주로 여기에 있다는 의미이다. 여기서 도시경관의 개념은, 앞의 경관의 정의 속에서도 도시라는 특정한 환경의 경관을 의미한다. 즉, 도시경관이란 기본적으로 우리가 일상생활 속에서 체험하는 '도시의 모습'이다. 좁게는 우리가 직접 눈으로 보는 도시의 경치와 그 시각적 모습을 말하나, 넓게는 우리의 오감에 의해 느껴지는 도시의 이미지나 시민생활의 분위기까지를 포함하는 총체적인 개념이다.

경관계획이란 1차적으로 도시화, 산업화로 훼손되어가는 국토의 자연적 역사적 경관자원들을 보존하는 것을 기본목표로 하면서 도시와 농어촌에 산발적으로 이루어지고 있는 경관형성사업들을 계획적으로 체계화하려는 제도이다. 이러한 경관계획의 작성에는 도시환경이 가지는 다양한 질적 측면들인 심미적, 문화적, 생태환경적, 기능적 측면에 대한 폭넓은 이해를 기초로 하는 총체적인 계획방법론의 공유와 활용이 요망된다.

본 장, 서론부에서는 먼저 세계 경관정책의 기원과 전개를 조감하고 우리나라에서 제게되고 있는 최근의 쟁점들을 요약하기로 한다. 그 다음, 경관을 체계적으로 보는 시야를 확보하기 위하여 경관분석과 해석의 기존이

론들을 요약, 소개하기로 한다. 최근 제정된 경관법령의 내용과 그 적용방법을 해설하면서 특히 경관법의 중심내용인 경관계획의 기본원칙과 부문별, 단계별 기법들을 소개하기 위해서 작성되었다.

1.2 경관연구의 대표적 관점들

1. 경관의 정의

'경관' 이라는 말은 이제 우리 일상생활에서도 흔히 쓰이는 말이 되었지만 이를 정의하자면 쉽지가 않다. 그간 사용되어오던 정의 중에서 가장 쉽고도 명료한 정의로는 '보이는 환경(鳴海, 1988)[1]' 을 들 수 있다. 요즈음은 보다 포괄적으로 '느끼는 환경' 이라고도 한다. 이들은 무엇보다도 경관을 시각적으로 감지되는 우리 둘레의 외부환경이라는 가장 1차적인 정의라고 할 수 있다. 이러한 정의에는 심미적 차원이 핵심개념으로 포함되어 있으며 따라서 상당부분 주관적인 면을 갖고 있다. 어원학적으로 볼 때도 서양에서는 풍경화에서 비롯되어 정원과 조경에서 쓰인 심미적 뜻(landskip)으로 먼저 쓰였으며, 이와 함께 중세 봉건영주가 소유한 일단의 토지(landshaft)라는 개념이 동시에 포함되어 있다. 또한 20세기 초 인문지리학에서 사용한 지역개념 등의 토지공간의 개념도 겹쳐진다(황기원, 1989). 이렇게 볼 때, 경관이라는 말은 본질적으로 다의적 의미를 지니며 시각적 측면을 위주로 하여 생태적인 측면과 토지공간적인 측면을 동시에 갖고 있다고 하겠다. 경관의 사용빈도가 많아지는 최근으로 올수록 경관의 의미는 지역문화, 특정지역의 분위기, 이미지, 정체성 등을 포함하는 더욱 포괄적 개념으로 인식되고 있다.

경관을 시각적, 문화적 차원으로 좁혀서 볼 때도 경관이라는 것은 '보이는 대상' 과 '보는 주체' , 양자 간의 관계 속에서 성립한다. 즉, 경관은 산

---

1) 경관의 기본 성격은 사용되는 분야에 따라, 사람에 따라, 상황에 따라 여러 가지 의미로 해석되는 '다의적' 인 것이다. 따라서 공인된 정의를 설정하기가 매우 어렵다. 그러나 유사개념들과 구분되는 분명하고도 1차적인 차이점은 그것이 '눈에 의해서 지각되는' , '일단의 환경의 모습' 이며 이에는 심미적 측면이 우선시된다는 것이다. 일본의 저명한 경관학자 나루우미(鳴海)는 이를 요약해서 '보이는 환경' 이라고 했다. 자세한 것은 다음의 책을 참고 바란다. 鳴海邦碩 編(1988), 景觀からのまちづくり, 京都, 學藝出版社.

이나 바다 그 자체와 같이 저 혼자 존재하는 물리적 대상 그 자체만으로 성립할 수 있는 것은 아니며 언제나 주체로서의 사람의 보는 행위를 전제로 성립하는 것이라는 뜻이다. 한자어 경관이 '경(景)' 과 '관(觀)' 이라는 두 가지 의미의 복합으로 구성되어 있는 것 또한 경관의 의미가 보이는 대상으로서의 '경' 과 보는 주체의 행동으로서의 '관' 이 결합된 것이라는 것을 말하고 있다. 먼저 얘기한 경관의 심미적 차원에서 볼 때도 아름다운 경관이란 대상 자체가 객관적으로 아름다운 조건을 갖추고 있어야 하는 것과 동시에 보는 사람 개인이나 집단이 주관적으로 아름답게 느낄 수 있는 상황이 되어야 한다.

2. 경관연구의 근거이론

이런 면에서 경관의 연구에서는 대상과 주체간의 지각적 관계를 알아내기 위하여 환경심리학적 이론을 사용한다. 심리학은 기본적으로 자극과 반응을 통해서 심리적 법칙을 연구하는데 "환경심리학에 근거한 경관연구에서는 경관을 하나의 환경적 '자극' 으로 간주하고, 경관을 바라보는 주체로서 인간의 미적 판단을 '반응' 으로 생각하여 이들 사이의 인과관계를 설명하려 한다." 특히 여기서는 자극을 감각을 통해 받아들여서 정신과 신체를 통해 느끼고 행동하는 일련의 과정을 중심으로 연구해왔다. 여기서 미적 자극과 반응의 기본단계는 '지각→인지→태도→행위(또는 체험)' 라고 전제하고 각각의 단계에 상응하는 연구방법론을 발전시켜 왔다(김한배 · 이규목, 1993).

이와 함께 경관은 무엇보다도 그 아름다움의 측정과 평가와 그를 통한 보전과 활용이 문제시 되는 것인데 이러한 경관의 심미적 성격으로 인해서 경관의 연구에는 미학적 접근이 또하나의 중심축이 된다. 여기서 경관대상의 미적 조건은 양면적인 성격을 갖는다. 물리적 환경의 아름다움은 외형 그 자체의 미적 조건에 의해서 느껴지기도 하지만 많은 경우에 미적 감응은 그것이 전달해주는 형태 이면의 의미 내지 상징성에 의해서 느껴지기도 한다. 앞의 경우에 근거한 심미성의 이론이 형식미학이라는 것이고 뒤의 경우의 이론은 이와 대비해서 상징미학이라고 한다(Lang, 1987).

3. 경관연구 방법론의 4대 유형

이렇게 경관의 연구에는 경관이 가지는 대상과 주체의 측면, 환경인식의 단계의 측면, 경관의 외형과 의미의 측면 등이 교차해가면서 경관연구의 주된 방법론들이 전개되어 왔다.

가장 오래 전부터 시작되었고 현재까지도 가장 실용적으로 적용되고 있는 방법론은 소위 '형식미학적 접근'이다. 이는 대상과 주체 중에서 대상의 외형적 속성에 보다 비중을 두고 그 법칙성을 연구하는 것으로 경관의 미적 평가에서부터 경관계획의 디자인적 원칙에 이르기까지 적용되어 왔다. 근대 이후에는 게시탈트심리학 등 보다 과학적 방법을 포함하게 되며 최근의 디지털에 의한 경관시뮬레이션 작성과 평가도 크게 보면 이 범주에 속한다. 환경인식단계로서는 지각적 단계에 집중한다.

이와 대조가 되는 두 번째 방법론은 이른바 '상징미학적 접근'으로 경관대상의 미적 가치를 외형보다는 그에 표현되거나 인지되는 상징적 의미 또는 이미지에 의해서 평가하려는 입장이다. 상징적 접근과 기호학적 접근, 전달매체적 접근을 포함한다. 환경인식단계로서는 인지단계에 집중한다. 문화재 주변의 경관계획, 도시이미지의 평가와 계획 등에 적용할 수 있다.

세 번째로는 과학적 실증주의적 태도에 근거하는 연구방법론이다. 경관에 대한 평가를 인간주체의 반응과 태도의 객관적 측정을 통하여 수행하려는 것으로 환경심리학과 행태과학에 근거하여 방법론을 발전시켜 왔다. 1980년대와 90년대에 미국과 한국에 풍미하던 방법론이다. 정신물리학적 방법과 심리학적 방법을 포함한다. 환경인식단계로서는 태도와 행위의 단계에 집중된다. 실제 주민들을 대상으로 하는 경관선호도와 만족도 조사와 그에 근거한 경관계획모델 구축에 사용될 수 있다.

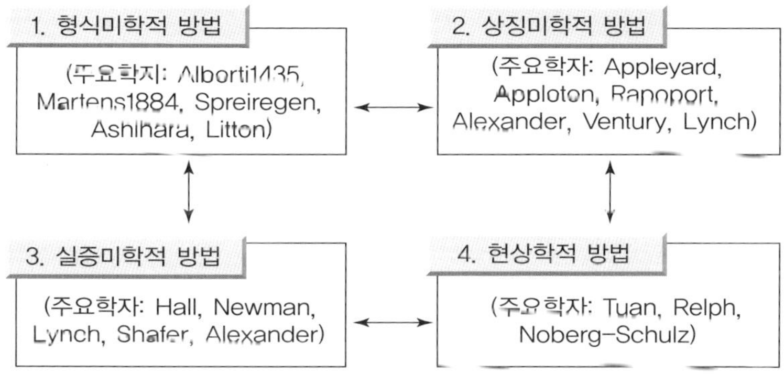

그림 1-1 경관연구방법론의 4대유형

네 번째로는 앞의 경관연구에 대한 과학적, 분석적 방법의 한계를 극복하기 위해 현상학적 철학, 총체적 방법을 동원한다. 경관의 진솔한 체험을 통한 '경관-인간' 일체화 현상을 연구하고 장소만들기를 통한 경관의 인간화 방법을 개발하려 한다. 환경인식단계로서는 마지막 단계이자 총체적 단계인 체험 단계에 집중된다. 주민 심층인터뷰를 통한 장소성과 비장소성의 요인분석 및 장소만들기 등에 적용될 수 있다(임승빈, 1991; 이규목, 1992).

이들 네가지 방법론은 서로 대조적이고 이질적 방법이기는 하지만 실제의 적용상황에서는 경관적 과제의 특성에 따라 여러 방법이 상호보완적으로 병용되기도 한다. 이 외에도 경제학적 방법론, 생태학적 방법론 등이 있으나 적용빈도가 높지 않아 생략한다. 네가지 방법의 상호관계와 특징의 비교는 아래 표와 같다.

표 1-1 4대 방법론의 개요

구분	목표	근거이론	방법 · 관심방향
1. 형식미학적 방법	절대적 형태미	고전적 미이론, 형태심리학	• 물리적, 시지각적 차원의 분석 • 의장론에 관심 • 계획 · 설계에 직접 이용
2. 상징미학적 방법	상징적 의미 소통미	문화인류학, 정신분석학, 구조주의, 분석철학, 기호학, 해석학	• 경관상징성, 의미전달과정에 초점 • 경관의미해석에 관심 • 경관연구와 설계에 이용
3. 실증미학적 방법	객관적 상대미	환경심리학, 행태과학	• 자극-반응의 도식, 지각-인지-태도-행태의 과정에 관심 • 선호도에 근거한 계량적 경관 평가에 이용
4. 현상학적 방법	실존적 체험미	실존주의, 현상학, 풍수론	• 직접적 경험, 직관에 의한 경관의 총체적 성격 파악에 관심 • 경관-인간의 상호융합현상인 정체성, 장소성에 관심 • 경관연구와 설계에 이용

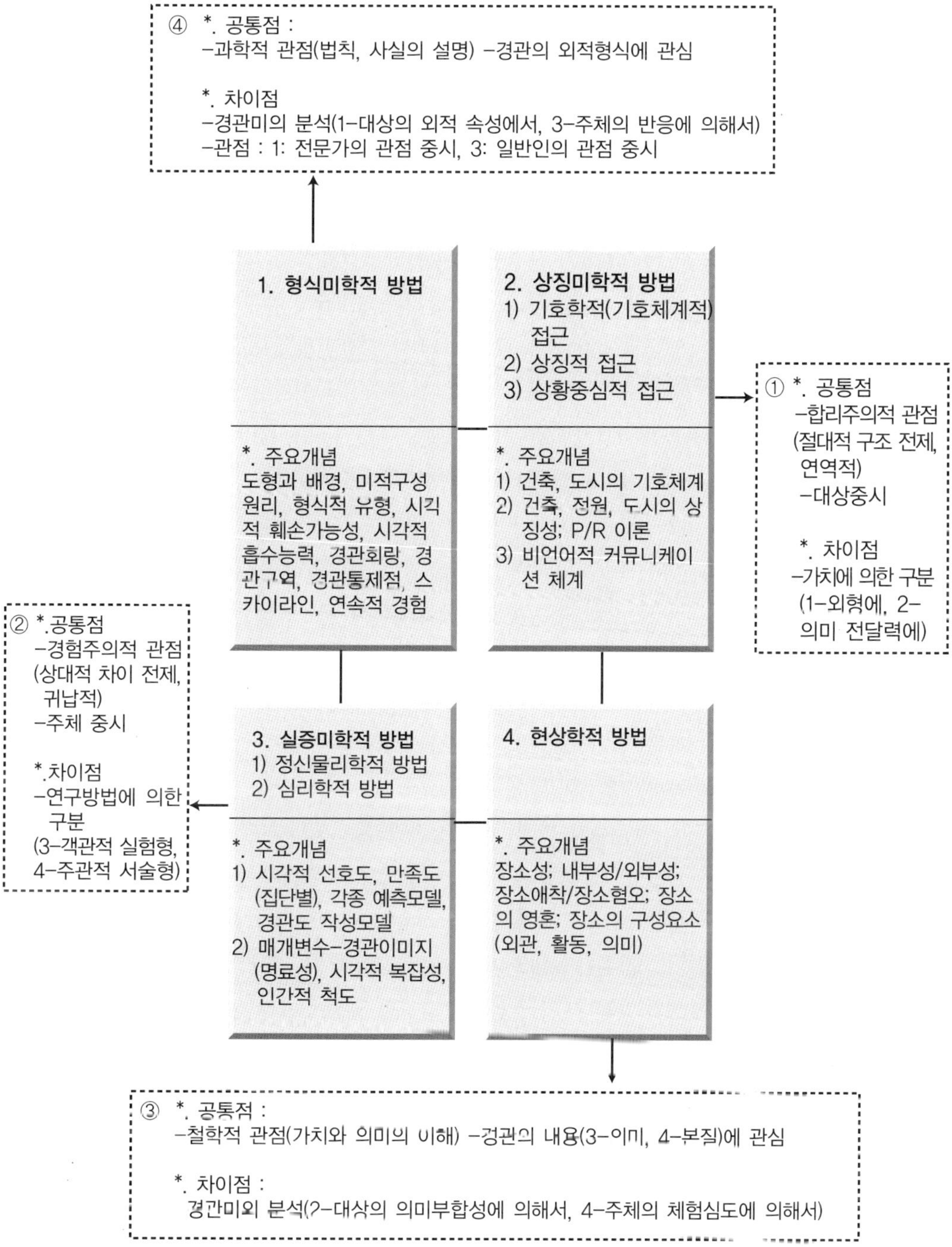

그림 1-2 4대방법론의 특성비교

1.3 경관법 시행과 그에 따른 변화

1. 법적 체계의 변화

경관법 시행에 따라 가장 먼저 체감할 수 있는 환경변화로써 각종 '경관사업' 의 활성화가 예측된다. 2000년대를 전후해 가장 각광받은 혁신적 도시사업으로 해외에까지 명성을 떨친 '청계천 복원사업' 과 함께 '걷고싶은 거리만들기' 사업과 '역사탐방로 조성사업' 그리고 최근의 '한강르네상스사업' 등은 사실상 도시경관의 형성을 주목적으로 하는 전형적인 '경관사업' 들이라 할 수 있다. 그러나 경관법제정 이전까지 기존 도시계획사업의 범주로 쉽게 분류되지 않는 복합적 도시환경사업들은 물론 근거법령 및 소관부서를 규정하기에 애매한 부분이 너무 많아 시행의 어려움이 컸던 것이 사실이다. 향후 이러한 형태의 복합사업들은 경관법 내의 '경관사업' 이라는 법적 지위를 가지면서 비약적으로 활성화될 것이 예상된다. 또한 주민의 자발적 발의와 참여를 통한 경관개선사업인 '주민협정' 도 주민들의 거주환경의 질적 개선과 자산가치 증대를 위한 노력의 일환으로 향후 크게 활성화될 것으로 보인다. 그리고 무엇보다도 이러한 사업들을 포함하는 지역과 도시전체의 중장기적 경관관리를 종합적, 단계적으로 추진할 수 있게 하는 마스터플랜인 '법정 경관계획' 을 수립할 수 있게 된 것이 무엇보다도 큰 변화일 것이다.

지금까지 법에 의한 경관관리는 '국토의계획및이용에관한법률(이하 국계법)' 에 의한 광역도시계획, 도시기본계획, 도시관리계획 등의 하나의 부문계획으로 작성되어 왔으나, 그 실행수단이 명확치 않아 계획으로만 그치는 경우가 많았으며 이 계획이 총체적인 경관관리로 연결되지 못하는 한계가 있었다. 그러나 최근 경관법 제정에 따라 경관계획의 법적 구속력 및 실효성을 높일 수 있게 되었고, 아울러 경관조례의 법적 근거와 경관사업 및 경관협정에 대한 법적 지원근거가 마련되는 등 경관관리를 위한 법제도적 기반이 마련되고 있다. 또한 기존의 국계법에서 경관자원의 관리를 위한 '경관지구' 지정의 논리적 근거가 미약했었는데 이번 경관법의 발효로 법정 경관계획에 근거한 경관지구의 지정과 운용에 실효성이 더해지게 되었다.

2. 경관계획의 내용과 역할

도시의 대표경관을 복원시키기 위한 가장 최초이자 상징적인 사건은 1994년 '남산제모습찾기사업'의 일환으로 시행된 '남산외인아파트 철거'일 것이다. 이는 서울을 진입하는 대표적 시점 중 하나인 한남대교로부터의 남산의 조망을 회복시킴으로써 서울의 정체성을 강화하고자 단행된 사업이었다. 이와 같이 도시와 지역의 대표적 경관자원을 훼손시키는 개발행위는 고층아파트의 등장 이후 전국적으로 범람하게 됨으로 해서 이에 대한 제도적 대응요구가 제기되어 왔었다.

전국의 도시 중 선도적으로 도시경관계획을 수립하여 도시관리에 반영하고 있는 진주시의 경우, 도시의 대표경관이자 조망점인 촉석루에서 안산 쪽으로의 조망을 차단하는 고층아파트 건립 이후에 시민들의 반성과 자각에 의해서 경관계획이 수립되고 실행되게 되었다. 이와 같이 도시경관계획

그림 1-3 남산외인아파트 철거모습

에서는 한번 훼손되면 거의 복구불능한 대표적 경관자원의 제도적 보호가 경관계획의 최우선 과제였고 그 다음으로 도시전반에 품격높은 시각환경과 생활환경을 형성하고 유지관리하는 것이 주요 과제가 되고 있다. 이렇게 각 도시와 지역, 국토의 대표적인 경관자원들을 찾아내어 시민의 의식을 바탕으로 공공적 가치의 우선순위를 따지고, 도시환경 전반의 경관보존과 활용, 형성의 전략을 마련함으로써 도시의 쾌적성과 정체성, 지속가능성을 높이려는 것이 경관계획의 목표이다.

80~90년대의 한강과 남산의 사업들이 도시경관의 골격을 이루는 거시적인 조망형의 경관정비사업이었다면, 2000년대의 청계천이나 도심광장 조성사업은 보다 가까운 생활현장 속의 소위 환경형 경관사업으로 보다 일상적, 미시적 차원의 경관에 파고들고 있다. 근자의 '걷고싶은 도시', '살고싶은 도시' 라든가 하는 시민주체의 도시개조운동들 또한 인간적인 도시를 만들자는 취지에서 마찬가지로 미시적 도시경관사업들로 볼 수 있다. 이러한 거시적, 미시적 차원에서 경관보전을 위한 경관지구와 경관형성을 위한 경관사업들을 설정하고 그 실행방안을 마련하는 것이 경관계획의 주된 내용이다.

구체적으로 볼 때, 경관계획은 기존 경관자원의 '보전' 과 새로운 경관환경의 '형성' 이라는 두 갈래의 방향을 기본으로 하여 수립된다. 이 중에서 경관보전은 주로 경관계획에 근거한 '경관지구' 의 지정과 그에 따르는 법과 조례 및 지구단위계획에 의한 경관관리로 주로 실현될 수 있고, 경관형성은 역시 경관계획에 근거한 '경관사업' 과 '경관협정' 을 통해 주로 실현될 수 있다. 전자인 경관지구의 공간범위는 주로 경관자원 자체와 그를 바라보는 조망영역을 포함하게 되며 해당 지구 내의 개발은 정해진 법제의 허용범위 내에서 규제된다. 예를 들어 주요 산이나 하천 주변의 경관지구 등이 이에 해당된다. 따라서 조망영역을 구성하는 시가지는 많은 부분 민간부문 개발의 규제와 유도를 통해 경관관리가 이루어지며 목표에 달성하기까지는 비교적 장기간이 요하게 된다. 이와 달리 후자의 경관사업은 주로 공공공간을 대상으로 하여 관 주도의 경관조성으로 비교적 빠른 시간안에 실현되게 된다. 걷고싶은 거리나 하천복원, 도시워터프론트 조성 등이 이에 해당된다.

또한, 경관계획은 각종 경관심의의 근거로 사용될 수도 있다. 현행 환경부의 '자연환경보존법' 에 근거하여 시행되고 있는 '자연경관심의제도'

의 경우, 개발규제의 법적 효력이 막강함에도 불구하고 평가서류 작성과 심의방법의 적정성에 논란이 제기되는 가장 큰 원인은 심의근거의 불충분함이다. 즉, 환경부가 자체 개발한 지침화된 심의기준이 있기는 하나 이는 너무 보편적인 것이어서, 개별 개발대상지의 국지적 상황에 일일이 대응하는 데에는 원천적인 한계가 있다. 따라서 국토 전반적으로 중요한 지형요소인 대표적 강이나 산맥의 주변 등 경관심의가 요구되는 지역에는 사전에 각 지역성에 근거한 경관보전 및 관리계획의 수립이 필요하고 이러한 계획을 근거로 이 지역의 경관심의가 시행되는 것이 보다 타당하고 합리적일 것이다.

1.4 경관계획관련 개념용어설명

한국에서 최근 10년 가까이 적지 않은 경관관련 이론서와 번역서, 그리고 경관계획 보고서들이 출간되었었지만, 관련용어들에 대한 공식적 개념 정의가 이루어진 바 없이 상황에 따라 임의적으로 사용하여 의미전달과 실현에 많은 혼란이 있어 왔다. 본 장에서는 현재 사용되고 있는 각종 경관이론 및 계획실무에 사용되고 있는 경관용어들에 대해 잠정적인 용어정의를 제시하여 앞으로 전개되는 내용들의 이해에 도움이 되고자 한다. 용어정의라는 것은 관련분야의 연구에 있어 일종의 지도색인과도 같이 중요하고도 객관적 엄밀성을 필요로 하는 것으로서 향후 신뢰성 있는 학술기관과 정부기관의 공동연구를 통하여 공식적인 승인과 공포가 있어야 할 것이나 본서에서는 그동안의 용례와 선행연구들을 바탕으로 하여 공식적 용어정의에 앞선 예비적 제안의 성격으로 경관용어의 설명을 시도하고자 한다.

전체내용은 특히 경관계획 관련용어들을 계획과 실행, 관리의 단계에 맞추어 '목표개념', '해석개념', '대상개념', '평가개념', '조작개념', '관리개념' 의 단계로 서술하기로 한다. 목표개념은 '쾌적성' 이나 '정체성' 등 경관이 추구하는 이상적 목표를 표현하는 개념어들로 환경의 최상위 지표들이다. 해석개념들은 '원풍경' 등 경관의 본질구조와 관련된 용어들로 이론적 개념들이나 실제로 계획개념으로 사용되기도 한다.

대상개념은 '조망점', '조망대상' 과 같은 보다 구체적인 경관분석의 용어들로 주로 형식미학에 바탕을 둔 시각분석의 개념들이다. 평가개념들은 '위압경관', '차폐경관' 등 앞 단계의 기본 구조에 의해 파악된 경관들을 문제유형으로 분류한 개념들이며 경관계획의 분석단계에 주로 사용되는 개념들이다.

조작개념은 '가시율', '녹시율' 등 실제의 계획에 사용될 수 있는 지표적, 계량적 개념들이다. 관리개념은 '경관보전지구' 등 계획의 제도적 실현과 관련된 개념들로 경관지구들의 관리방식을 분류하여 유형화한 것이다.

1. 목표개념

• **쾌적성(amenity):**

사전적 의미로는 환경의 미적 가치, 안락함, 편리함, 즐거움 등의 총괄적 매력을 뜻한다(Webster 사전, 3판). 국내에서는 쾌적성이라고 번역하기도 하며 일본에서는 그대로 어메니티로 표기하면서 경관계획을 어메니티 계획이라는 명칭으로 부르기도 한다. 때에 따라서는 어메니티의 내용에 정체성을 포함하는 것으로 보기도 하므로 어떤 면에서는 모호하고 포괄적인 개념이기도 하다. 도시경관계획의 초기개념이 미관이었다면 이후 어메니티나 정체성 쪽으로 계획의 핵심목표가 이동 중에 있다고 보인다.

• **정체성(identity):**

쉬운 우리말로 '--다움'이라고 볼 수 있겠는데, 도시환경으로 볼 때는 그 곳 밖에 없는 어떤 특색, 분위기, 이미지를 일컫는다. 내부적으로는 동질적이고 외부적으로는 차별적인 성격이 정체성을 형성한다고 알려져 왔다. 이는 특정 도시의 사회문화적 성격이 시각적 경관과 일체화되어 나타나는 총체적 성격이다. 이 '다움'의 감각은 실제 환경을 구성하고 있는 부분들이 있는 그대로 느껴지기보다는 도형적으로 정리되어 느껴지거나 어느 특징적 부분이 극대화되어 인식되는 것이 보통이다. 도시경관 속에서는 도시전체의 공간적 구조나 특정 부분들이 정체성을 구성하는데 이러한 특징적 부분들을 대표경관이라고 부른다.

• **이미지(image):**

쉬운 말로 '머리 속의 그림(mental picture)'이라고 한다. 도시이미지란 '도시 전체의 상(像)'이라고 볼 수 있다. 환경이미지란 외부의 환경을 있는 그대로 받아들인 것이 아니라 관찰자의 경험과 가치에 통해 해석된 상태로 받아들인 '인지된 환경'이라고 할 수 있다. 린치(Lynch, 1960)는 심리학에서 사용했던 이미지 지도(Image Map)를 가지고 도시의 공공적 이미지의 원형을 파악했다. 그가 발견한 도시이미지를 구성하는 5대 시각적 요소는 랜드마크, 결절공간, 통로, 지구, 경계였는데 이들이 쉽게 패턴으로 조직될 수 있을 때 도시는 이미지성이나 명료성을 갖게된다고 하였다. 그는 도시이미지가 정체성, 구조, 의미의 세 측면을 갖고 있다고 함으로써 이미지가 정체성을 포함하는 것으로 보았다.

• 장소성(sensc of place):

국지적으로 한정된 어떤 공간의 독특하고 고유한 특성을 말한다. 토지령(Genius Loci)이라고도 하며 특정 환경에서 인간의 밀도 있는 체험을 통하여 느껴지는 그 장소의 정수를 말한다. 장소성 연구의 선구적 학자 렐프(Relph, 1976)는 장소성 또는 장소의 정체성을 구성하는 요소로 외관, 활동, 의미를 들었다. 이는 장소성이 물리적 공간의 특징적 형태와 함께 그곳에서 인간들의 특징적 활동, 그리고 그의 누적을 통해 생성된 사회문화적 의미가 한데 어우러져 다른 곳과 다른 차별성 있는 그 장소의 본질이 형성된다는 것이다. 사실상, 우리들이 보는 대표적 경관들은 대부분 이 세 국면 중 어느 한가지 이상이 뛰어난 경우가 대부분이다.

2. 해석개념

• 원풍경(原風景):

일본에서 고안된 개념이다. 개인, 집단의 성장과정과 깊은 관계를 갖는 풍경이다. 즉, 개인의 성장체험이 담겨있는 고향이나 장기 소속지의 풍경 등을 말한다. 이는 이후 경관선호도와 이미지에 지속적으로 영향을 미친다고 한다(通口, 1982). 즉, 사람은 개개인이 갖는 원풍경의 이미지에 의해서 현대경관의 가치평가를 한다고 한다(鳴海, 1988).

• 원형경관(原型景觀):

도시가 초기계획에 의해 완성되어진 때의 경관이다. 서울의 경우, 당시 도시조성의 전범이었던 주례고공기와 풍수모형에 의해 도시모습이 갖춰진 태종조 말의 경관을 말한다. 이러한 경관은 당대의 세계관이 표현된 하나의 소우주의 형태를 갖게 되며, 이후의 경관변천의 양상을 판단하는 기준이 된다.

• **표층경관(表層景觀)/심층경관(深層景觀):**

동양도시의 이중적 경관특성을 설명하기 위한 개념이다. 거리에서 본 가구의 앞부분(표층)과 뒷골목(이층 또는 심층)의 경관이 대조적이고, 이러한 이중성이 일본도시경관의 특성을 형성한다고 본다(眞文, 1980). 이 경우 표층은 급격한 변화를 겪더라도 심층은 그 성격을 계속 유지하는 관성을 갖는다고 한다. 우리나라의 큰길과 뒷길의 경관도 이와 유사하다(이규목, 1988). 이러한 골목의 뒤쪽, 또는 안쪽의 경관적 비중을 그들은 오성(奧性)이라고 표현하기도 했다.

• **보는 경관/사는 경관:**

경관을 보는 집단, 관점과 관계되는 말이다. '보는 경관' 은 주로 위정자와 방문객의 관점으로 외부인의 눈에 잘 띄는 중심대로나 광장 등 공공환경 미화에 비중을 두는 태도이다. '사는 경관' 은 생활인인 주민들의 관점으로 주거지나 시장 등 생활현장의 사는 모습이 그대로 배어나오는 자생적 경관의 모습에 비중을 두는 태도이다(鳴海, 1988). 앞의 것은 앞서의 표층경관에 뒤의 것은 심층경관에 내용적으로 근접해 있다. 앞의 것은 가시성 등 형식미학적 관점에 의존하고 뒤의 것은 장소성 등 현상학적 미학의 관점으로 이해가 된다. 도시경관계획이 보통 전자에 치중하는 경향이 많기 때문에 자칫 소홀하기 쉬운 생활경관의 미학을 강조하고자 하는 취지에서 주장된 개념이다.

• **조망형 경관(眺望型 景觀)/환경형 경관(環境型 景觀):**

코오베 시의 도시경관계획의 주축개념으로 사용되었던 개념체계이다. 조망형 경관이란 도시 내에서 도시를 대표하는 산이나 바다 등이 시가지와 함께 멀리 바라다 보이는 경관으로 원경의 랜드마크적 경관이라 하겠다. 환경형 경관은 이와 대조적으로 시가지 내의 여러 위치에서 우리 스스로를 둘러싸고 있는 주변환경의 경관으로 미시적이고 국소적 경관이다. 이러한 대조적인 두 경관 유형 사이에서 각 규모의 도시경관들을 위치시키면서 설명할 수 있다.

3. 대상개념

• **조망(View):**

관찰자와 일정한 거리를 두고 한눈에 바라다 보이는 대상물과 그 주변

환경으로 전망이라고도 한다. 조망점에서 바라다 보이는 조망대상과 조망영역을 포함한다.

• 조망점(View Point):

조망대상을 바라다볼 수 있는 지점으로 시점이라고도 하며 그 시점주변의 공간을 시점장(View Point Field)이라고도 한다.

• 조망통제점(Landscape Control Point):

조망지점 중 우수한 조망지점으로 평가되어 조망관리대상을 제어 및 정비, 관리하고자 하는 기준 지점이다. 주로 사람들이 많이 모이는 가로교차점이나 공공오픈스페이스가 해당된다.

• 시각회랑(Visual Corridor):

연속된 조망을 할 수 있는 선적인 관찰통로로 도로나 하천이 대표적이다. 조망점이나 조망통제점들이 대부분 이 시각회랑 내에 위치한다.

• 연속적 경관(Sequential View):

관찰자가 시각회랑을 따라 이동할 때의 시점의 변화에 따라 경관이 변화하는 모습을 말한다. 도시경관은 정지된 상태보다는 주로 이런 연속적 경관으로 체험되고 평가된다. 컬렌(Cullen, 1971)은 이를 점진적 전망

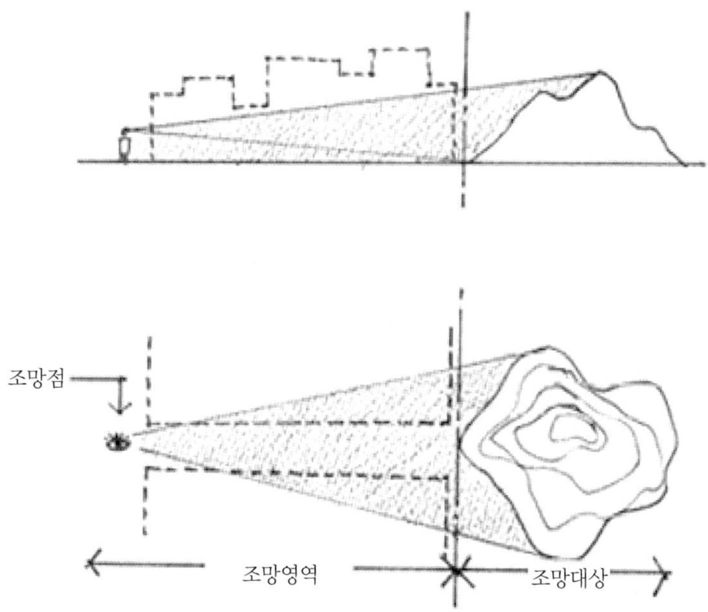

그림 1-4 조망점, 조망대상, 조망영역

(Serial Vision)이라고 하여 진행에 따른 극적인 구성이 필요하다고 하였다.

• 조망대상(주대상, 부대상):

조망지점에서 보이는 시각요소 모두를 조망자원이라 하고 그 중 일정한 기준에 의해 조망될 가치가 있는 것으로 선정된 것을 말한다. 일반적으로 산이나 강, 바다 등 원경의 자연요소 내지, 특징적 형태나 규모의 건조물 등이 대표적이다.

• 대상장:

조망점에서 보이는 대상군에서 시점장과 조망대상을 제외한 나머지의 요소들로서 이 영역은 대개 경관관리구역과 일치한다. 조망영역이라고도 한다.

• 경관관리구역:

주 조망대상의 인접지나 조망대상과 조망점 사이에 위치해 있어 이곳의 건설행위가 조망의 장애요인이 될 가능성이 있어 특별한 관리가 요망되는 지역. 대부분 이러한 지역이 경관지구로 지정될 가망성이 높다.

• 대표전망:

영국의 런던에서는 역사적 건물로의 조망을 보호하기 위해 사람들이 많이 모이는 다리나 공원 등의 공공장소로부터의 전망들을 28곳을 선정하여 관리한다. 이를 표준전망이라고 하나 그 의미는 런던의 경관을 대표하는 대표적 전망, 즉 대표전망이라 할 수 있다.

• 대표경관, 대표장소:

대표전망과 같은 의미일 것이나 물리적 대상(object)이 주된 경우는 대표경관(예: 남대문, 남산 등), 도시의 활동공간이 주된 경우에는 대표장소(예: 명동, 남대문시장 등)로 구분하여 부를 필요가 있다. 이 중 대표경관은 전망형 경관에 대표장소는 환경형 경관에 부합된다고 할 수 있다.

• 스카이라인:

하늘을 배경으로 하여 연속된 산이나 건축물군의 외곽선을 말한다.

• 비스타:

원경이 바라다 보이는 축선이 강한 전망을 말한다.

• 워터프론트:

하천, 해안, 연못 등의 수변을 시민에게 개방하여 낚시 등 수변레크리에이션을 즐길 수 있도록 만들어진 선형의 장소를 말한다.

• 가시권:

특정 조망점에서 보여지는 시각범위, 대개 스카이라인이 경계선을 이룬다.

• 경관거점, 경관축, 경관권역:

도시를 평면상으로 보았을 때, 점적인 주요경관자원이 경관거점, 선적인 주요경관자원이 경관축, 면적인 주요경관자원이 경관권역이라 하여 계획시 유형구분에 이용된다.

• 부감경, 앙감경, 수평경:

시점의 높이에 따라 위에서 내려다 보이는 경관을 부감경, 밑에서 위로 올려다 보는 경관을 앙감경, 같은 눈높이의 경관을 수평경이라 부른다.

4. 평가개념

• 위압경관:

단위건물의 규모나 높이가 주변건물에 비해 지나치게 크거나 높아 주변경관과 조화를 이루지 못하는 경우를 이른다.

• 차폐경관:

조망점으로부터의 시야에서 경관대상으로의 조망을 차폐하는 경우, 또는 한강과 같은 시각대상이자 시각회랑의 주위를 차폐함으로써 외부에서 한강으로의 조망은 물론 한강으로부터 주변의 양호한 경관으로의 조망을 차단하는 경우를 이른다.

• 잠식경관:

구릉지에 고층아파트가 입지하여 녹지를 잠식하는 사례로 잘못된 건물의 입지와 규모에 의한 자연지형경관 훼손의 경우를 이른다.

• 획일경관:

대규모 아파트단지를 구성하는 아파트 건물들의 형태, 높이, 배치의 획일성으로 인한 단조롭고 개성없는 단지경관의 문제를 이른다.

5. 조작개념

• 가시율:

가시면적은 특정의 조망지점에서 보여야 할 조망대상(산이나 강 등)의 실제 입면적과 보여지는 입면적과의 비율을 말한다. 이는 조망점의 위치에 따라 가변적이다. 특정지점의 가시율과 차폐율을 합하면 1이 된다.

• **차폐율:**

특정 조망지점에서 보여야 할 조망대상의 전체 입면적 중에서 가시면적을 제외한 인공물 등에 의해 차폐된 면적이 차지하는 비율이다.

• **조망부위:**

조망지점에서 바라보이는 조망대상의 부위를 말한다. 예를 들어 산 정상부(보통 산 최고높이로부터 70% 이상부분)가 가시될 경우와 능선부위가 가시될 경우를 구별할 수 있다.

• **녹시율:**

특정지점의 전망에서의 녹지요소의 점유율을 말한다. 보통 사진면적에서 나타나는 녹지의 면적률을 사용한다. 도시계획상 가로와 공원 · 녹지의 배치방식에 따라 녹시율이 크게 달라진다.

• **시곡면:**

조망점과 조망대상의 외곽선을 잇는 불규칙한 곡면을 말한다. 즉 조망점과 조망대상을 잇는 각 단면의 최상점들을 연결시킨 곡면이다. 이 곡면에 중첩되는 대상이 위치할 때 조망차폐가 일어난다. 경관장애지역을 추출하기 위해서는 시곡면을 이루는 각각의 사선들에서 조망에 장애가 되는 높이들을 구하고 이들을 등고선개념으로 연결하면 '경관장애등고선' 을 구할 수 있다.

• **건축입면적:**

차폐할 우려가 있는 지구 건축물들의 건물폭과 높이의 연동규제를 위해 착안된 지표이다. 폭과 높이의 곱을 건축입면적이라고 하며 이의 상한선을 두어 규제하면 높이와 폭을 동시에 규제할 수 있다.

• **경관시뮬레이션:**

특정 개발사업이 주변경관에 주는 악영향, 즉 경관영향을 평가하기 위해 실험적으로 만들어 내는 모의경관이다. 모형제작, 사진합성, 컴퓨터 합성사진 및 동영상 등이 이용된다.

• **가시성:**

도시경관의 효과를 극대화하기 위해 대표경관들이 전략지점에서 잘 보이게 하는 것(가시성을 높이는 것)이 중요하다. 전략지점이란 크게 도시의 입구, 중심통로, 도심이나 부도심 등을 말한다.

• **접근성:**

도시경관의 이미지를 높이기 위해서는 대표경관들에 대한 접근성, 특히 보행에 의한 접근의 용이성, 안전성, 쾌적성 등이 중요하다.

• **의미성:**

도시경관은 보이는 것뿐만 아니라 경관요소의 역사와 사회문화적 용도 등 보이지 않는 의미가 그 이미지의 강약에 영향을 준다. 따라서 문화적 깊이와 다양성이 있는 도시경관을 만들기 위해서는 이러한 경관의 의미가 명료히 전달될 수 있도록 공간적 연속성과 가시성 등을 강화할 필요가 있다.

6. 관리개념

도시경관을 제도적으로 관리하기 위해서 국계법에서는 경관지구를 지정할 수 있게 해놓았고 각 도시의 특성에 따라 경관지구의 유형을 세분화할 수 있게 하였다. 서울의 예를 보면 경관대상의 특성에 따라 자연경관지구, 문화재주변경관지구, 시가지경관지구 등으로 세분하고 있다. 그러나 또다른 차원에서 경관지구를 경관관리의 방식에 의해 세분할 경우는 그 강도에 따라 다음과 같은 세가지 유형으로 대분해 볼 수 있다.

• **경관보전지구:**

이는 경관의 원형을 유지, 보전, 복원해야 할 자연경관자원이나 역사경관자원을 대상으로 지정하는 지구이다.

• **경관관리지구:**

이는 이미 시가화가 오랜 동안 진행되어 나름대로의 구조가 형성된 구시가지의 기본특성을 유지하면서, 변화되는 현대 도시활동에 적응하면서 활력을 유지할 수 있도록 지속적으로 정비해 가는 지구이다. 여기에서는 기존의 도시이미지를 파악하여 이에 신중하게 대처하는 수복형 재개발 등의 방식이 적합하다고 주장된다.

• **경관형성지구:**

이는 도시외곽의 관문지구나 신시가지 등 새로이 조성되는 공간에 새로운 특징적 이미지를 계획적으로 형성해 나가려는 지구이다. 여기에는 창의적이고 과감한 경관설계수법이 요구된다.

2005년부터 추진한 경관법은 2007년에 제정이 되어 시행되고 있다. 개별적인 법률에 의해 다루어 오던 경관관련 사항을 하나의 법체계 속에서 종합적으로 다룰 수 있게 되었다는 점에서 경관법의 의의를 찾을 수 있다. 본 장에서는 경관법이 도입된 배경을 살펴보고 경관법에서 다루고 있는 주요 내용을 소개한다.

– 최 일 홍 –

Ⅱ. 경관법의 도입 배경 및 주요내용

경관법의 도입배경 및 주요내용

Part 02

2.1 경관법의 제정 배경

2005년 초 건설교통부는 '균형있고 환경친화적인 국토관리'를 중점 정책과제로 설정하고, 같은 해 10월, 국토경관의 종합적인 관리를 위한 '경관법(안)'을 입법 예고하였다. 이 법안은 다음 해인 2006년 7월에 국무회의에서 통과되었으며, 2007년 4월 국회 가결로 제정되었으며, 같은 해 11월 18일 경관법과 동법 시행령이 시행되었다. 이로부터 한달 후 2007년 12월 18일 경관계획수립지침이 고시되었으며, 2008년 8월 '경관협정을 위한 지침' 연구용역이 국토해양부에서 진행되었다.

경관법은 지방자치단체의 여건에 따라 필요한 경우, 지방 고유의 자연 · 역사 · 문화경관을 보전하고, 시가지는 물론 농산어촌을 포괄하는 경관계획을 작성할 수 있도록 규정하고 있으며, 이를 실행하기 위한 수단으로서 경관사업과 경관협정, 경관위원회 등을 포함하고 있다.

1. 경관 가치의 인식과 요구의 증대

1960년대 시작된 양적 성장 위주의 급속한 도시 개발은 도시 기능을 증진시키고, 생활 편익을 향상시켰으나 지역 고유의 자연경관을 훼손하고, 이미 오랜 기간에 걸쳐 형성된 도시의 정체성을 급속히 상실시키는 등 부작용을 초래하였다.

공원녹지의 체계적인 확보, 보행자의 편의성 제고, 백화점과 할인점, 극장 등 생활편익시설의 확충, 지하철 등의 대중 교통수단 마련 등 정주환경은 이전보다 개선되었으나 문화서비스의 빈곤 등 우리나라의 삶의 질은 경제규모에 비해 여전히 낮은 수준이다. 2006년 윌리엄 머서사의 조사결과에 의하면 우리나라의 삶의 질은 세계 215개 도시 중 서울이 87위로 싱가포르 34위, 도쿄 35위, 홍콩 70위보다도 뒤떨어진 수준이다.

선진국에서는 이미 기존의 도시개발에서 취약했던 인간중심의 통행, 다양하고 활력 있는 공동체 조성, 아름답고 쾌적한 환경조성, 개성있고 매력있는 장소와 경관의 창출, 도시생활의 여가와 문화증진 등을 도시개발의 목표로 전환하고 있다.

우리나라에서도 경관의 가치에 대한 국민의 인식과 요구가 높아지고 있으며, 이러한 변화는 서울의 청계천 복원 등을 비롯, 서울 숲 조성, 도시건축물과 교량, 육교 등의 경관디자인과 야간조명의 확대, 가로시설물, 소형광장, 휴게공간 조성과 같은 도시경관 향상 사업 등에서 가시화 되고 있다.

2. 목표지향적, 종합적 경관관리의 미흡

현재 40여개에 이르는 경관 관련 법 규정은 시가지 경관, 농산어촌경관, 자연경관, 역사문화경관의 보존, 개선 및 관리 등을 포괄하고 있으며, 국토해양부, 환경부, 문화체육관광부, 농림수산식품부, 산림청 등 여러 부처에 산재되어 실행되고 있다.

국토의계획및이용에관한법률에서는 경관을 보호·형성을 위한 경관지구 외에도 미관 유지를 위한 미관지구, 쾌적한 환경조성 및 토지의 고도이용과 증진을 위한 고도지구, 문화·생태적 가치가 큰 지역의 보호와 보존을 위한 보존지구 등이 규정되어 있다. 자연환경보전법률에서는 경관 및 생태계 보존을 위한 생태·경관보전지역을 지정하고 있으며, 도시공원 및 녹지 등에 관한 법률에서는 도시공원구역 지정시 자연경관의 보호를 규정하고 있고, 전통사찰보존법에서는 사찰보호와 풍치보존을 위한 전통사찰보존구역을 지정할 수 있으며, 농림어업인삶의질향상및농산어촌지역개발촉진법에관한 특별법은 농산어촌의 경관보전 등을, 고도보존에관한특별법에서는 역사경관관련특별보존지구, 역사문화환경지구 등을 지정하여 경관을 관리할 수 있도록 규정되어 있다.

이러한 경관 관련 규정들은 각 소관부처가 추구하는 경관관리의 정책목표, 추진방향 및 실행수단에 따라 각각 개별적으로 운용될 수밖에 없었다. 지역적 여건과 상황이 다른 각 지방자치단체에서는 하나의 목표지향적이며, 총체적이고 통합된 계획이나 프로그램이 없이 관련규정들을 단편적으로 추진할 수밖에 없어 계획수립과 사업집행의 중복, 연계적 시너지 효과 저하 등의 문제가 발생될 수 있다. 경관행정을 실행하는 지방자치단체는 각 부처의 정책목표와 실행수단을 포괄하고, 통합한 도시 또는 지역의 경관관리계획을 수립해야 한다.

3. 지방자치단체의 경관 행정지원 필요

경관계획 및 관리의 필요성이 높아지면서 일부 지방자치단체에서는 경관조례를 제정해 운용하고 있다. 현재 자연환경보전법에 근거하여 50개 지방자치단체에서 경관형성조례와 자연경관보전조례를 제정하여 자연경관의 보전 및 관리업무를 수행하고 있다. 전라남도(2002)를 비롯하여, 제주시(2003), 인천광역시(2003), 광주광역시(2004), 담양군(2005) 등 7개 지방자치단체에서는 근거법은 없으나 아름다운 도시경관 창출과 시민에게 쾌적한 생활환경 조성을 목적으로 도시경관조례를 제정하여 운용하고 있다.

이들 도시경관조례는 경관계획의 수립절차, 경관협정 및 경관형성사업의 지원 등을 규정하고 있으나 지방의회의 의결 사항으로서 법적 구속력이 미약하다. 따라서 경관조례를 운용하는 과정에서 경관심의 대상의 선정, 협약 및 지원 사업의 선정, 심의결과 등에 관해 이해관계인으로부터 민원이 제기되고 있으며, 지방의회나 정부로부터 경관 관련 예산을 확보하는

표 2-1 경관 관련 조례 제정 현황

구 분	지방자치단체수	비 율(%)
제정	56	22.7
미제정	167	67.6
무응답	24	9.7
계	247	100.0

※ 출처:주택도시연구원 내부 조사자료('07)

표 2-2 경관부서 설치여부

구 분	지방자치단체수	비 율(%)
있음	75	30.4
없음	147	59.5
무응답	25	10.1
계	247	100.0

※ 출처:국회건설교통위원회, 2007.4.13.
'건축기본법 및 경관법 제정에 관한 공청회' 자료

것에도 어려움을 겪고 있다. 경관 관련 분쟁이나 소송 발생시 법적 판단 기준이 될 수 있는 구속력 있는 법적 근거가 필요하다. 이는 우리나라보다 지방자치단체의 경관조례 제정이 보편화 된 일본에서도 2004년 말 '경관법'을 제정하게 된 중요한 이유 중의 하나이기도 하다.

2007년 4월, 주택도시연구원의 조사결과에 의하면 현재 전국 247개 지방자치단체 중 56개 지방자치단체에서 경관 관련 조례를 제정, 운용 중에 있으며, 경관을 관리하는 부서나 조직도 이미 75개 지방자치단체에 달했다. 더구나 82개 지방자치단체에서 향후 경관조례를 제정하거나 제정할 것을 고려하겠다는 긍정적 의견을 갖고 있어 경관조례 제정은 가속화 될 전망이다.

4. 경관보전 및 관리 위주의 경관행정 탈피

현행 40여개 경관 관련 법률의 내용은 대부분 경관의 보전 및 관리를 위한 계획수립과 지구지정 등의 규제가 중심을 이루고 있다. 경관을 새롭게 형성하거나 훼손된 경관과 불량한 경관을 양호한 경관으로 복원하거나 유도하기 위한 경관형성계획을 수립하고 이를 실행하기 위한 경관사업이나 경관협정 등과 같은 지원 제도는 미흡하였다.

최근 지방자치단체에서 가로개선사업이나 광장조성사업, 대학가로 조성사업이나 담장허물기 등 주민과 시민단체, 전문가의 협력을 통한 사업이 늘어나고 있다. 정부도 '살고싶은 도시만들기' 사업을 통해 민관 협력을 통한 도시 가꾸기 운동을 확대해 나가고 있다. 도시는 만들어 놓는 것도 중요하지만 그 지역의 사회 경제적, 문화적 정체성을 발현할 수 있도록 그에 맞게 가꾸어 가는 것이 더욱 중요한 시대에 와있다. 도시 가꾸기를 통해 도시의 개성과 정체성을 만들어내고, 삶의 질과 도시의 경쟁력도 높일 수 있다.

경관은 우리가 흔히 보는 건물이나 구조물, 숲과 물, 도시와 농촌 풍경 등의 미적, 시각적 특성뿐만 아니라 이들을 보고, 만지고, 이용하면서 각 개인의 마음 속에 남게 되는 체험의 총체로서 문화를 포괄하는 것이다.

그 동안 우리가 만들어 온 경관은 대부분 보는 아름다움은 존재하되 삶의 모습과 애착, 풍요로움이 부족한 건조한 경관이었다. 일본의 경관 관리는 대부분 환경을 직접 사용하고, 만들어가는 주체인 주민이 참여하는 '마찌즈꾸리'를 통해 추진되고 있어 시사하는 바가 크다.

2.2 경관법의 성격

1. 지원 위주의 법

대부분의 법은 제정 목적의 실현을 위하여 국민의 권리와 행위를 규제하기 마련이다. 규제를 통해서 경관을 관리하기 위한 규정은 이미 선행 법률에 마련되어 있다. 경관법은 선행 법률에서 미비했던 지역주민이 스스로 정주환경을 개선하고 가꾸어 나가는데 필요한 지원을 해주기 위한 법이다. 경관법은 지방자치단체가 필요할 경우, 자주적인 경관계획을 수립하고, 경관형성사업이나 협정 등을 추진할 수 있도록 기술적, 행정적, 재정적 지원을 할 수 있는 토대를 마련해주고, 유도해주기 위한 근거규정을 담은 법이다.

2. 유연성이 있는 법

경관은 도시, 농산어촌의 각기 다른 입지와 규모, 고유한 자연, 역사문화 환경은 물론이고, 산업 및 생활방식 등 지역에 따라 특성이 다르게 발현될 수밖에 없다. 경관은 아름다운 것의 추구라기보다는 서로 다른 것, 무엇인가 독특한 것으로 접근할 필요가 있다. 특정 지역의 훌륭한 경관특성이라 해도 다른 도시나 지역이 갖고 있는 자연적, 문화적, 사회적 환경을 고려하지 않고 그대로 적용했을 때 그것이 또 하나의 훌륭한 경관을 담보해 줄 수는 없다. 경관법이 경관계획이나 관리의 내용을 구체적으로 규정할 경우 전국에 또 하나의 획일적 경관을 양산하게 될 우려가 여기에 있다.

따라서 좋은 경관을 만들어 나가기 위한 절차를 경관법에서 규정하고, 실제 경관계획을 수립하고, 관리해가는 지방자치단체에서 그 곳에 맞는 방식으로 그 곳 나름의 경관을 만들어 갈 수 있도록 자율성을 부여해주는 것이 좋은 경관을 만들어 나가는데 중요하다.

경관계획을 수립함에 있어서도 관할구역 전체를 대상으로 반드시 수립해야 하는 강제적 계획이 아니라 필요할 때 필요한 지역을 대상으로 수립하는 선택적이며 중첩적 계획이어야 한다.

따라서, 경관법에 의한 경관계획은 반드시 광역도시계획에서 도시관리계획에 이르는 위계에 맞추기 보다는 계획의 대상적 규모와 내용적 수준에 구애받지 않고 필요에 따라 계획내용의 수준과 대상을 설정할 수 있도록 유연성을 갖는 것이 필요하다. 대도시와 중소도시, 광역지자체와 기초지방자치단체, 도시와 농산어촌은 물론 각각 지방자치단체의 다른 지역특성과 여건에 따라 관할구역 전체를 포괄하는 도시기본계획과 같은 경관기본계획이 필요할 수도 있으며, 관할구역의 일부 특정지역에 대한 특정 목적의 경관계획을 필요로 할 수도 있기 때문이다.

3. 주민참여를 유도하는 법

지역주민과 개발자, 행정기관과 전문가 등이 참여하여 합리적 의견을 생산해 낼 수 있는 창구나 통로가 필요하다. 경관은 사람에 따라 인지특성이 다양하게 나타나므로 계획을 수립하고, 실행해 나가는 과정에 다양한 계층의 다양한 의견을 결집해 나가는 주민 참여 과정이 무엇보다 중요하다. 이전처럼 빨리, 많이 만들어 내는 것보다는 조금은 느리지만 이해 관련자들의 합의된 의견이 밑바탕이 된 개성있는 계획의 수립과 실행이 더 가치를 갖는다.

2.3 경관법의 구성 및 내용

경관법은 총칙, 경관계획, 경관사업, 경관협정, 경관위원회를 포함하는 총 5장 25조로 구성되어 있다. 2007년 5월 17일 공포되었고, 2007년 11월 18일부터 시행되고 있다.

경관법 제1장 총칙은 '경관'을 자연, 인공요소 및 주민의 생활상 등으로 이루어진 일단의 지역환경적 특징으로 정의함으로써 경관이 물리적 환경 뿐 아니라 생활환경 및 문화를 포괄하고 있으며, 경관을 관리하는데 있어 주민합의, 개발시 경관과의 소와, 지역 정체성의 발현 등을 기본원칙으로 규정하고 있다.

경관법 제2장은 경관계획의 수립권자 및 대상, 수립내용, 절차에 관해 규정하고 있다. 경관계획은 지방자치단체의 관할구역 전체 또는 일부를 대상으로 경관의 보존, 형성 및 관리를 위한 목표설정, 경관자원의 조사 및 대책 수립, 경관지구와 미관지구의 관리 및 운용, 경관관리를 위한 행정 및 재정지원 등의 실천방안을 포함하며, 대통령령이 정하는 수립기준에 따라 작성하고, 경관지구와 미관지구는 경관계획에 따라 관리하여야 한다. 경관계획은 특별시장 · 광역시장 · 도지사 · 특별자치도지사 또는 시장 · 군수가 수립할 수 있으며, 대상지역이 2 이상의 시 또는 군의 관할구역에 걸쳐 있는 경우로서 해당 시장 · 군수가 요청하거나 도지사가 필요하다고 인정할 경우에는 도지사가 수립할 수 있으며, 주민도 경관계획의 수립을 제안할 수 있다.

경관법 제3장은 경관사업을 위한 대상, 추진협의체 구성 및 재정지원에 관한 규정을 포함하고 있다. 시 · 도지사 또는 시장 · 군수는 경관계획이 수립된 지역 안에서 가로환경 정비, 지역녹화, 야간경관 형성, 역사 · 문화

표 2-3 경관법의 구성

장	조 문
제1장 총 칙	제1조(목적) 제2조(정의) 제3조(경관관리의 기본원칙) 제4조(국가 및 지방자치단체 등의 책무) 제5조(다른 법률과의 관계)
제2장 경관계획	제6조(경관계획의 수립권자 및 대상지역) 제7조(경관계획 수립의 제안) 제8조(경관계획의 내용) 제9조(경관계획의 수립을 위한 기초조사) 제10조(공청회 및 지방의회의 의견청취) 제11조(경관계획의 승인 등) 제12조(경관지구 및 미관지구의 관리)
제3장 경관사업	제13조(경관사업의 대상 등) 제14조(경관사업추진협의체) 제15조(경관사업에 대한 재정지원 및 감독)
제4장 경관협정	제16조(경관협정의 체결) 제17조(경관협정운영회의 설립) 제18조(경관협정의 인가) 제19조(경관협정의 변경) 제20조(경관협정의 폐지) 제21조(경관협정의 준수 및 승계) 제22조(경관협정에 관한 지원)
제5장 경관위원회	제23조(경관위원회의 설치) 제24조(경관위원회의 기능)] 제25조(경관위원회의 구성 · 운영)

적 경관의 구현, 생활환경 개선 등에 관한 경관사업과 기타 지방자치단체 조례로 정하는 경관사업을 시행할 수 있으며, 시 · 도지사 및 시장 · 군수 외의 자도 승인을 얻어 경관사업을 시행할 수 있다. 승인받은 경관사업에 대해서는 소요자금의 전부 또는 일부를 보조하거나 융자할 수 있도록 규정하고 있다. 또한 시 · 도지사 또는 시장 · 군수는 경관사업의 원활한 추진을 위해 주민, 시민단체 및 전문가 등으로 구성된 '경관사업추진협의체' 를 설치하여, 사업계획의 수립, 경관사업의 추진 및 사후관리 등에 참여할 수 있도록 정하고 있다.

경관법 제4장은 경관협정의 체결자와 대상, 지원에 관한 규정을 담고 있다. 1인의 토지소유자를 포함한 토지소유자는 건축물의 의장 · 색채 및 광고물, 공작물 등의 위치, 외부공간, 토지보전 및 이용, 역사 · 문화경관의 관리 및 조성 등에 관하여 체결자 전원의 합의로 경관협정을 체결할 수 있으며, 경관협정이 특별시장 · 광역시장 · 특별자치도지사 · 시장 또는 군수의 인가를 받은 경우에는 기술 · 재정상의 지원을 받을 수 있다. 경관협정의 관리 등을 위하여 필요시 체결자들은 대통령령이 정하는 바에 따라 신고하면, 자율적 기구로서 '경관협정운영회' 를 설립할 수 있다.

경관법 제5장은 경관위원회의 기능, 구성 및 운영, 설치에 관한 사항을 규정하고 있다. 도지사 또는 시장 · 군수는 소속하에 경관위원회를 설치할 수 있으며 이 위원회는 경관계획 및 경관사업의 승인, 경관협정의 인가 등에 관한 심의와 경관지구 및 미관지구의 운용, 경관조례의 제정 등에 관한 자문을 한다. 그러나 경관위원회의 설치가 불가능한 경우에는 대통령령이 정하는 위원회가 그 기능을 대신할 수 있도록 규정하고 있다.

2.4 경관계획의 작성 및 운용

1. 경관계획의 유형 (경관계획 수립지침 제5절)

경관계획은 계획의 목적과 내용적 범위, 계획수준에 따라 아래와 같이 구분하여 수립할 수 있다. 경관계획은 필요성과 시급성 등 해당 지방자치단체의 여건에 따라 기본경관계획 또는 특정경관계획 중 하나를 선택적으로 수립하거나 모두를 수립할 수 있다.

1 기본경관계획

관할지역 전부를 대상으로 경관계획의 목표를 제시하고, 경관권역, 축, 거점 등 경관관리단위를 설정하며, 경관을 보전, 관리 및 형성하기 위한 기본방향을 제시하는 계획을 말한다.

2 특정경관계획

관할지역의 특정한 지역이나 특정한 경관유형(산림, 수변, 가로, 농산어촌, 역사문화, 시가지 등), 특정한 경관요소(야간경관, 색채, 옥외광고물, 공공시설물 등)를 대상으로 경관의 보전 · 관리 및 형성을 위한 실행방안을 제시하는 계획이다.

2. 경관계획의 내용과 작성원칙 (경관계획 수립지침 제2장)

1 경관계획의 내용 (법 제8조 제1항)

(1) 경관계획의 기본방향 및 목표에 관한 사항

- 계획의 배경, 수립범위(공간적, 내용적, 시간적 범위), 수립과정 등
- 계획의 목표 및 기본방향

(2) 경관자원의 조사 및 평가에 관한 사항

- 대상지의 경관적 가치를 판단하고 경관적 특성을 파악하기 위한 기초조사
- 경관자원 특성분석, 경관의식조사, 관련계획 및 법규조사, 국내외 사례분석, 분석의 종합 등 경관 현황조사 및 분석, 평가 등

(3) 경관형성의 전망 및 대책에 관한 사항

- 경관계획의 목표, 기본방향 설정, 경관의 보전 · 관리 및 형성방안 수립 등
- 경관 기본구상, 경관계획 및 설계 지침의 제시 등

(4) 경관지구, 미관지구의 관리 및 운용에 관한 사항

- 「국토의 계획 및 이용에 관한 법률」 제37조(용도지구의 지정)에 따른 경관지구와 미관지구의 설정
- 이미 설정되었거나 신설할 경관지구와 미관지구에 대한 관리운용방안의 제시

(5) 경관관리 행정체계 및 실천방안에 관한 사항

- 경관관리를 위한 실행조직 및 행정체계, 경관사업추진협의체 설립 및 운영에 관한 사항
- 경관법 또는 다른 법률에서 규정하고 있는 경관 관련 계획, 지역 · 지구 · 구역 및 경관 관련 사업, 협정, 협약, 그밖에 경관 관련 심의 및 계획기준 등의 적용사항 도출 및 연계 추진방안의 제시

(6) 경관계획의 시행을 위한 재원조달 및 단계적 추진에 관한 사항

- 경관사업, 경관협정 및 기타 경관관리 등 경관계획의 수립내용을 실행하는데 필요한 사업요소별 예산의 산정, 재정확보 및 추진방법 등

(7) 그 밖에 경관의 보전 · 관리 및 형성에 관한 사항

- 중점적으로 경관을 보존 · 관리 및 형성하여야 할 구역 등에 관한 사항
- 법 제13조제1항에 따른 경관사업과 법 제16조제1항에 따른 경관협정의 관리 · 운영에 관한사항
- 그 밖에 경관의 보전 · 관리 및 형성에 관한 사항으로서 해당 지방자치단체의 조례로 정하는 사항

2 경관계획 수립의 기본원칙

(1) 삶의 질을 높이는 계획

- 경관계획은 도시미관의 향상뿐만 아니라 역사 · 문화자원의 가치제고, 농산어촌의 어메니티 증진, 마을가꾸기 사업추진 등 생활환경 개선과 삶의 질 향상을 위한 방향으로 계획되어야 한다.

(2) 계획의 독창성과 다양성, 유연성 제고

- 경관계획은 정해진 하나의 일률적인 기준보다는 지역적 특성과 요구를 고려하여 독창성이 확보되고, 다양한 가치가 상존할 수 있는 것이어야 하며, 계획의 자율성과 유연성을 최대한 확보해주는 방향으로 수립되어야 한다.

(3) 총체적 계획

- 경관계획은 경관관리와 관련된 도시계획, 자연환경관리, 역사문화보존, 농산어촌 생활환경 개선 등 행정자치부, 문화체육관광부, 농림수산식품부, 환경부, 국토해양부, 산림청 등 각 소관부처의 경관관리의 목표와 추진방향, 실행수단을 고려한 총체적인 계획이어야 한다.

(4) 계획의 실행력 확보

- 경관계획은 계획의 실천력을 담보할 수 있도록 자연경관, 농산어촌경관, 역사문화경관 관련 사업계획 및 지구지정 등과의 연계, 실행을 위한 행정체계, 조직 및 절차, 예산확보 및 재원조달, 주민참여계획 등 구체적 실행계획이 제시되어야 한다.

3. 경관계획의 성격 및 지위 (경관계획 수립지침 제2절)

1 자치적 법정계획

경관계획은 지역의 자연경관 및 역사 · 문화경관, 도시 · 농산어촌의 우수한 경관을 보전하고, 훼손된 경관을 개선 · 복원함과 동시에 새로운 경관을 개성 있게 창출하기 위한 정책방향, 기본구상 및 계획을 수립하고, 그 실행방안 등을 제시하는 해당 지방자치단체의 자치적 법정계획이다.

2 선택적 계획

경관계획은 지방자치단체에서 의무적으로 수립해야 하는 강제적 계획이 아니며, 지역주민의 의견과 요구, 지방재정의 고려, 정책집행의 우선순위 등 지역의 여건과 상황에 따라 필요하다고 판단될 경우에 선택적으로 수립하는 계획이다.

3 유도적 계획

경관계획은 경관을 보전 · 관리 및 형성하는 수단으로서 경관사업, 경관협정 및 경관심의 등을 통한 행정적, 기술적, 재정적 지원을 포함함으로써 규제적 수법 외에 유도적 수법을 통한 경관관리를 포함하는 계획이다.

4 경관계획의 위상

- 경관의 보전 · 관리 및 형성 등에 관하여 다른 법률에 특별한 규정이 있는 경우를 제외하고는 이 법이 정하는 바에 따른다(법 제5조).
- 경관계획은 도시기본계획(「국토의 계획 및 이용에 관한 법률」 제2조 제3호에 따른 도시기본계획을 말한다. 이하 같다)에 부합되어야 하며, 경관계획의 내용이 도시기본계획의 내용과 다른 때에는 도시기본계획의 내용이 우선한다(법 제8조 3항).
- 시 · 도지사 또는 시장 · 군수는 경관지구 및 미관지구를 경관계획에 따라 관리하여야 한다(법 제12조).

• 경관법에 의한 경관계획은 지역의 자연경관, 역사 · 문화경관, 도시 · 농산어촌경관에 관한 종합계획으로서 도시기본계획, 경관형성계획, 농산어촌 경관보전 시책, 고도보존계획 등 다른 법률에 의한 경관 관련 계획을 수립시 참조계획으로서의 지위를 갖는다.

경관법이 실행되면서 나타나는 가장 큰 변화 중 하나는 지방자치단체를 중심으로 진행되는 경관계획이라고 할 수 있다. 경관계획은 의무적 계획이 아니라, 경관향상 의지를 지닌 지방자치단체가 수립하는 자발적인 계획이다. 본 장에서는 경관계획의 수립 과정을 경관법에 따라 경관현황조사, 경관기본구상 및 경관기본계획, 경관설계지침, 실행계획 등으로 구분하고 각 단계별 계획과정과 내용을 구체적으로 설명한다.

– 주 신 하/ 김 충 식/ 김 대 수/ 김 경 인/ 목 정 훈 –

III. 경관계획

경관계획

Part 03

3.1 경관현황조사

경관현황조사는 대상지 경관의 특성을 파악하여 다양한 경관의 특성을 분류 및 체계화하는 단계이다. 기존 경관계획을 진행할 때에 형식적으로 진행되거나 정확하게 조사가 되지 않는 등 다른 단계에 비해서 상대적으로 소홀히 다루어진 경향이 없지 않으나, 새로 제정된 경관법 및 경관계획수립기준에서는 보다 실질적인 경관현황조사가 이루어지도록 규정하고 있다. 경관자원 현황조사 및 특성분석, 경관구조 분석, 경관의식조사, 관련계획 및 법규조사 등이 이 단계에서 진행된다.

1. 경관자원 현황조사 및 특성분석

1 유형별 경관자원 조사

경관자원 조사에는 계획 대상지역에 대한 자연환경 조사와 인문환경 조사를 포함하여야 한다. 일반적으로 도시기본계획 또는 도시관리계획 등을 진행할 경우 대상지에 대한 자연환경 조사, 인문환경 조사 등이 진행되므로 경관계획에서는 이러한 자료에 추가적으로 경관현황에 대한 조사를 진행하도록 한다. 그러나 대상지에 대한 일반현황조사 내용이 없는 경우에는 자연환경 및 인문환경에 대한 종합적인 조사가 이루어져야 한다.

계획 대상지역의 경관자원 조사는 대상지 내부와 주변에 분포하고 있는 경관적으로 중요한 자원들을 빠짐없이 조사하는 것이 가장 중요하다. 이를 위해서는 경관자원을 몇 가지 유형으로 구분하여 조사를 하는 것이 도움이 된다. 즉, 자연경관자원, 산림경관자원, 농산어촌경관자원, 시가지 및 도시기반시설경관자원, 역사문화경관자원, 지역상징자원 등의 유

표 3-1 **경관자원 조사표 예시**

구 분		대상지내부	주변지역(2km) 및 영향권역
자연경관 자원(요소)	산림경관		
	지형 및 스카이라인		
	수경관		
농촌경관 자원(요소)	농업생산 요소		
	농촌취락 요소		
도시경관 자원(요소)	공원/녹지		
	주거지경관		
	상업업무		
	공업경관		
도시기반 시설(요소)	도로/철도		
	교량/구조물		
	기타 구조물		
역사문화 자원(요소)	역사자원		
	문화자원		
지역상징 자원(요소)	도시이미지 관련		
	랜드마크		
	지명유래		
	풍수지리관련		

형으로 구분하여 각 유형별 주요 경관자원의 분포 및 특성 등을 조사하도록 한다.

각 경관자원 유형별로 조사항목이나 내용, 방법 등에 대한 별도의 법정 지침이나 기준 있는 경우에는 이를 따르고, 별도의 기초 자료가 있는 경우에는 이를 활용할 수 있다. 아래는 별도의 기준이나 지침이 있는 경관자원의 유형이다.

- 자연경관자원 조사 : 자연환경보전법률에 의한 자연경관심의지침 등
- 산림경관자원 조사 : 산림자원의조성및관리에관한법률에 의한 도시림 및 마을숲 실태조사, 산림경관자원조사 지침 등
- 농산어촌경관자원 조사 : 농촌경관개선정책의 일환으로 추진하는 농촌경관지표, 농산어촌 경관맵 작성, 농촌어메니티자원조사 등 농촌경관계획 관련기준

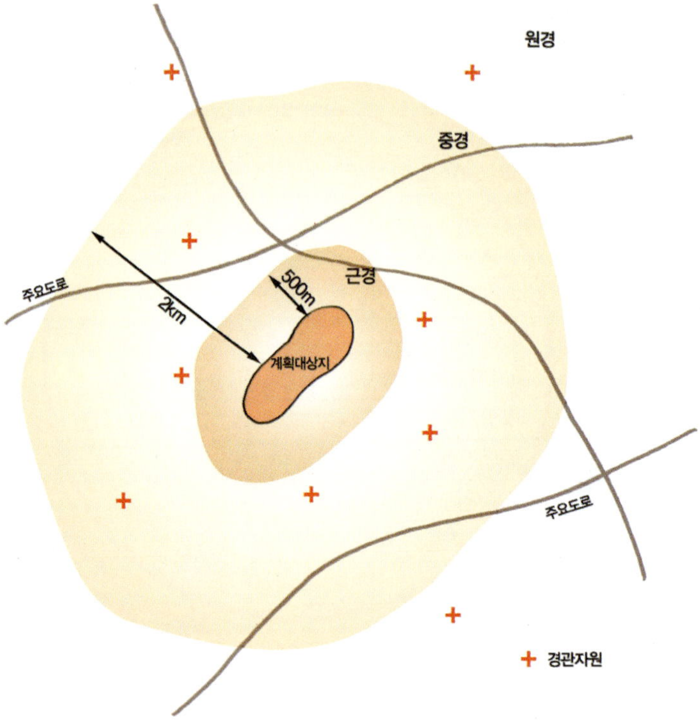

그림 3-1 경관자원 조사범위

2 경관자원 조사범위

경관자원은 대상지역 내부뿐만 아니라 주변지역(중경 이내의 가시지역으로 계획대상지역의 경계에서 약 2km내)을 포함하여 조사한다. 경관계획

그림 3-2 비가시적 경관자원요소의 예(농악축제)

의 경우에는 대상지 주변이라 하더라도 계획에 직접적인 영향을 주는 경우가 많으므로 주변지역까지 세밀히 조사하는 것이 필요하다. 주변지역의 범위는 보통 중경이라고 볼 수 있는 2km 범위 내를 포함하도록 하며, 2km 범위 밖에 위치하더라도 계획대상지에 영향을 줄 수 있는 경관자원은 대상에 포함하여 조사하도록 한다.

경관자원 조사 시에는 긍정적인 경관자원 뿐만 아니라 개선이 필요한 요소(예: 공장, 혐오시설, 복잡한 간판 등)도 포함하여 종합적인 경관계획을 수립하는데 도움이 되도록 한다. 실제 경관계획에서는 긍정적인 자원의 가치를 극대화하는 접근과 부정적인 요소를 개선하는 접근이 병행되어야 효과적인 계획이 될 수 있다.

또한 지역의 상징과 관련된 도시이미지, 지명유래, 역사문화적 자원, 행사, 이벤트, 풍수지리 관련사항 등 비가시적 요소들도 경관자원에 포함하여 조사하는 것을 원칙으로 한다. 이러한 비가시적인 경관자원은 경관이미지를 설정하는데 참고할 수도 있고, 때로는 구체적인 시설물의 디자인에 활용할 수도 있다.

3 조사방법 및 조사수준

경관자원 조사는 문헌자료 뿐만 아니라 반드시 현장조사를 병행하여야 하며, 현황사진을 포함해야 한다. 문헌자료에 의한 경관자원 조사는 비교적 손쉽게 많은 자료를 검토할 수 있는 장점이 있으나, 조사시기나 조사 수준 등에 따라서 실제 경관과 다른 경우가 상당히 많으므로 현장조사는 반드시 진행하여야 한다.

조사된 경관자원은 각 경관자원의 중요도를 평가하여 경관계획에 반영하며, 특히 보전이 필요한 중요 경관자원에 대해서는 위치, 경관특성을 조사, 분석하고, 관련법규 등을 검토하도록 한다.

조사결과는 계획대상지 내부와 주변지역에 위치한 주요 경관자원의 위치를 표시한 경관자원 분포도와 이를 요약한 경관자원 조사표로 정리한다. 경관자원 분포도는 경관자원의 특성을 충분히 표시할 수 있는 수준의 축척을 사용하고, 경관자원 조사표는 경관자원의 내용, 위치, 특성을 중심으로 기입한다.

한편, 최근들어 중앙정부나 지방정부를 중심으로 경관자원의 조사나 우수경관 조사 등의 형태로 경관현황을 조사하는 사례가 늘어나고 있는데,

표 3-2 경관자원 조사표 사례(충주기업도시 경관자원조사)

구 분		대상지내부	주변지역
자연 경관 자원	산림 경관	• 북측은 중저지대 산지를 포함하고, 남동측은 저지대 구릉지를 포함하는 북고남저의 지형 • 북측 : 평풍산(406m)	• 북측 : 을궁산(394.3m) • 서측 : 너털미산(306.0m), 햇골산(391.0m) • 남측 : 화계산(191m)
	하천 경관	• 대상지 일대의 수계는 지방2급 하천인 영평천(대상지 남서측)에서 합류 후 요도천, 달천(대상지 남측)을 거쳐 한강에 최종 합류 • 소하천 : 동막천(동막천(북서측), 감동천(북동측), 법현천(동측)	• 화곡저수지(서측) • 영평천(서측) • 요도천(남측)
	식생 경관	• 일본잎갈나무식재림, 리기다소나무식재림 • 보호수 및 노거수는 발견되지 않음. • 화곡리 특산물 : 느타리버섯	
	지형 분석	• 산림이 대부분이고, 일부 농경지 포함.	
도시 경관 자원	공원/녹지	• 충주기업도시 개발구역의 43.3%가 농림지역에 해당되며, 나머지는 관리지역으로 지정 • 충주기업도시 중앙부에 대규모 공원/녹지지역 선정	
	주거지 경관		• 주덕읍(대상지 북서측) • 이류면(대상지 남측) • 가금면(대상지 동측)
	공업 경관		• 대상지 남동측 충주첨단지방 산업단지(약 61만평) 조성예정
	기타	• 3개 행정구역으로 구분	• 충주시공설묘지
도시 기반 시설	도로/철도	• 중부내륙고속도로 인접 • 지방도 599호선(동), 지방도 525호선(서), 국도3호선(남)과 국지도 82호선(북)	• 북충주 IC(북서측), 충주 IC(남동측) • 충주휴게소(대상지 북동측의 중부내륙고속국도 상에 위치) • 남측에서 충북선 북선철도 통과
	교량		• 탐평2교

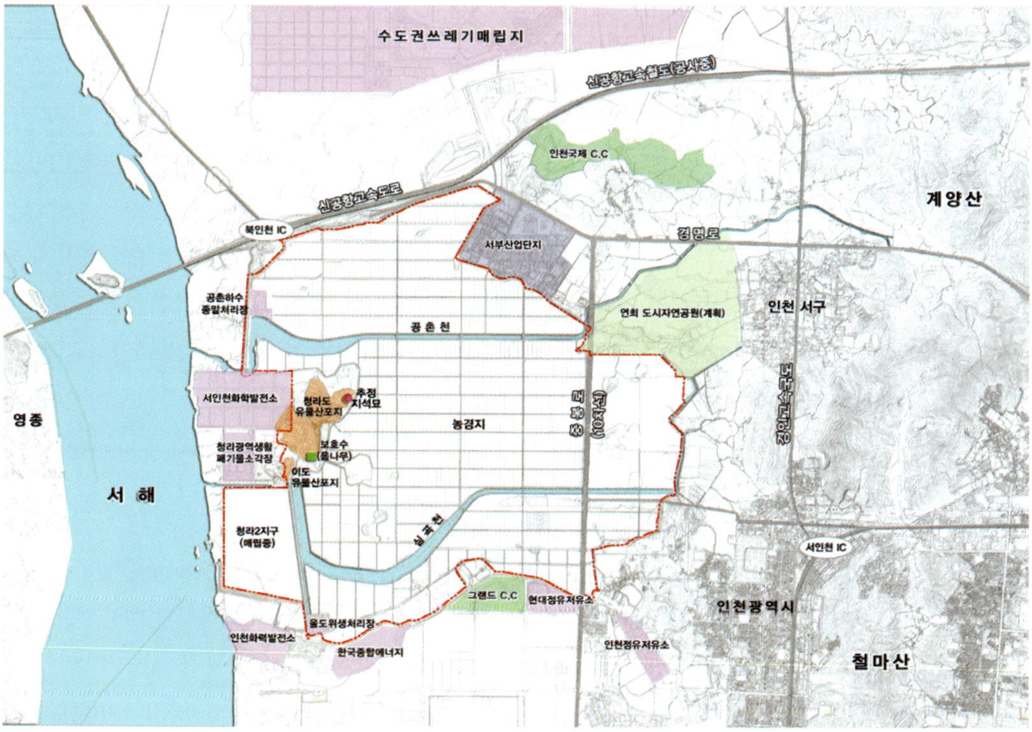

그림 3-3 경관자원 조사 사례(인천 청라 경제자유구역)

이러한 자료를 충분히 활용하는 것도 경관현황조사의 객관성을 높일수 있는 방법이라고 할 수 있다.

4 경관자원 조사결과의 활용

경관자원 조사의 결과는 조사 자체 보다는 이후 진행되는 기본구상이나 기본계획을 수립할 때 반영할 수 있어야 진정한 의의가 있다고 할 수 있다. 경관계획의 속성이 다소 주관적일 수 있으므로 충분한 자원조사를 통하여 객관성을 확보할 필요가 있다.

경관자원의 분포 및 가치를 충분히 조사한 경우에는 이러한 결과를 바탕으로 경관기본구상 및 기본계획 수립 시 경관보존, 형성, 복원 및 관리의 대상을 설정할 수 있으며, 또한 문제경관에 대하여 경관개선방안을 제시하는 등 실제적인 계획을 진행하는데 큰 도움이 될 수 있다.

현재의 경관계획 체계에서는 개별 경관계획 수립 시 경관자원을 조사하도록 하고 있으나, 경관계획이 지속적으로 진행되어 사료가 축적이 된다면 전국적인 경관자원의 분포도를 구축하여 활용하는 방안도 검토할 수 있을 것이다. 장기적으로는 지자체 혹은 전국적인 차원에서 경관자원에 대한 체계적인 조사 및 관리가 이루어져 개발계획에서 활용하도록 하는 것이 바람직할 것으로 판단한다.

2. 경관구조 분석

경관자원의 보존, 활용방안 도출 등의 구체적인 계획을 수립하기 위해서는 실제 대상지의 지형적인 특성을 파악하는 경관구조분석을 진행하여야 한다. 이를 통하여 위요경관, 개방경관, 차폐경관, 파노라마경관, 앙각 및 부각형성에 의한 조망특성 등을 포함한 경관구조적 특성을 파악할 수 있다.

1 경관가시지역의 분석 방법 및 범위

대상지의 지형적 특성에 따른 경관구조 분석을 위해 계획대상지역 및 주변지역의 가시지역 분석을 진행하도록 한다. 가시지역 분석을 위해서는 우선 분석 기준점을 설정하여 가시되는 지역과 가시되지 않는 지역을 구분하고, 이를 여러 개의 기준점에서 반복적으로 실시하고 중첩하여 대상지의 경관구조 특성을 파악하도록 한다. 이 때에 가시지역 분석의 범위는 경계에서 5～10km의 주변지역을 포함하는 것이 바람직하다.

경관구조 특성을 분석한 결과를 토대로 대상지의 조망강도 및 경관영향권 등을 도출할 수 있다. 예를 들면 그림 3-4의 (a)와 (b)는 하나의 기준

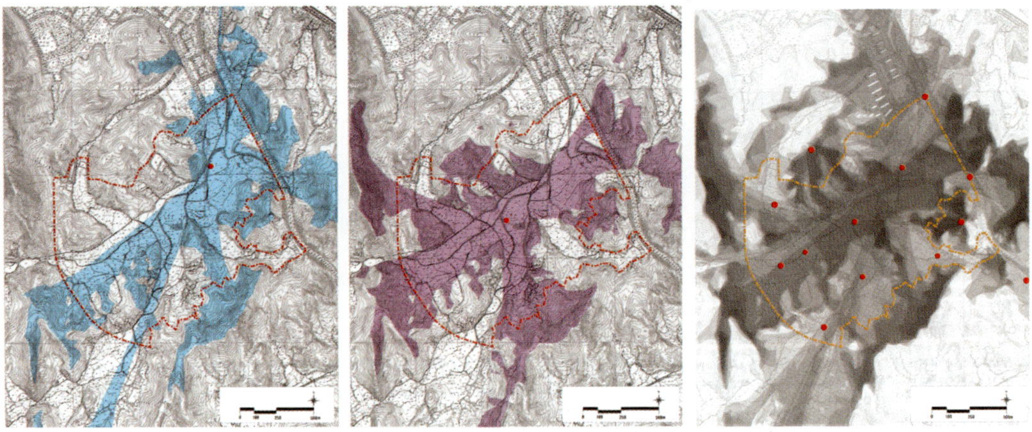

(a) (b) (c)

그림 3-4 가시지역분석에 의한 경관구조 분석 사례(계룡대실지구)

여러 개의 기준을 중심으로 가시권 분석을 진행하고(a, b) 이를 중첩하여(c) 경관구조 특성을 파악한다.

점에서 실시한 가시지역 분석결과인데 이러한 분석결과로 경관권역을 구분할 수 있으며, 여러 개의 기준점에서 얻은 분석결과를 중첩하여 얻은 결과(그림 3-4의 (c))를 토대로 대상지 내의 경관적 중요성, 경관민감지역 등을 파악할 수 있다. 이렇듯 가시지역 분석결과는 경관구상 및 경관계획에 다양한 방법으로 활용할 수 있다.

2 조망점의 설정

조망점은 경관계획에 있어서 조망축 설정이나 스카이라인구상과 같은 구상 및 계획단계에서 기준점이 되거나 건축물 높이규제, 시각회랑 확보

표 3-3 유형별 조망점 선정기준 및 지정 예시

구 분		조망점 선정기준	조망점 지정 예시
중심개념에 따른 구분	경관자원 중심	• 우수한 경관자원을 잘 조망할 수 있는 장소	• 주요 건축물 및 주요 지형지물 주변 • 문화재 주변 주요지점 • 전망대(산봉우리, 파노라마) • 진입부 경관
	이용자 중심	• 이용밀도가 높은 장소	• 주요 도로 및 교차로 • 공원 및 광장 • 이용자 밀집 주요 시설(문화재, 상업시설, 산책로, 하천공간 등)
조망위치에 따른 구분	내부 조망점	• 계획대상지 내부 주요 지점	• 대상지 내부의 주요 지점
	외부 조망점	• 대상지 주변 주요 지점	• 진입부 경관 • 주변 통과 도로상의 주요 지점
	원경/중경/근경	• 원경/중경/근경별 경관 변화 예측 지점	• 조망대상을 중심으로 거리별 조망지점 분배
조망점 활용에 따른 구분	규제형 조망점	• 양호한 경관을 보존하기 위해 설정한 기준 조망점	• 조망보존을 위한 기준 조망점(전략적 표준조망점)
	형성형 조망점	• 향후 양호한 경관을 형성하기 위한 기준 조망점	• 경관계획의 기준이 되는 조망점
	관리형 조망점	• 불량한 경관관리를 위해 설정한 기준 조망점	• 지속적인 관리를 위한 경관모니터링 기준점

등과 같은 구체적인 경관관리 수단의 적용에 있어서 역시 기준이 되는 지점이므로 매우 신중하게 설정하여야 한다.

일반적으로 조망점은 이용밀도가 높은 지점을 선정하거나 우수한 경관자원을 잘 조망할 수 있는 지점을 선정하는데, 이런 중심개념(경관자원, 이용자) 측면의 조망점 구분 외에도 조망위치에 따른 구분(내부, 외부), 조망거리에 따른 구분(근경, 중경, 원경), 조망점 활용방식에 따른 구분(규제형, 형성형, 관리형) 등으로도 나눌 수 있다(표 3-3 참조).

실제 경관계획을 진행할 때에 조망점의 설정은 이용자 중심의 조망점과 경관자원 중심의 조망점을 고르게 선정하되, 각 조망점에서 보이는 주요 조망대상을 고려하여 원경, 중경, 근경 등을 고려하도록 한다. 또한 주변지역에서 보는 대상지의 경관을 고려하여 내부 뿐만 아니라 외부 조망점도 선정하며, 마지막으로 구체적인 조망점의 활용방안을 검토하여 종합적인 조망점 선정이 되도록 한다.

3. 경관의식조사

계획대상지역의 경관자원에 대한 주민이나 방문자들의 경관의식을 파악하기 위해 설문조사, 인터뷰 등의 조사를 한다. 경관의식조사를 위한 설문항목은 계획대상지역에 대한 대표적인 지형 · 지물, 대표경관, 경관 현황 및 문제점, 경관개선 방향, 미래 도시이미지상 등을 포함하여 구성한다. 다만 색채에 대한 선호, 수목에 대한 선호 등 피설문자의 개인적인 취향에 대한 조사항목은 포함하지 않도록 하는 것이 바람직하다. 가급적 설문조사나 인터뷰 조사 대상은 연령, 성별, 거주자/방문자 등과 같은 조사자의 특성과 조사시기을 고려하고, 지역적으로 편중되지 않도록 대상자를 선정하도록 한다.

경관의식조사 결과는 대표경관 및 문제경관 도출, 지역 이미지 설정 등에 활용하되 조사 결과 중 계획대상지역의 경관개선 방향 및 미래 도시이미지상 등은 경관기본구상에 활용할 수 있다.

2. 수도권 전체와 비교 해볼 때 귀하께서는 화성시에서 **"가장 좋아하는 경관(아름다운 경관)"**과 **"가장 싫어하는 경관(추한 경관)"**을 **3개** 적어주시기 바랍니다.(1번 문항에서 제시한 경관들 중에서 선택하시기 바라며, 저수지, 온천, 하천의 경우는 정확한 이름을 적어주시기 바랍니다.)

	가장 좋아하는 경관	가장 싫어하는 경관
①		
②		
③		

3. 수도권 내의 다른 시·군들과 비교했을 때 **"우리 화성시가 가지고 있는 고유한 도시의 이미지"**는 무엇이라고 생각하십니까?

① 산업이 활성화된 공업도시 ② 농촌경관이 잘 어우러진 전원도시
③ 자연환경과 조화된 생태도시 ④ 유적지 등이 잘 보전된 역사도시
⑤ 상업, 쇼핑이 왕성한 상업도시 ⑥ 지역문화, 예술활동이 활발한 문화도시
⑦ 교육시설이 잘 정논된 교육도시 ⑧ 국제적인 관광도시
⑨ 시민들이 건강한 삶을 살 수 있는 건강도시 ⑩ 도로, 공항, 항만 등이 잘 정비된 교통도시
⑪ 기타 ( )

■ **화성시 경관개선에 대한 견해**

4. 귀하께서는 **"화성시 경관의 가장 큰 문제점"**이 무엇이라고 생각하시는지 아래에서 **세개만** ∨ 표를 하시기 바랍니다.
① 건축물(공장, 아파트)이 녹지를 훼손하고 있다.
② 건축물 색채와 형태가 주변 경관과 부조화를 이룬다.
③ 하천 및 저수지의 경관이 무질서하고, 인공적이다.
④ 해안가에 건축물과 시설물이 난립하고, 정비가 필요하다.
⑤ 간판 및 광고물이 너무 많고, 무질서하다.
⑥ 가로시설물과 안내표지판이 부족하고, 정비가 필요하다.
⑦ 건축물 때문에 주변의 자연경관을 볼 수 없다.
⑧ 송전탑과 같은 산업구조물이 노출되어 있다.
⑨ 채석장이나 도로 절개로 인하여 경관이 훼손되고 있다 .
⑩ 기타( )

5. 다음 중 화성시 경관개선을 위해서 **"우선적으로 고려되어야할 사항"**은 무엇이라고 생각하십니까?

① 녹지나 가로수의 확충 ② 건물의 형태, 색채, 높이 등 규제
③ 하천 및 저수지 주변 정비와 친수공간 조성 ④ 해안가의 정비 및 친수공간 조성
⑤ 간판, 광고물의 정비 및 규제 ⑥ 가로시설물과 안내표지판의 정비
⑦ 도로나 교량 등 정비 ⑧ 전신주 등 경관장애물 제거
⑨ 자연경관(산, 바다, 하천)으로의 조망 확보 ⑩ 채석장이나 도로절개지의 녹화 복원
⑪ 송전탑과 같은 산업구조물의 차폐. ⑫ 기타 ( )

6. 화성시 만의 아름답고 고유한 경관, 그리고 쾌적한 환경 조성을 위해서는 **'건축물 높이 규제'**와 같은 방식으로 시민들의 **"재산권 행사에 제한 또는 변경"**이 있을 수도 있습니다. 이러할 경우 귀하의 생각은 어떻습니까?
① 화성시를 위한 계획이므로 시민들이 적극 참여해야 한다.
② 개인의 재산권이 더 소중하므로 현행 규제의 수준을 유지해야 한다.
③ 화성시의 적절한 보상수단을 마련한 다음 규제를 강화해야 한다.
④ 잘 모르겠다.

7. 화성시의 경관 관리 및 정비를 수행하는데 있어서 화성시의 현재와 같은 행정체계가 적합하다고 생각하십니까?
① 적합하다.
② 적합하지 않다.
③ 잘모르겠다.

7-1. 적합하지 않다고 생각하신다면 어떠한 방식으로의 개편이 바람직하다고 생각하십니까?(7번 문항에 **"적합하지 않다"**라고 답하신 분만 응답하여 주십시오.)
① 기존의 체계(과)에 경관 관련 부서(계)를 신설한다.
② 새로운 조직으로서 경관 관련 부서(과)를 신설한다.
③ 관과 민간(지역주민과 전문가)이 공동으로 참여하는 경관 관련 실행팀을 신설한다.
④ 경관 관련 위원회(새로운 위원회 혹은 도시계획위원회의 분과)가 역할을 담당한다.
⑤ 잘모르겠다.

8. 수도권 내의 다른 시·군들과 비교했을 때 **"화성시를 대표하는 고유한 색채"**가 무엇이라고 생각하시는지 보기에서 **2개만** ∨표를 하시기 바랍니다.

① 산림의 녹색 ② 바다의 푸른색
③ 바닷가 갯벌의 짙은 갈색 ④ 밝은 하늘색
⑤ 개나리(화성시 시화)의 밝은 노란색 ⑥ 은행(화성시 시목)의 노란색
⑦ 전통적 의미의 음양오양색(5가지 색상) ⑧ 융건릉과 용주사 기와 지붕의 짙은 회색
⑨ 남양황라의 황토색 ⑩ 임파홍암의 붉은색
⑪ 화성시 로고의 3색 ⑫ 기타( )

림 3-5 도시이미지 조사 설문지 사례(화성시 도시경관 기본계획)

4. 관련계획 및 법규조사

경관계획은 도시기본계획, 도시관리계획, 지구단위계획 등과 같은 도시계획 사항과의 연계가 매우 중요하므로 이미 수립되었거나 수립 중인 계획들에 대한 조사가 충분히 이루어져야 실현가능한 계획이 될 수 있다. 도시계획사항 외에도 농산어촌 관련계획, 역사문화 관련계획, 자연경관 및 산림 관련계획 등 매우 다양한 계획과 접점을 가지고 있으므로 관련계획을 충분히 검토하여야 한다. 또한 구체적인 실행력을 확보하기 위해서도 관련 법규에 대한 검토가 철저히 진행되어야 한다. 표 3-4는 경관관련현행 법규를 정리한 것이나, 이외에도 대상지의 상황에 따라 관련있는 법률은 면밀히 검토되어야 한다.

표 3-4 경관 관련 법규정

구분	도시경관	농산어촌경관	자연경관/산림경관	역사 · 문화경관
경관 관련 계획	• 국토의계획및이용에관한법률(이하 "국계법") • 도시경관조례(경관기본계획)	• 농림어업인삶의질향상및 농산어촌지역개발촉진에 관한특별법(이하 "삶의질법") • 농업농촌기본법(농업농촌발전계획)	• 자연환경보전법 • 산림기본법/산림자원의조성및관리에 관한 법률 • 연안관리법	• 문화유산과자연환경자산에관한 국민신탁법 • 고도보존에관한특별법 • 지역특화발전특구에대한규제특례법
경관 관련 지역 · 지구	• 국계법 (녹지지역, 경관지구, 미관지구 등) • 도시공원및녹지등에관한법률(도시자연공원구역, 경관녹지)	• 국계법(생산녹지지역) • 농지법(농업진흥지역) • 임업및산촌진흥촉진에관한법률(산촌진흥지역) • 농어촌정비법 -마을정비구역	• 국계법(보전녹지지역, 자연녹지지역) • 자연공원법(공원자연보존지구, 공원자연환경지구) • 자연환경보전법(생태경관보전지역, 생태 · 자연도 1등급권역) • 제주국제자유도시특별법(-관리보전지역 : 경관보전지구) • 자연경관보전조례(자연경관보전지역) • 백두대간보호에관한법률(핵심구역, 완충구역) • 산림자원의조성및관리에관한법률(경관보안림)	• 국계법(역사문화미관지구, 문화자원보존지구, 최고고도지구, 개발진흥지구) • 문화재보호법(경승지, 보호구역) • 문화예술진흥법(문화지구) • 고도보전에관한특별법(특별보전지구, 역사문화환경지구)
경관 관련 심의	• 경관법에 의한 경관위원회제주국제자유도시특별법(건축계획심의) • 각종 건축 심의내 경관관련 사항		• 자연환경보전법 -자연경관심의 • 제주국제자유도시특별법 -건축계획심의 산지관리법 -산지의 이용 및 보전심의	• 고도보존에관한특별법(제5조) -고도보존심의
경관 관련 개발 사업	• 경관법(경관사업) • 도시및주거환경정비법(도시개발사업) • 도시개발법(도시개발사업) • 지속가능한 신도시계획기준(택지개발사업, 기업도시개발사업)	• 삶의질법(농촌지역종합개발사업) • 농어촌정비법(농어촌생활환경정비사업, 농업생산기반정비사업)	• 사방사업법(사방사업)	• 문화재보호법(전통민속마을사업) • 관광진흥개발기금법(문화 · 역사마을가꾸기사업)
경관 관련 지원 · 유도	• 경관법(경관협정) • 도시공원및녹지등에관한 법률(녹지보전협정)	• 삶의질법(경관협약, 경관보전직접지불제)		• 문화유산과자연환경자산에관한 국민신탁법(보전협약)
경관 관련 규제	• 건축법(건축선, 건폐율, 용적률, 높이제한, 공개공지 등의 규제) • 옥외광고물관리법			• 문화재보호법(등록문화재)

5. 국내외 사례조사

해당 대상지와 관련되는 국내외 선행 경관계획 사례가 경관계획을 진행하는데 많은 도움을 줄 수 있다. 특히 본격적인 경관계획제도를 막 도입하는 우리나라의 경우에는 국내 선행사례나 해외의 선진사례를 참고하여 계획에 참고할 수 있을 것이다.

경관계획의 목적, 수립방향 및 계획내용과 관련 있는 국내외 경관계획,

관련 제도와 법규정, 계획기법 등을 조사하고, 해당 경관계획에의 적용을 위한 시사점을 도출하고 계획방안을 제시하는데 활용하도록 한다.

6. 현황종합 분석도의 작성

경관자원특성분석, 경관의식조사, 관련계획 및 법규조사, 국내외 사례분석 등을 통하여 대상지의 경관적 특성을 종합적으로 분석한다. 이를 위해 해당 계획구역에 대한 분석결과를 종합하여 현황종합 분석도를 작성하되, 대상지의 경관적 특성을 충분히 표시할 수 있는 수준의 축척을 사용하여 도면화한다. 현황종합 분석도의 작성 시에는 경관계획의 구분에 따라 아래와 같은 축척을 참고하도록 한다.

- 기본경관계획 : 1/25,000 내지 1/50,000 축척 범위
- 특정경관계획(특정공간별 계획) : 1/5,000 축척 내외
- 특정경관계획(특정주제별 계획) : 1/25,000~1/50,000 축척 범위

위의 축척은 계획대상지의 규모나 경관의 특성 등에 따라 그대로 적용하기 어려울 수도 있으므로 계획의 특성을 고려하여 유연하게 적용하는 것이 바람직하다.

경관현황조사 및 분석의 가장 큰 의의는 계획대상지의 특성을 충분히 조사 분석하여 계획에 반영하는 일이다. 따라서 현황조사의 결과를 계획에 반영할 수 있도록 일관성 있는 계획이 되도록 유의하여야 한다.

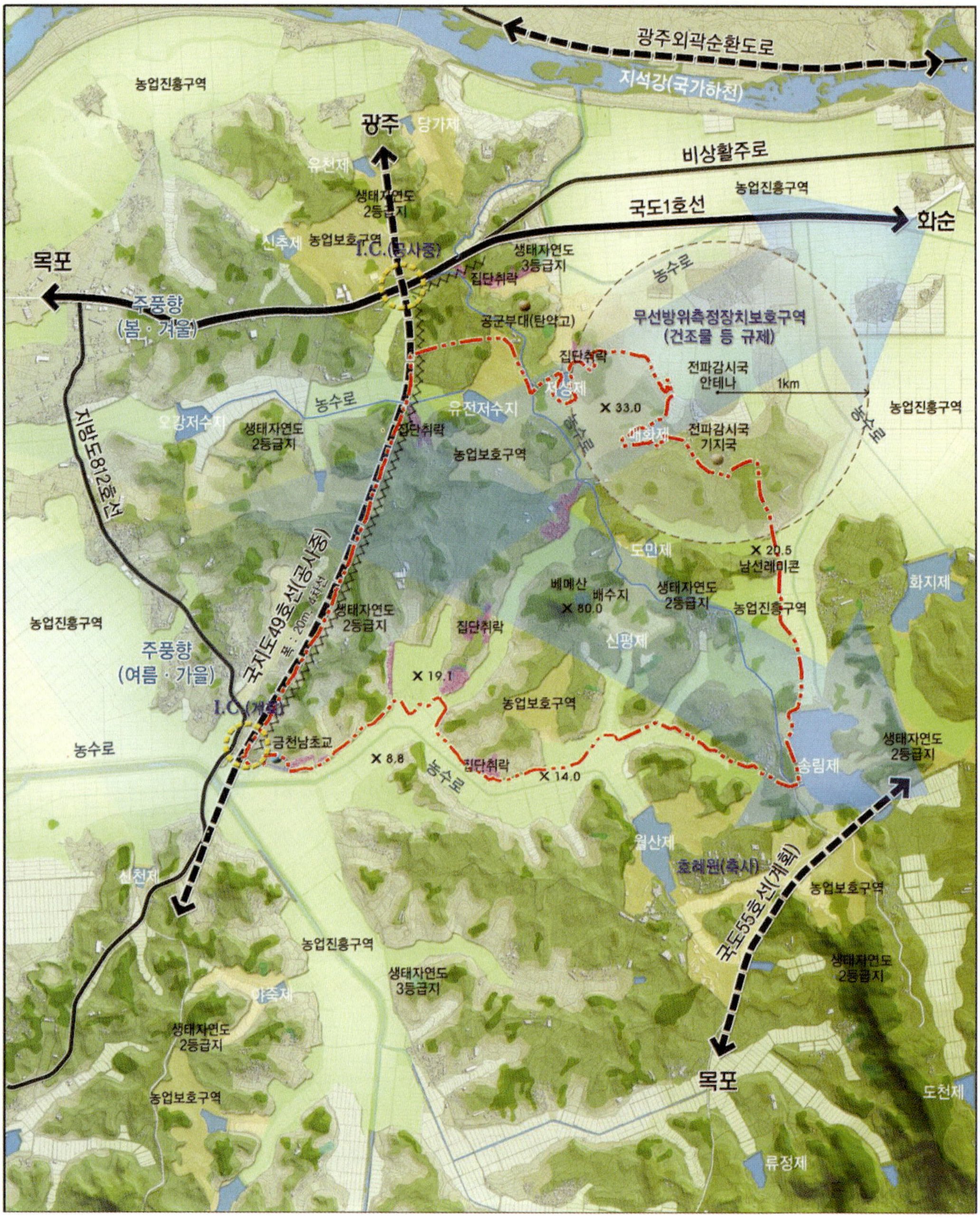

그림 3-6 경관현황 종합분석도 사례(대구 테크노폴리스)

3.2 경관기본구상 및 경관기본계획

1. 경관계획의 틀

1 경관계획의 위계

경관법에 의한 계획 수립지침에 의하면 경관계획은 대상의 범위와 유형에 따라 상세 정도를 구분하여 기본경관계획과 특정경관계획으로 구분하여 진행할 수 있도록 되어 있다.

기본경관계획은 관할구역 전체를 대상으로 하여 목표를 제시하고, 경관권역, 축, 거점 등 경관관리단위를 설정하며, 경관을 보전, 형성, 관리하기 위한 방향을 제시하는 거시적 경관계획이다. 계획의 대상은 관할구역 전체로 하며, 내용은 주로 지역의 경관계획 방향 및 목표설정, 경관권역의 구분, 경관유형 세분화 및 유형별 경관관리 방안의 제시가 된다.

특정경관계획은 관할구역 중 경관이 뛰어나거나 보전가치가 있어 계획 및 관리가 필요하다고 판단되는 특정 공간이나, 경관유형, 경관요소 등에

그림 3-7 경관계획의 위계와 대상

대해 수립하는 구체적인 실행계획의 성격을 띤다. 계획의 대상은 특정지역이나 특정경관유형(산림, 수변, 가로, 농산어촌, 역사문화, 시가지 경관 등) 또는 특정경관요소(야간경관, 색채, 옥외광고물, 공공시설물 등)가 되며, 체계적으로 관리가 필요한 경관자원에 대해 세부적인 경관관리 및 경관계획을 수립하도록 하고 있다.

경관기본구상과 경관기본계획은 2개의 계획 위계에 따라 대상과 범위, 수준과 상세 정도를 달리하여 수립하여야 하므로 서술에 앞서 기본경관계획과 특정경관계획을 살펴볼 필요가 있다.

2 위계별 경관계획의 내용

기본경관계획의 기본구상은 도시기본계획 수준과 정합되도록 거시적 차원에서 수립하는 것으로 기본방향 및 추진전략을 수립하고 경관이미지와 주제를 설정하는 것을 내용으로 하고 있다. 공간적인 구상에 있어서 경관권역이나 경관축, 경관거점 등을 설정하도록 제시되고 있으며, 필요시 경관유형을 분류하도록 하고 있다. 기본구상도의 작성은 1/50,000~1/25,000 정도의 정밀도로 표현할 수 있는 것을 담도록 하고 있어 지나치게 세부적으로 계획하는 것을 지양하고 있다. 기본계획의 수립은 기본구상에서 설정된 공간구상의 틀을 유지하면서 보존/형성/관리적인 측면 등을 구분하여 수립한다. 계획도면의 상세도는 1/25,000~1/10,000 축척의 정밀도로 도시관리계획에 반영할 수 있는 정도로 작성할 것을 권장하고 있다.

한편, 특정경관계획의 기본구상은 미시적 차원에서 접근하는 것으로 입체적인 경관구조 및 공간특성이 특화될 수 있는 방향을 설정하도록 되어 있다. 기본구상은 1/5,000 이상 수준으로 지역특성을 세밀하게 반영함으로써 도시관리계획 수준에서 반영할 수 있도록 하고 있다. 기본계획은 특정한 지역이나 경관유형을 대상으로 경관사업, 경관협정, 경관심의 등을 통해 실행될 수 있도록 수립하는 구체적 계획이다. 작성수준은 1/2,500 내외 수준의 정밀도를 유지하여 지역특성을 세밀하게 다루도록 함으로써 구체적인 계획안을 도출하여 도시관리계획이나 경관조례, 지구단위계획 등에 반영함으로써 실행력을 높일 수 있게 하였다.

표 3-5 계획위계별 경관계획의 내용

구분	기본경관계획	특정경관계획
기본구상	• 거시적 차원 • 관할구역 전체적 접근 • 기본방향 및 추진전략 • 경관이미지 및 주제설정 • 경관권역 · 경관축 · 경관거점 설정 • 경관유형 분류 • 1/50,000~1/25,000 수준	• 미시적 차원 • 특정경관/유형 차원의 접근 • 입체적인 경관 구조 • 구체적인 추진방안의 제시 • 경관권역 · 축 · 거점별 구상 • 경관유형별 경관구상 • 1/5,000이상 수준의 정밀도
기본계획	• 보존/형성/관리 측면을 고려 • 경관권역별 경관계획 • 경관축 계획 • 경관거점 계획 • 경관중점관리구역계획 • 1/25,000~1/10,000 수준	• 경관사업, 경관협정, 경관심의 등으로 실행 가능한 계획수립 • 경관권역계획 • 경관축 • 경관거점 계획 • 1/2,500 내외 수준의 정밀도

2. 기본경관계획

1 경관기본구상

경관기본구상은 기본방향 및 목표설정, 미래상 설정, 추진전략의 수립, 경관체계의 구상 등을 다룬다.

① 기본방향 설정

관할구역 전체의 거시적 경관이 추구해야 할 목표와 기본방향을 제시한다. 경관계획의 목표 및 기본방향은 관할구역의 자연적, 인문적 특성을 반영하고, 국토정책 및 개발계획 등을 종합적으로 고려하여 설정한다.

② 미래상 설정

경관계획은 관할구역의 상징성 제고, 고유의 정체성 확보, 거주민의 자긍심 고양 등을 위해 경관을 통해 구현하려는 미래상(image)을 설정한다. 미래상은 과거의 역사 및 지명 유래, 지형특성, 문화 · 생활상, 입지, 잠재력, 주민의식, 미래 변화방향 등 다양한 측면을 고려하여 설정한다. 주민의 인식을 높이고 계획의 추진과 실행에 필요한 경우에는 경관 테마(theme)나 캐치프레이즈 또는 비전 등을 설정할 수 있다.

③ 추진전략의 제시

경관계획의 목표와 기본방향, 미래상을 구현하고 실행하기 위한 추진전략을 제시한다. 추진전략은 경관을 보전 · 관리 및 형성할 과제를 분류하고, 과제별 추진방안을 제시하며, 경관 저해요소의 극복수단이나 잠재력을 강화할 수 있는 방향을 제시한다. 추진전략은 너무 추상적으로 설정되지 않도록 하며, 실행하기 위한 범위와 대상, 추진 단계 및 장단기별 세부전략 등을 제시할 수 있어야 한다.

④ 기본구상의 내용

• 기본구상의 체계

관할구역 전체의 경관적인 틀을 형성하고 중요하거나 잠재적 가치를 지닌 경관자원을 보전하고 경관을 형성하거나 관리하기 위한 구상을 제시한다. 경관구상의 틀은 경관자원조사 및 분석의 결과를 반영하여 관할구역 전체에 대해 경관권역(面), 경관축(線), 경관거점(點) 등으로 구분하여 설정한다. 그러나 경관적인 틀을 유지하되 모두를 포함할 필요는 없으며 지역적 특성을 감안하여 설정한다. 또한 경관권역, 경관축, 경관거점은 상호 중첩이 가능하다.

• 경관권역의 설정

경관권역은 동질적이거나 유사한 경관자원이 넓게 분포하는 경우에 설정하는 것이다. 주로 관할구역이 매우 넓고, 다양한 경관특성이 혼재하는 경우에 계획의 편의를 위해 토지이용, 지형, 생활권 등을 고려하여 설정하고 필요시 세분할 수 있다.

• 경관축의 설정

경관축은 동질한 경관이 선(線)의 형태로 연속하여 형성되거나 형성될 잠재성이 있는 곳에 설정한다. 설정가능한 경관축은 수려한 자연경관이나 기념물, 랜드마크 등으로의 조망 확보를 위한 조망축, 연속적인 녹지나 산림 등의 녹지경관축, 우수한 경관을 지닌 도로나 가로를 포함하는 가로경관축, 해안이나 강 또는 하천 등의 수변경관축 등이 있을 수 있다. 이 외에도 필요하다면 경관자원의 특성을 주제로 하는 경관축의 설정이 가능하다.

• 경관거점의 설정

경관거점은 우세한 경관이 점적으로 위치하여 지역성이나 상징성을 형성하는 장소, 지점, 지역 등에 설정한다. 경관거점에는 경관특성이 우수한

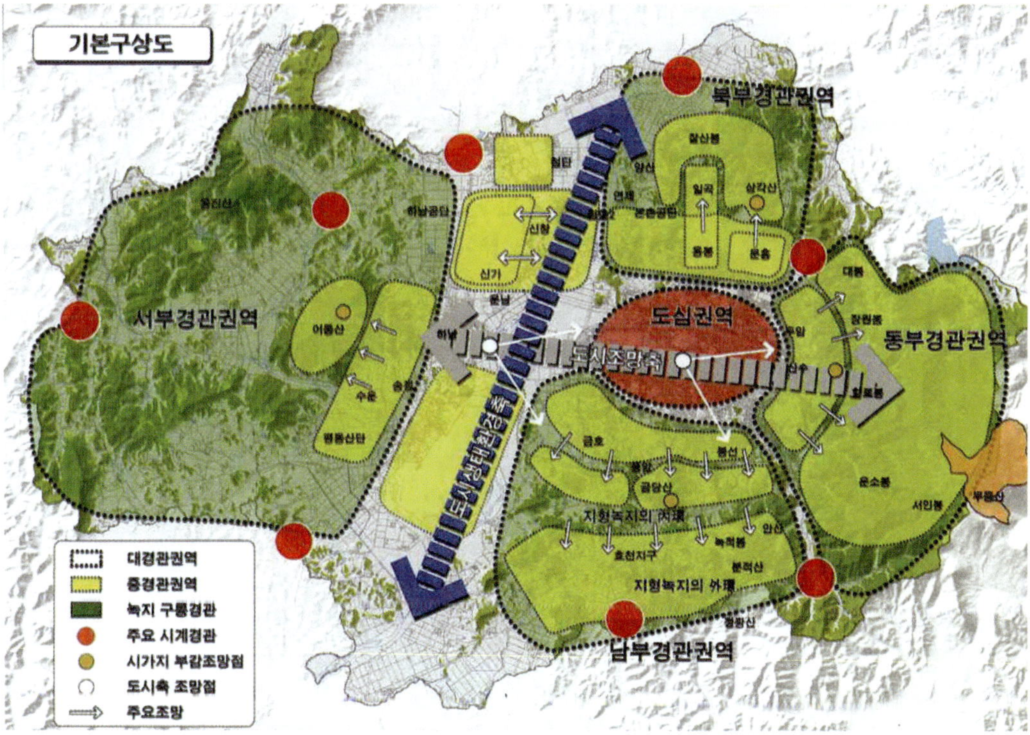

그림 3-8 기본구상도 작성사례(출처: 광주광역시, 2004)

공공시설이나 건축물, 환경조형물, 기념탑, 광장, 교량, 수목, 문화재, 향토문화유적, 진출입부 등이 경관거점에 포함될 수 있다.

- 경관기본구상도

기본구상도는 경관계획의 골격에 대한 구상과 계획방향을 보여주는 것으로 주요 경관자원, 경관권역, 축, 거점 등의 대상과 범위를 표시한다. 기본구상도는 1/50,000~1/25,000 축척에서 이해될 수 있는 수준으로 작성한다.

2 기본계획의 수립

① 기본계획의 수립방향

기본계획은 기본구상에서 설정한 경관권역, 경관축, 경관거점별로 추구해야 할 경관 이미지나 주제 등을 구체화하고 경관의 보전·관리 및 형성을 위한 실행방향을 제시하는 것을 주요 내용으로 한다. 경관계획은 기본구상에서 설정한 경관권역, 경관축, 경관거점의 골격의 작성체계를 동일하게 유지하며 장래 개발에 따른 변화를 예상하여 수립한다.

그림 3-9 기본계획도 작성사례(출처: 안양시, 2003)

경관계획 수립지침에서는 중점적으로 경관을 관리해야 할 필요가 있는 지역을 경관중점관리구역으로 설정하고, 경관관리의 목표 및 보전 · 관리 및 형성을 위한 실행수단 등을 검토, 제시할 수 있도록 하고 있다. 경관중점관리구역은 경관에 관련하여 용도지구 또는 구역의 지정, 경관관련 사업을 중점적으로 실행하기 위해 설정하는 것으로 경관권역, 경관축, 경관거점을 포함하거나 중첩하여 설정할 수 있다.

경관계획도는 1/25,000~1/10,000 축척에서 이해할 수 있는 수준의 내용을 표현한다.

② **경관권역계획**

경관권역계획은 면(面)적 요소를 다루는 것으로 권역의 특성을 고려하여 구현목표와 형성방향을 제시하며, 권역의 상징적인 자원이나 자연산림, 지형 등을 강조할 수 있도록 한다.

시가지에 있어서는 지역 규모의 거시적 주요 조망점에서의 스카이라인의 형성을 고려한 건축물의 배치와 형식, 높이와 규모, 시각회랑의 범위와 위치의 설정 등에 대한 내용을 다룰 수 있다. 역사적 자원에 대해서는 경관적 특성이 복원되거나 표출될 수 있도록 계획을 수립하며, 농산어촌의 생산활동과 주민생활을 통해 나타나는 경관의 보전 및 관리에 주의를 기울여야 한다. 또한 우수한 산림경관은 자원의 유형과 특성에 적합한 조성 및 관리방향을 수립한다.

계획방향	계획내용
■ 건축물 용도별 특성을 고려한 통일성 있는 정주지 조성 · 고층 건축물에 의한 급격한 스카이라인의 변화 억제 · 용도지역별 건축물 용도와 규모를 고려한 경관 형성도모	■ 관리범위 설정 · 평촌 신도시 및 구시가지 · 표고 40m 이내 지역
■ 구시가지와 평촌 신도시 지역의 정주환경 격차 해소 · 다양한 형태의 재개발사업을 통한 구시가지 정비 · 구시가지의 공원, 녹지 등 공공 오픈스페이스 확보	■ 관리범위 경계요소 · 산악경관권역과 상안경관 연접권역을 제외한 지역
■ 보행자를 고려한 쾌적한 보행환경 조성 · 구시가지에 협소한 보행공간 확보 · 가로수 식재, 가로변 담장의 녹화	■ 계획내용 · 녹화사업 등 공공사업시행 · 구시가지 주거환경정비

그림 3-10 경관권역 계획 사례(출처: 안양시, 2003)

③ **경관축계획**

기본구상에서 설정된 경관축에 대해 경관형성의 목표와 이미지 구현방향, 자원의 보전·관리 및 형성을 위한 계획방향을 제시한다. 계획에서 다루는 요소는 경관축 주변의 주요 접근로와 조망점, 주요 조망구간, 조망대상, 경관축상의 경관자원 등이 포함될 수 있으며, 야간경관도 고려해야 할 중요한 요소이다.

주요 조망점에서 랜드마크 이르는 조망축에 대해서는 시각적 개방감을

계 획 방 향	계 획 내 용
■ 기존 녹지의 보존	■ 관리범위 설정
· 가로에 식재된 은행나무, 느티나무, 플라타너스 보존	· 관악로,시민로,중앙로
· 상징적인 녹화가로를 형성하기 위해 구간별 녹지축 정비	· 평촌대로, 경수산업도로
■ 기존 시가지 내 교통축 주변 녹지공간과 연계	■ 관리범위 경계요소
· 하천연결녹화가로 : 녹화도로와 하천과의 연계	· 도로자체, 일부구간 건축선 후퇴부 포함
· 공원연결녹화가로 : 근린공원과 어린이 공원의 연계	
■ 신구시가지를 연계하는 녹지축 형성	■ 관리지역 내 계획내용
· 조망가로변 가로수를 보존 및 식재하여 녹시율 향상	· 가로수 관리 행정체계 강화
· 특화가로와 연계한 가로수 식재를 통해 특성 강화	· 상징녹화가로사업 시행

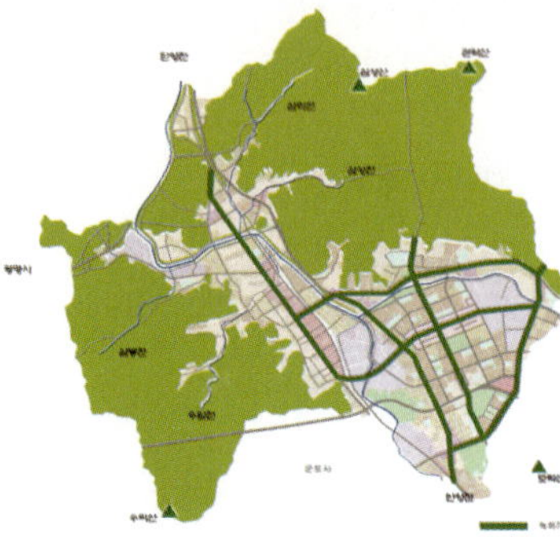

그림 3-11 경관축 계획 사례(출처: 안양시, 2003)

확보하고 조망기회를 확대하며 경관성을 향상하기 위한 방안을 제시하며, 지역의 중심가로나 상징가로, 경관자원이 많은 가로 등에 대해 보전 및 특화방안을 수립한다. 경관적 가치가 높은 산림과 녹지는 연속성과 조망을 확보하기 방안을 마련하며, 수변경관축에 대해서는 조망기회의 확대, 개방감 확보 등의 계획 방향을 제시한다.

④ **경관거점계획**

기본구상에서 설정된 경관거점에 대해 경관형성의 구현목표와 방향을 제시한다. 경관거점자원에 대해 조망확보와 함께 접근성을 높이고 자원의 보존 및 형성, 관리 등의 방안을 제시한다. 특히, 전통마을이나 전통건축물, 근현대적 중요 건축물 등 역사적 경관자원에 대해 경관의 보전·관리 및 형성 등의 계획방향을 수립한다. 이와 더불어 지역의 전통문화나 생산물이나 상업활동, 축제 등 문화경관자원의 보전·관리 및 형성을 위한 계획방향을 수립한다.

계 획 방 향	계 획 내 용
■ 지역의 연사문화 자원의 보전	■ 관리범위 설정
· 주변 환경과 조화되는 총체적 보전 및 사업화 방안 필요	· 시각결절부
· 거점 주변 경관관리지구 설정	· 보행집결지
■ 교차로의 인지성 확보	■ 관리범위 경계요소
· 주요 교차로변 건축물 디자인 가이드라인 제시	· 역사문화 거점
· 가각부 건축물 정면성 확보, 가각부 공지확보 등	· 교차로 및 관문 거점
■ 우수 공공건축물의 건립	■ 관리지역 내 계획내용
· 우수 건축가 및 조경가 지원 프로그램과 연계	· 상징조형물 설치사업
· 양호한 가로건축경관 형성	· 공개공지 확보 및 광장조성

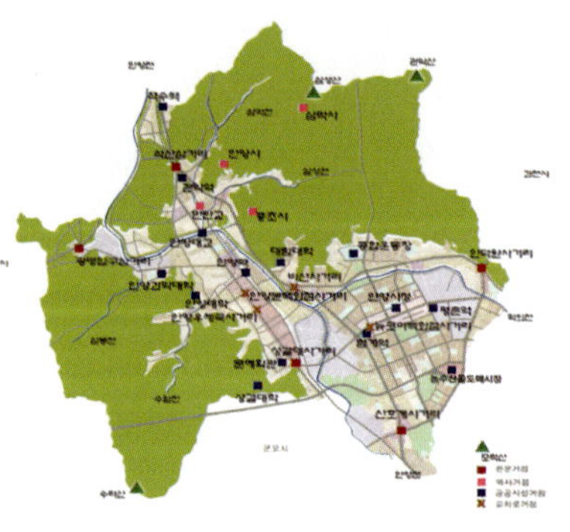

그림 3-12 경관거점 계획 사례(출처: 안양시, 2003)

⑤ **경관중점관리구역계획**

경관권역이나 경관축, 경관거점은 면, 선, 점의 형태로 공간을 지정하는 것이지만 권역의 일부이면서 경관축, 거점 등을 포함하는 지역에 대해 중점적으로 경관을 형성하려는 계획이 필요한 경우가 있다. 이처럼 권역이나 축, 거점의 지정 이외에 복합적인 목적으로 계획을 수립하고자 지정하는 것이 경관중점관리구역이다. 기본구상에서 지정한 경관중점관리구역에 대한 계획은 포함하는 경관자원의 유형이나 특징에 따라 권역이나 축, 거점계획의 내용을 동시에 수용할 수 있는 특성이 있다.

경관중점관리구역은 계획의 내용이 모든 것을 수용할 수 있지만, 목적은 향후 특정경관계획의 수립이나 경관지구의 지정, 경관조례의 제정, 경관사업의 추진 등의 실행에 필요한 계획을 수립하는데 비중을 두고 있다고 볼 수 있다. 그러므로 계획을 수립함에 있어서 구역의 지정 목적과 경관형성 목표, 실행방안을 동시에 고려하여야 한다.

계획내용으로는 경관형성의 목표와 계획방향을 설정하고 구역 내에 포함되는 경관자원(건축물, 시설물, 가로, 하천, 녹지 등)에 대해서 보전 · 관리 및 형성 등의 계획방향을 제시하여야 한다.

또한 실행방안을 검토하여 경관중점관리구역의 경관형성 목표를 구현하기 위한 용도지역 · 용도지구 · 구역 등의 지정 및 운용에 관련된 사항을 점검하여야 하고, 경관사업이나 경관협정 등의 시행이 요구될 경우에는 필요한 항목을 제시하여야 한다.

3. 특정경관계획

1 기본구상

특정경관계획의 기본구상은 기본경관계획에서 다루는 항목은 차이가 없지만 특정경관자원을 대상으로 하는 만큼 세부적이며 입체적이고, 구체적으로 수립하게 된다. 경관기본구상에서 담아야 할 내용으로는 기본방향의 설정, 미래상의 설정, 추진전략의 제시 등이다.

① **기본방향의 설정**

계획지역의 경관특성, 주변환경, 입지적 특성, 현안 등을 고려하여 경관을 보전 · 관리 · 형성하려는 방향을 제시한다.

② **미래상의 설정**

계획지역의 특정경관유형이나 요소, 특정지역의 경관적 상징성과 장소성 등을 다른 지역과 차별화할 수 있는 미래상을 설정한다.

③ **추진전략의 제시**

특정경관계획의 목표와 기본방향, 미래상 등에서 제시된 내용을 실현하기 위해 추진전략은 특정경관유형이나 요소의 특성에 따라 세분하여 구체적으로 기술한다.

④ **기본구상의 내용**

• 기본구상의 수립방향

계획 대상지역의 경관구조 및 공간특성이 특화될 수 있도록 입체적으로 구상한다. 필요할 경우 면(경관권역), 선(경관축), 점(경관거점) 등으로 경관유형별로 구분하여 구상할 수 있다.

• 경관권역

건물, 산림, 녹지, 수공간 등의 경관적 특성이 동일하게 분포하는 일정지역에 대해서 계획상 필요한 경우 경관권역으로 설정할 수 있다. 공간적 범위가 작지만 건물의 양식이나 형태, 식생 등이 면적으로 동질의 독특한 경관특성을 형성하는 지역에도 설정할 수 있다.

• 경관축

특정한 경관자원의 조망을 연속적으로 보전 · 관리 및 형성하려는 선적 형태의 도로나 가로, 산책로, 수변, 녹지대 등에 설정한다. 공간적 범위는 작지만 세밀한 구상이 필요한 경관축의 경우에는 입체적으로 설정할 수 있다.

• 경관거점

우세한 경관요소가 점적으로 입지하면서 랜드마크가 되는 곳, 장소성을 형성하거나 그 잠재성이 있는 지점에 대해 설정할 수 있다. 독특한 경관이 국지적으로 나타나는 지점, 경관특성이 우수한 점적 형태의 건물, 구조물, 시설물, 산림 또는 수목, 역사물 및 문화재 주변의 일정지역에 대해서 설정할 수 있다.

• 경관기본구상도

기본구상도는 경관계획의 골격에 대한 구상과 계획방향을 보여주는 것으로 주요경관자원과 점, 선, 면적인 계획 범위와 대상을 명료하게 표시한다. 기본구상도는 1/5,000 축척에서 이해될 수 있는 수준으로 작성한다. 야간경관이나 옥외광고물 등의 특정 경관유형에 대한 계획을 수립하는 경우에는 기본경관계획의 구상도 작성 수준에 준해서 작성할 수 있다.

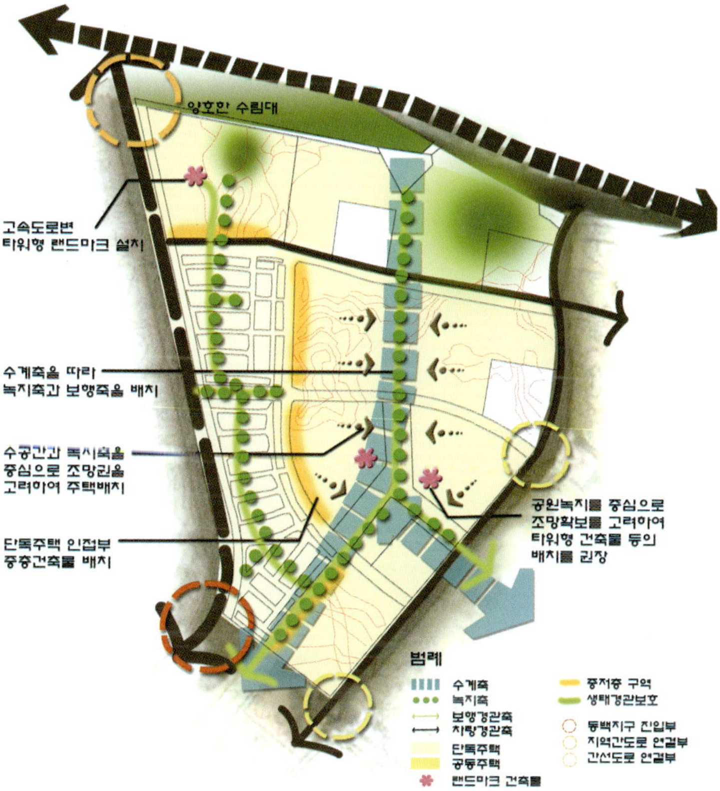

그림 3-13 특정경관 기본구상도 작성 사례(출처: 한국토지공사, 2002, 재작성)

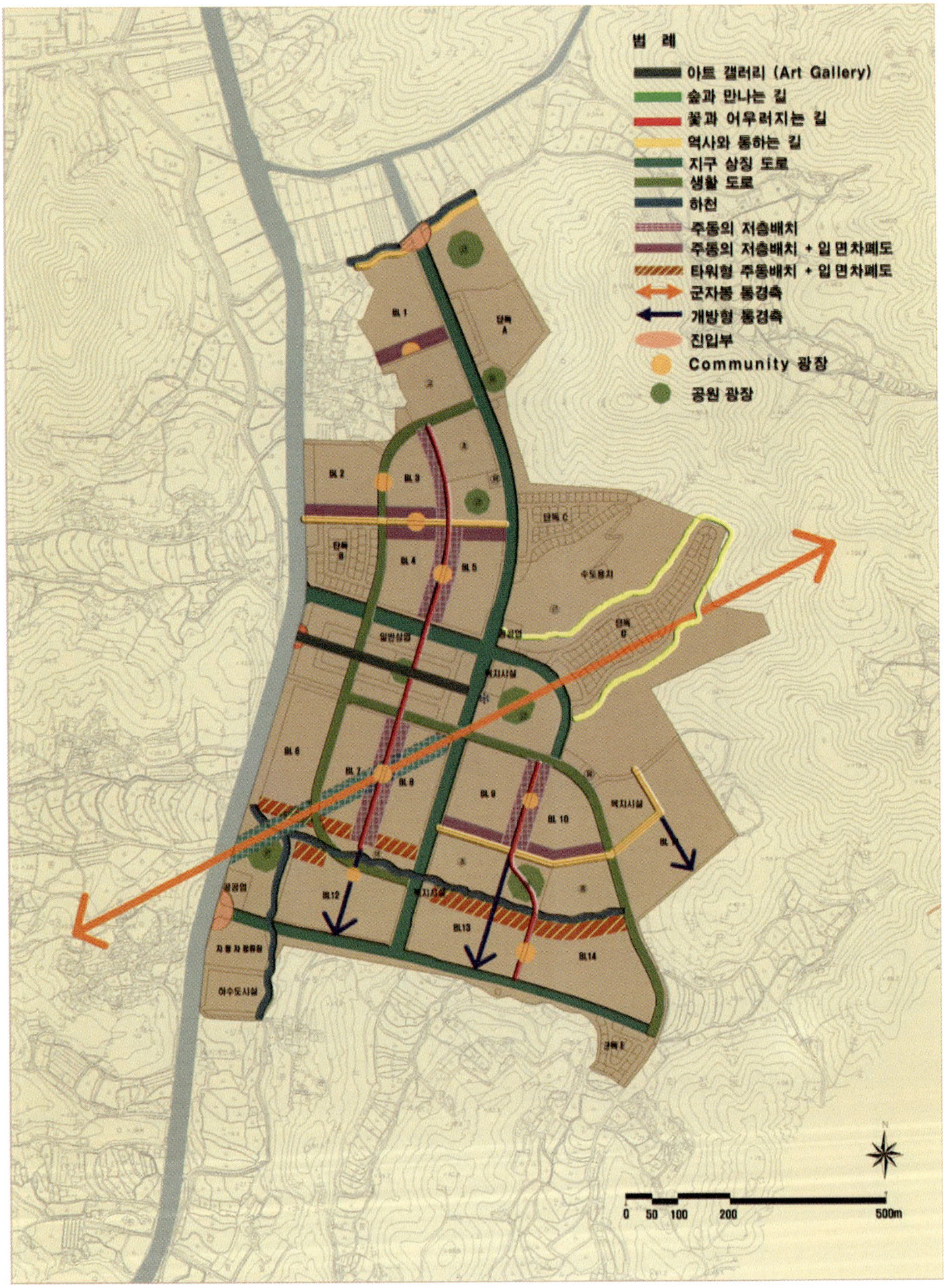

그림 3-14 특정경관 기본계획도 작성 사례(출처: 한국토지공사, 2004)

2 기본계획의 수립

① 기본계획의 내용

기본계획은 특정 지역이나 경관유형 및 요소를 대상으로 경관사업, 경관협정, 경관심의 등의 실행에 필요한 구체적 방안의 수립에 필요한 내용을 담을 필요가 있다.

기본계획은 기본구상 체계를 동일하게 유지하면서 수립하며, 명확하게 대상을 선정하고 입체적이고 구체적으로 실현가능한 방안을 제시하여야 한다. 기본계획 내용은 경관권역, 경관축, 경관거점 등의 형성이나 보존, 관리 등의 내용을 다룬다. 경관사업이나 경관조례에 반영해야 할 계획내용은 적용할 공간과 대상을 구체적으로 표기하여야 한다.

기본계획도는 1/5,000 이상의 축척에서 이해할 수 있는 수준으로 구체적인 내용을 다룬다. 다만, 야간경관이나 옥외광고물 등과 같이 관할구역의 전체를 아우르는 특정계획을 수립하는 경우에는 기본경관계획의 수준에 준하는 축척을 사용해도 무방하다.

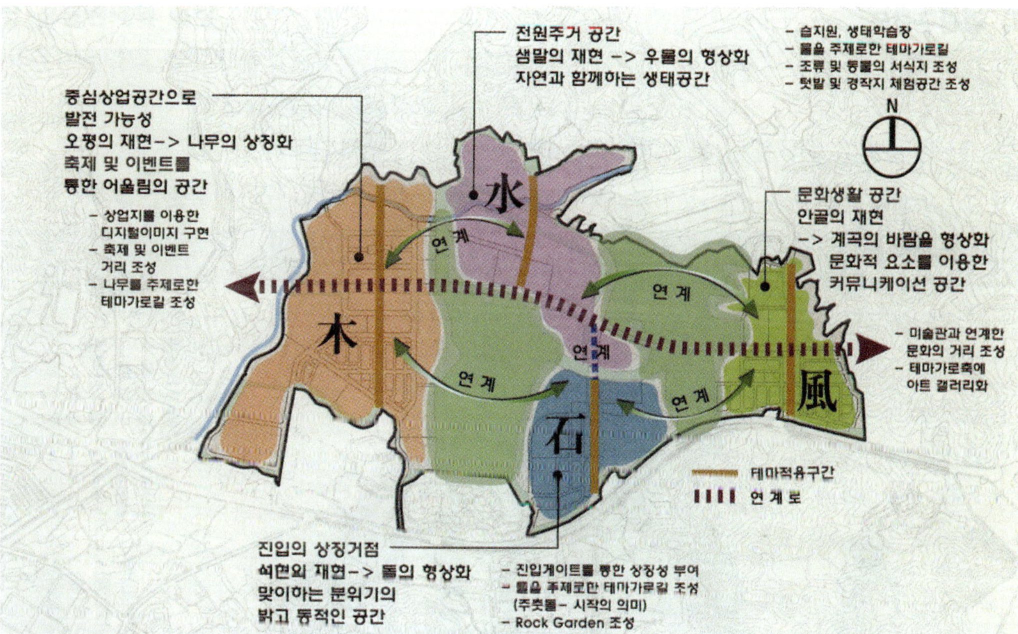

그림 3-15 특정경관계획 경관권역계획 사례(출처: 한국토지공사, 2005)

② **경관권역계획**

경관권역의 경관을 형성하기 위해 필요한 실행방안을 제시한다. 경관권역은 상호간에 유기적인 관계를 형성하도록 조성할 필요가 있으며, 내외부의 주요 조망점에서 보이는 경관의 입체적 관리를 위해 주요 경관요소들의 구체적인 계획을 제시한다.

③ **경관축계획**

경관축계획은 경관축과 주변지역의 경관을 형성하기 위한 방안을 수립한다. 조망축이나 시각회랑에 대해서 시각적 연속성과 개방감의 확보를 위해 경관자원과 조망점 사이의 건축물, 가로시설물, 가로수 등의 높이와 배치, 야간경관 등에 관한 조망 계획을 수립한다. 조망계획은 주요 가로와 접근로 등에서 조망점을 선정하여 수립한다.

보행자 전용도로, 녹도, 연결녹지, 테마가로 등은 시각적 연속성, 주제의 통일성을 구현할 수 있도록 가로시설물, 교통안내판, 포장재료 등의 형태와 색채 등에 대한 계획 방안을 제시한다.

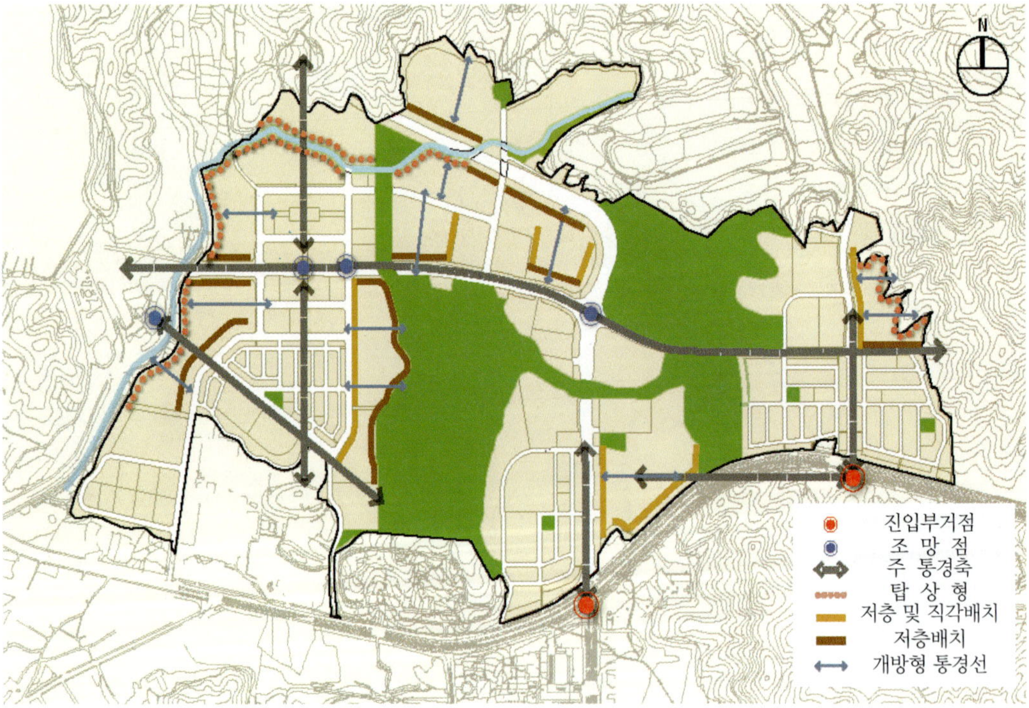

그림 3-16 특정경관계획 경관축계획 사례(출처: 한국토지공사, 2005)

④ **경관거점계획**

기본구상에서 설정된 경관거점의 건축물이나 구조물의 경관 보전 · 관리 및 형성을 위한 입체적인 계획방안을 제시한다. 계획 내용은 경관거점 주변의 건축물이나 구조물의 높이와 규모, 외관, 건축선 지정, 가로시설물, 포장, 가로수 등의 관리방안을 수립하는 것이다.

경관거점의 물리적, 시각적 접근성을 높이기 위해 필요한 경우 토지이용, 도로 및 시설대의 폭원, 건축물의 높이와 배치 등에 대한 입체적 계획방안을 수립한다.

진출입부의 이미지 부각, 상징성 강화 등을 위해 조명물, 가로시설물, 도로표지, 안내시설에 대한 형태와 규모, 색채와 형상 등에 대해 통합적인 계획을 수립한다.

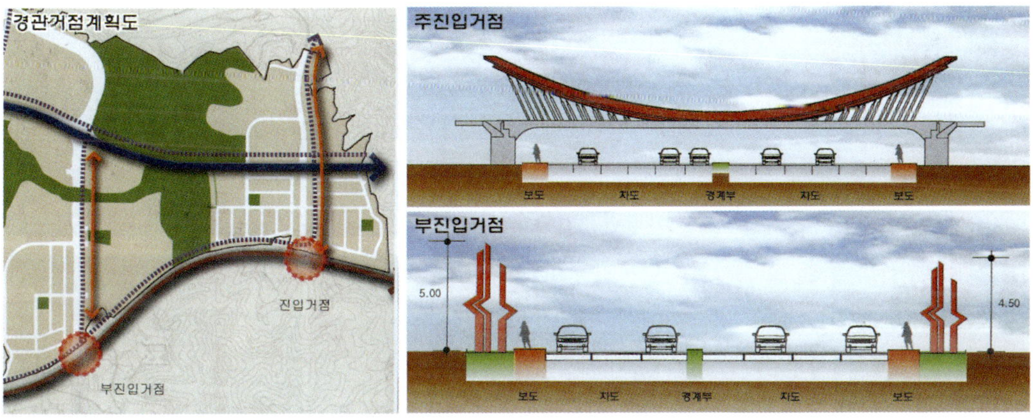

그림 3-17 **특정경관계획 경관거점계획 사례(출처: 한국토지공사, 2005)**

3.3 경관설계지침

1. 경관설계지침의 성격

경관설계지침은 기본경관계획의 구상과 계획안을 구체적으로 실현하는 세부적인 설계 가이드라인이다. 따라서 수립된 경관기본계획안의 실천 즉, 도시를 만들고 재편하는 주체나 방법이 다양하기 때문에 도시마다의 고유한 자연과 지형, 산업, 역사와 문화 등 나름의 축적된 공간과 문화를 살려낼 수 있는 '기능'과 '공간'이 통합될 수 있는 실제적인 설계지침의 마련이 필요하다.

경관설계지침은 관리 또는 형성하려는 계획경계 내의 동일한 경관유형별, 또는 경관구성요소별로 수립하는 것이 일반적이지만, 필요할 경우에는 이 두 가지를 함께 제시하는 등 각 지역의 여건과 실정에 맞게 작성하는 것이 바람직하다.

경관계획(기본경관계획, 특정경관계획 등)의 위계에 따라 경관유형별 설계지침과 경관구성요소별 설계지침을 표 3-6과 같이 선택적으로 적용할 수 있다.[1)]

- 기본경관계획의 경관설계지침은 대상지역에 대해 거시적인 측면에서 다루어야 하는 지침으로 경관유형별 설계지침 또는 경관구성요소별 설계지침을 작성할 수 있다.
- 특정경관계획의 경관설계지침은 특정테마 또는 특정공간에 대해 미시적인 측면에서 다루어야 하는 지침으로 경관구성요소별 설계지침을 작성할 수 있다.

표 3-6 경관설계지침 구분 및 적용범위

구 분		기본경관계획	특정경관계획
경관유형별	경관설계지침	○	○
경관구성요소별 경관설계지침	도시관리계획 수준	○	
	지구단위계획 수준		○

1) 경관설계지침은 거시적 차원의 경관계획을 달성하기 위해서는 도시 골격을 형성하기 위해 엄격하게 지켜야 할 내용을 중심으로 제시하도록 하고, 미시적인 차원의 단지설계, 건축 디자인과 관련된 지침은 디자이너의 창의성을 침해하지 않는 범위 내에서 다양한 디자인을 유도할 수 있는 지침의 형태로 제시하는 것이 바람직하다.

2. 경관설계지침의 적용

경관설계지침은 모든 대상과 계획에 공통적으로 적용되는 지침과 특정 대상이나 계획에만 적용되는 지침으로 구분하여 제시한다. 경관설계지침을 작성할 때에는 법적 구속력이 있는 규제지침과 구속력은 없으나 경관을 보존, 형성, 관리하기 위해 권장 또는 유도하기 위한 관리지침으로 구분하여 제시한다.

규제지침은 경관중점관리구역의 지정 · 운용에 필요한 사항, 지구단위계획구역의 운영에 필요한 사항, 경관사업 · 경관협정의 수행에 필요한 사항, 경관조례의 수립 등에 필요한 사항을 다룰 수 있다.

관리지침은 도시관리를 위한 행정지도에 필요한 사항을 다룰 수 있다. 경관설계지침은 이해하기 쉽도록 도면 작성 또는 사례 등을 포함하여 제시한다.

3. 기본경관계획의 경관설계지침

1 경관유형별 경관설계지침

산림, 수변, 가로, 농산어촌, 역사문화, 시가지 등의 경관유형별 경관설계지침은 각각의 동일 경관유형에서 다루어야 하는 지침에 대한 내용을 담을 수 있다.

경관기본계획에서 제시한 경관권역, 경관축, 경관거점 등에 대한 계획방향 및 계획내용을 실현하기 위한 설계지침으로서, 경관의 보존, 관리, 형성을 위한 스카이라인, 통경축, 상징가로, 조망점 등 거시적인 측면에서 다루어지는 지침사항을 계획하고, 경관유형별로 전체 지역에 해당되는 관리지침(공통지침)과 관련법에 의한 특정지역에 해당되는 규제지침(특별지침)으로 구분하여, 실행요소에 대한 행위규제의 내용을 제시할 수 있다.

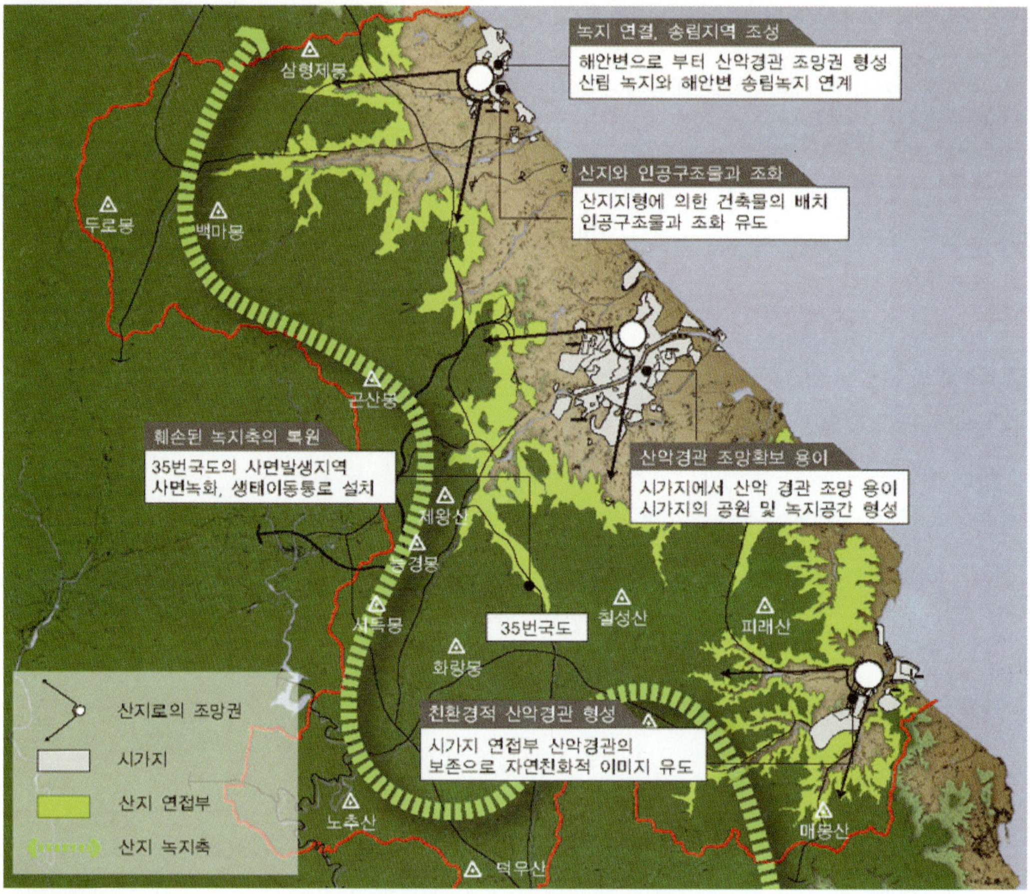

그림 3-18 경관유형별 경관설계지침 사례(강릉시 산림경관 관리지침도)

그림 3-19 경관유형별 경관설계지침 사례(당진군 산림경관 관리지침)

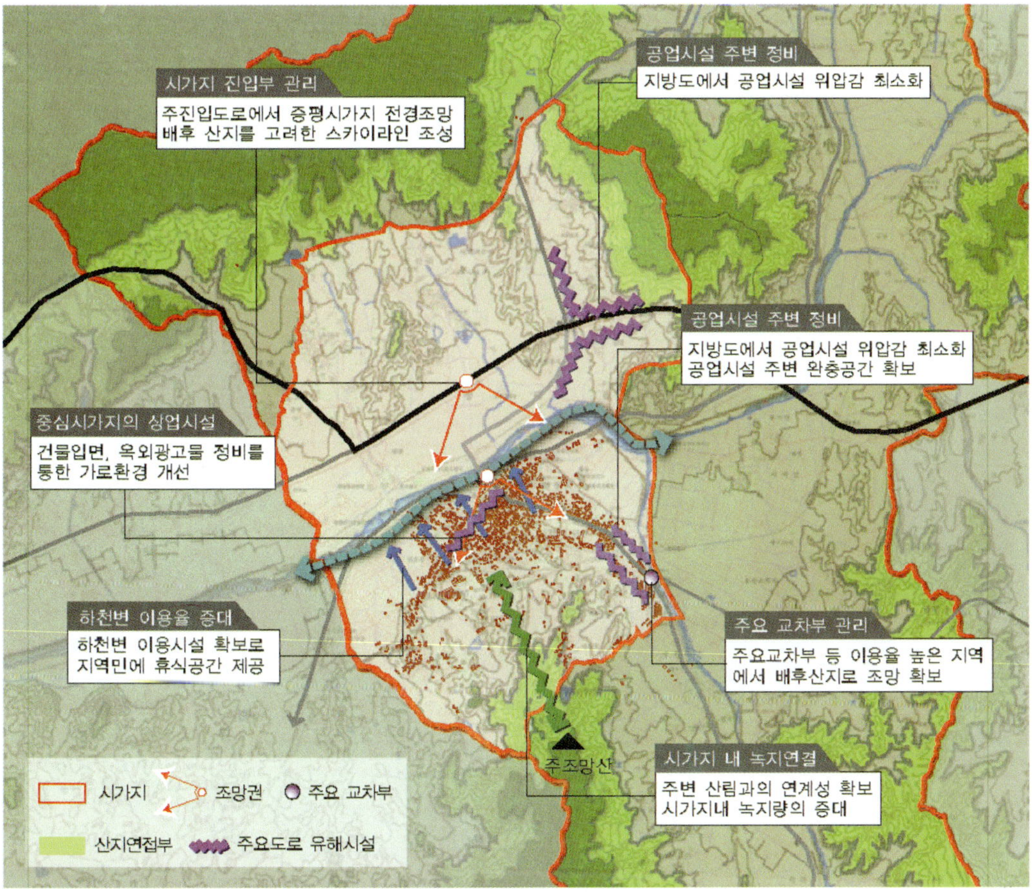

그림 3-20 경관유형별 경관설계지침 사례(증평군 시가지경관관리지침도)

그림 3-21 경관유형별 경관설계지침 사례(당진군 시가지경관 관리지침)

2 구성요소별 경관설계지침

① **건축물 경관설계지침 :**

- 원경에서는 도시의 조화성 형성, 중경에서는 용도의 통일성 확보, 근경에서는 주변과 연속성 형성을 위한 기본방향을 각각 제시한다.

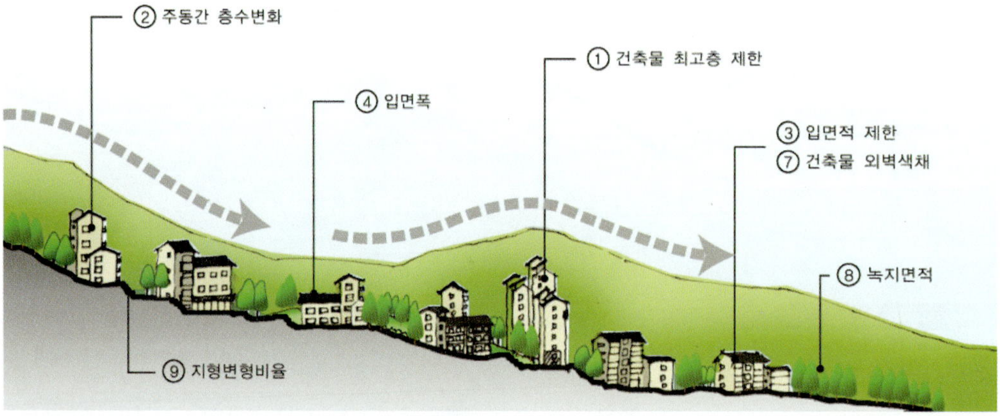

그림 3-22 경관구성요소별 경관설계지침 사례(안양시 산악경관연접권역 건축물 지침도)

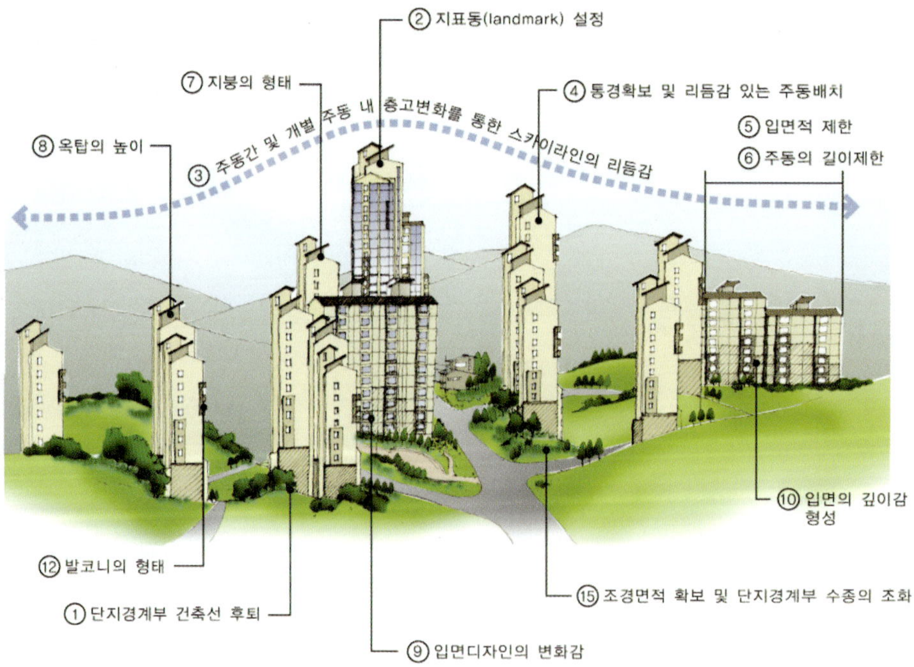

그림 3-23 경관구성요소별 경관설계지침 사례(안양시 공동주택용지 지침도)

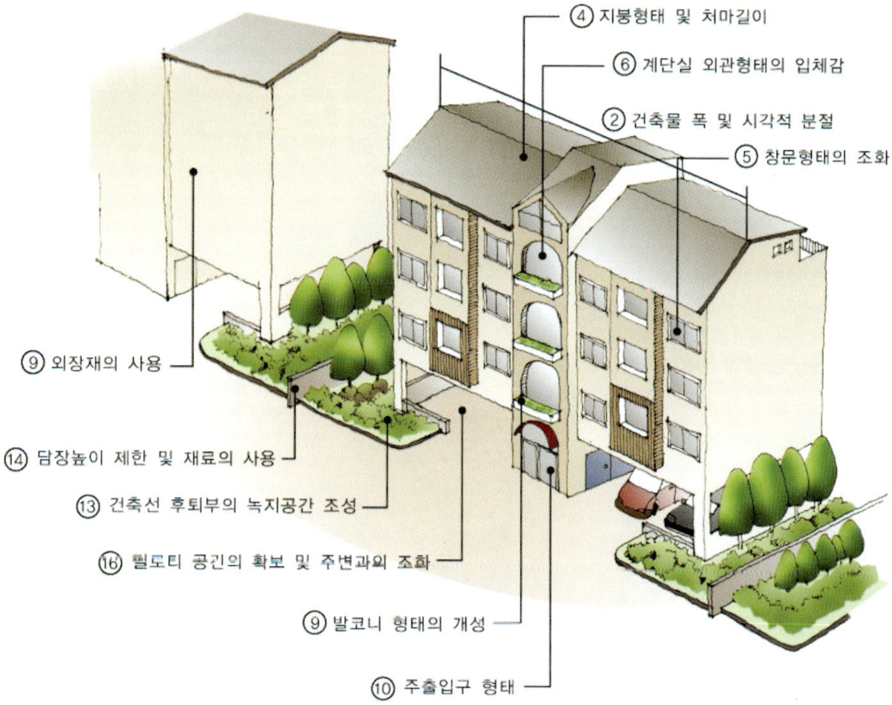

그림 3-24 경관구성요소별 경관설계지침 사례(안양시 단독주택용지(다세대주택) 지침도)

- 주거지, 상업지, 공업지, 녹지 등 필요한 용도에 대해 건축물 경관설계지침을 작성할 수 있다.
- 지침의 요소로는 건축물의 규모 및 배치에 관한 사항, 건축물의 형태 및 외관에 관한 사항, 외부공간에 관한 사항 등에 대해 작성할 수 있다.

② **오픈스페이스 경관설계지침 :**

- 원경에서는 녹지축 연결성 형성, 중경에서는 가로의 연속성 형성, 근경에서는 녹지공간의 확보를 위한 기본방향을 제시한다.
- 공원 및 녹지, 가로, 광장 등 필요한 오픈스페이스에 대해 경관설계지침을 작성할 수 있다.
- 지침의 요소로는 도입테마, 도입수종, 도입시설, 도입공간 등에 관한 사항을 작성할 수 있다.

원경: 녹지축 연결성　　중경: 가로의 연속성　　근경: 녹지공간의 확보

그림 3-25 원경, 중경, 근경에 따른 녹지경관 조성사례

하천변 친수공간 및 드라이브 도로　　도로 중앙으로 녹지대 확보

식재를 통한 가로의 축성 강조　　가로 내 식재량의 다수 확보

그림 3-26 경관유형별 경관설계지침 사례(경기도 가로녹지 조성방향)

그림 3-27 경관유형별 경관설계지침 사례(대구시 공원녹지 정비계획도)

③ **옥외광고물 경관설계지침 :**

- 원경에서는 가로의 통일성 형성, 중경에서는 건물과의 조화성 형성, 근경에서는 업소의 상징성 형성을 위한 기본방향을 제시한다.
- 옥외광고물을 관리할 지역을 관할구역 전체와 관련법에 의한 구역 등으로 관리등급을 구분하고, 관리지역별 규제수준을 달리하여 계획한다.
- 관리지역별로 가로형, 돌출형, 지주이용형, 창문이용형 등 설치 가능한 광고물 유형에 따른 지침을 계획한다.
- 필요한 경우 차양막, 전자식광고물, 현수막 등에 대한 설치계획을 제시할 수 있다.

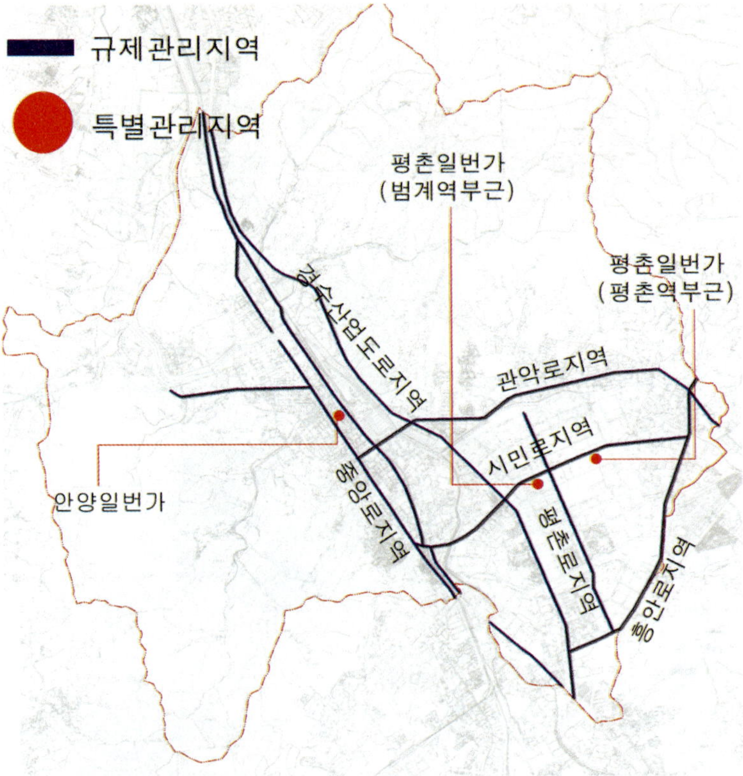

그림 3-28 경관구성요소별 경관설계지침 사례(안양시 광고물 관리지역도)

④ **공공시설물 경관설계지침 :**

- 원경에서는 도시의 상징성 형성, 중경에서는 가로의 연속성 형성, 근경에서는 요소의 조화성 형성을 위한 기본방향을 제시한다.
- 기능권별 통일요소를 추출하여 시설물 경관설계지침을 제시할 수 있다.
- 공공시설물의 통일성 확보를 위해 공통형태, 공통색채, 공통재료, 공통그래픽 등을 제시할 수 있다.
- 가로시설물은 교통시설, 조명시설, 휴게시설, 공공시설, 안내시설, 편의시설 등으로 분류하며 시설별 통일성이 필요한 요소에 대한 배치, 형태, 규모 등에 대한 가이드라인을 제시할 수 있다.
- 배치, 형태, 규모 등에 대한 가이드라인을 제시할 수 있다.

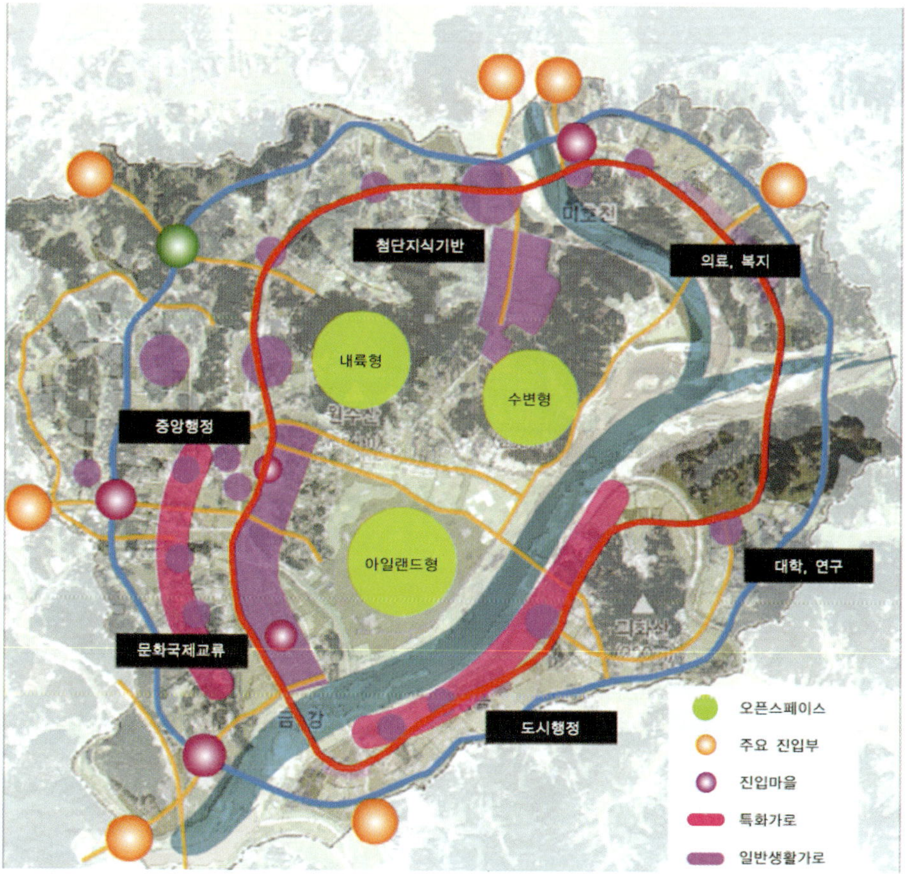

그림 3-29 경관구성요소별 경관설계지침 사례(행정중심복합도시 공공시설물 세부연출계획도)

⑤ **경관색채 설계 지침 :**

- 원경에서는 도시이미지의 통일성 확보, 중경에서는 권역의 조화성 형성, 근경에서는 요소의 경관적 위계를 고려한 기본방향을 제시한다.
- 건축물 용도별, 시설물 유형별로 사용색 범위와 색채기준을 제시한다. 규제가 필요한 경우 지구단위계획에 반영할 지침 및 지침도를 작성한다.
- 지침 작성시 색채표기는 먼셀 또는 NCS 등 국제표준규격을 사용한다.

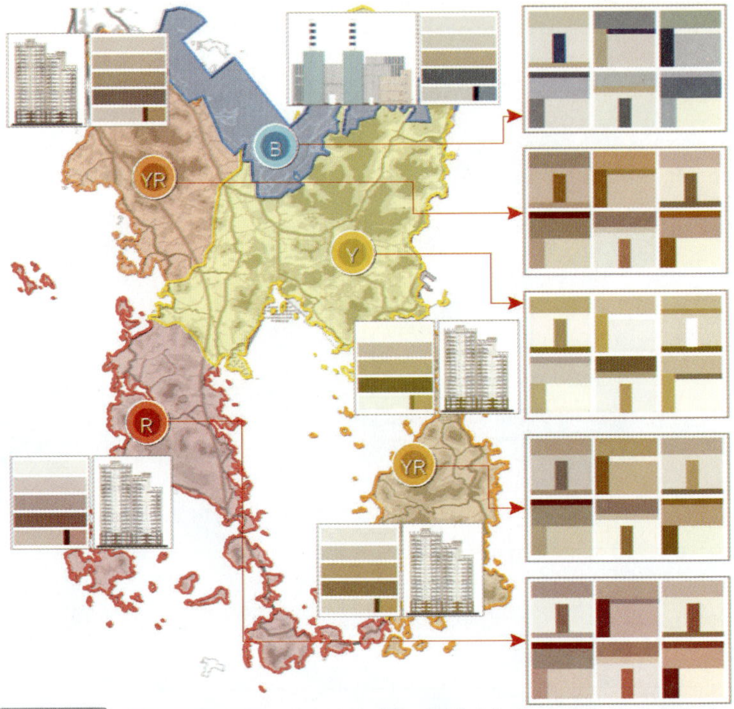

그림 3-30 경관구성요소별 경관설계지침 사례(여수시 권역별 색채계획도)

그림 3-31 경관구성요소별 경관설계지침 사례(안양시, 원경, 중경, 근경에 따른 경관색채기본방향)

⑥ **야간경관 설계 지침**

- 야간경관 계획에서 중요하게 다루어야 하는 도시구성요소의 특성을 파악하고 도시적 차원, 지역적 차원, 요소적 차원으로 분류하여 야간경관을 수립할 수 있는 지표를 마련한다.
- 야간경관의 연출 및 관리를 위해 유도, 규제 등으로 구분하여 제시한다.

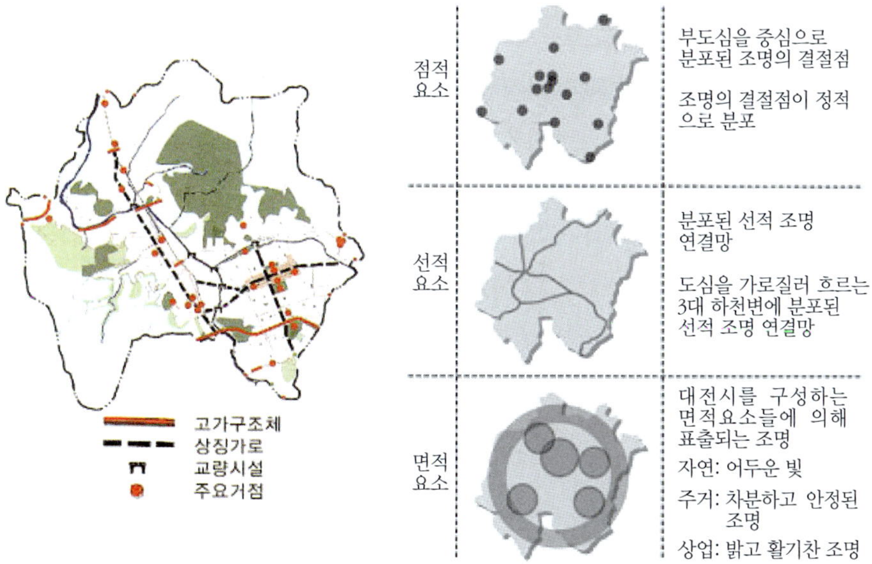

그림 3-32 경관구성요소별 경관설계지침 사례(대전시 야간경관 기본구상 및 기본구상도)

표 3-7 경관구성요소별 경관설계지침 사례(대진시 용도별 조명계획지침)

구 분	계획내용	조명계획, 개념 예시
자연 녹지	밤하늘의 달빛, 별빛을 만끽하는 도시의 휴식터가 될 수 있는 빛의 연출개념 도입 인접된 도로변에 약간 어두운 빛을 적용하며 빛의 산란을 제한	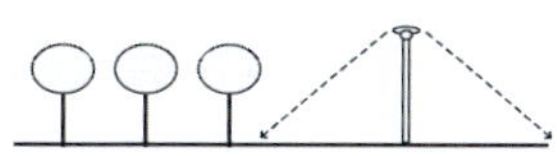
주거	조명의 기능성+심미성이 부각될 수 있는 안전을 위한 빛 개념 약간 어두운 빛+부드러운 빛 적용 야간에 빛의 산란과 범랑 제한기법	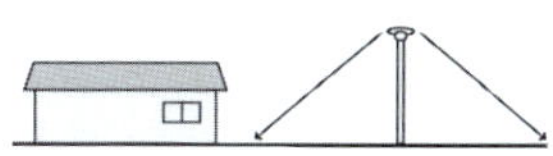
공업 산업	활기 있는 밝은 빛, 부드럽고 약간은 어두운 빛을 적용 시설자체로서의 빛의 표현과 함께 빛에 의한 오브제 표현을 적용	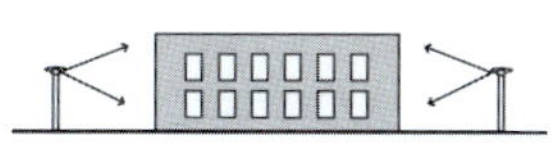
상업 업무	24시간 도시의 활동감이 느껴지는 활기있는 밝은 빛 적용 기능성과 심미성을 부각시키기 위해 입체적인 빛의 기법을 도입하여 역동적이며 활기있는 밝은 빛 적용	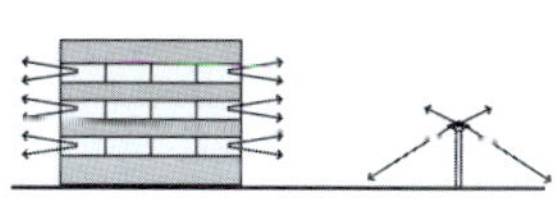
역사 문화재	역사성을 부각시키기 위해서 각각의 문화재에 대한 개별 조명수법을 연출함과 함께 주변공간을 함께 특성화시켜 역사 체험공간으로서의 조명 환경을 연출	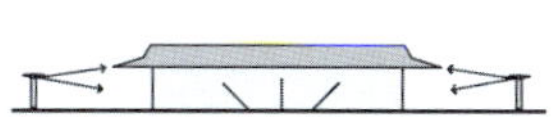

4. 특정경관계획의 경관설계지침

기본경관계획의 경관설계지침의 내용은 대상 지역 전반에 걸친 유도적 성격을 띠게 되는데 비해 비교적 단기간의 경관형성사업 성격을 갖는 특정 지역 혹은 특정지역의 특정구성요소를 대상으로 수립되는 특정경관계획의 경관설계지침은 보다 직접적인 대상과 지역, 기간 등을 목표로 하기 때

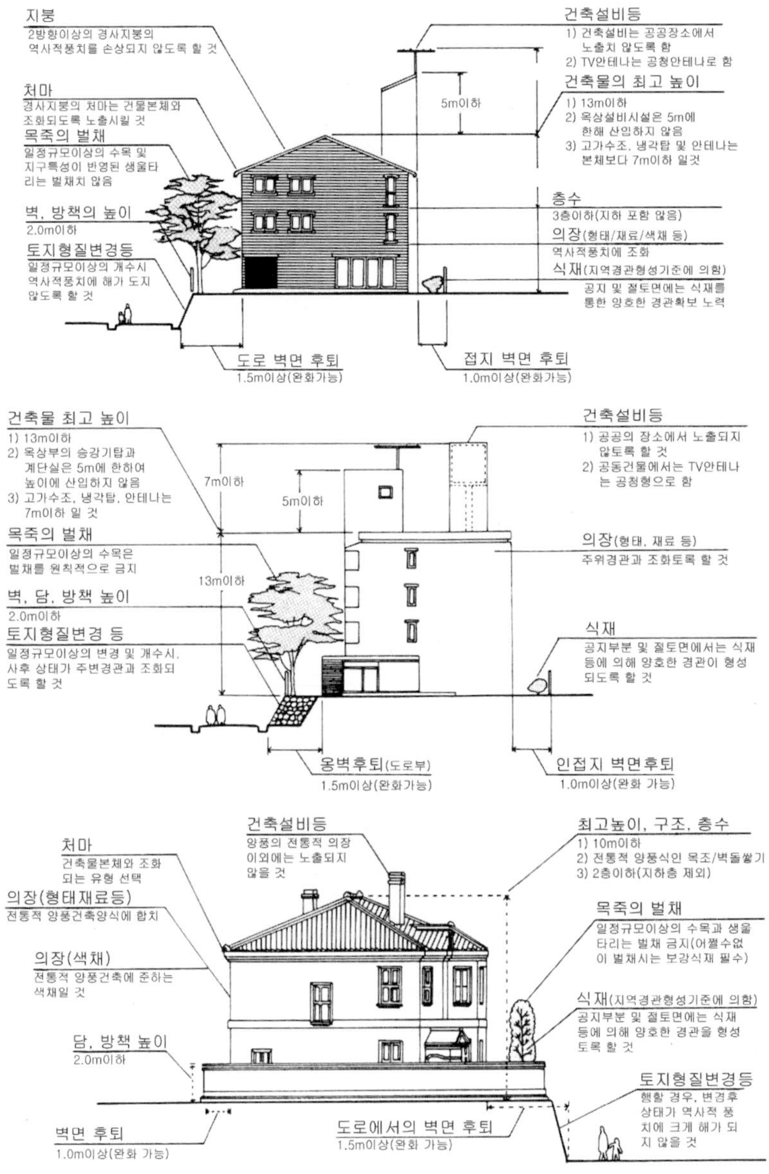

그림 3-33 특정경관설계지침 사례(일본고베)

문에 지침의 수준과 내용이 구체적인 실행방안을 제시하는 정도의 수준이 되는 것이 일반적이라고 할 수 있다.

이러한 특정경관계획은 걷고 싶은 거리나 하천복원, 도시워터프론트 조성 등과 같이 주로 공공공간을 대상으로 행정주도의 경관조성사업의 형식으로 실현되게 되므로 비교적 설계지침에 의한 규제나 유도가 용이한 측면이 있다. 특정경관계획의 경관설계지침의 작성 원칙은 기본경관계획에서의 그것과 다르지 않으나, 특정경관계획이 직접적인 지역 또는 특정요소를 대상으로 하기 때문에 그 내용의 정도가 보다 구체적이고 직접적인 사항을 포함하게 된다.

1 건축물 경관설계지침

특정지역의 경관형성 및 관리를 위해 건축물의 통일 또는 강조를 통한 경관 창출을 목표로 규제 또는 관리, 유도 차원의 경관설계지침을 제시한다. 이와 함께 특정지역의 이미지 형성을 위한 스카이라인, 랜드마크, 통경축, 지붕형태 등의 가이드라인, 가로의 연속성 확보를 위한 건축선, 건축형태, 광고물, 아케이드 등의 계획방향, 건물과의 조화를 위한 외관, 출입구, 경계부, 조경 등의 계획방향 등을 제시한다.

건축물의 유형별로는 공동주택, 단독주택, 상업시설, 근린생활시설, 공공시설, 도시지원시설 등으로 구분하여 건축물 경관설계지침을 작성할 수 있다.

(1) 공동주택 경관설계지침

(2) 단독주택 경관설계지침

(3) 상업 및 근린생활시설 경관설계지침

(4) 공공건축물 경관설계지침

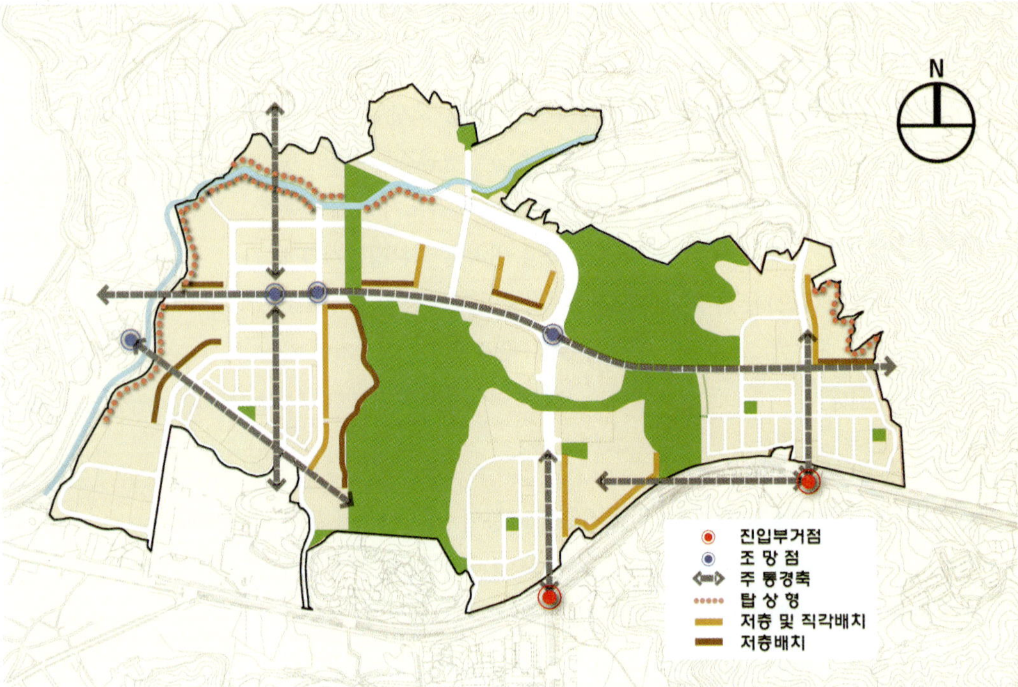

그림 3-34 특정경관 설계지침 사례(용인 흥덕지구 공동주택용지 통경축 설정도)

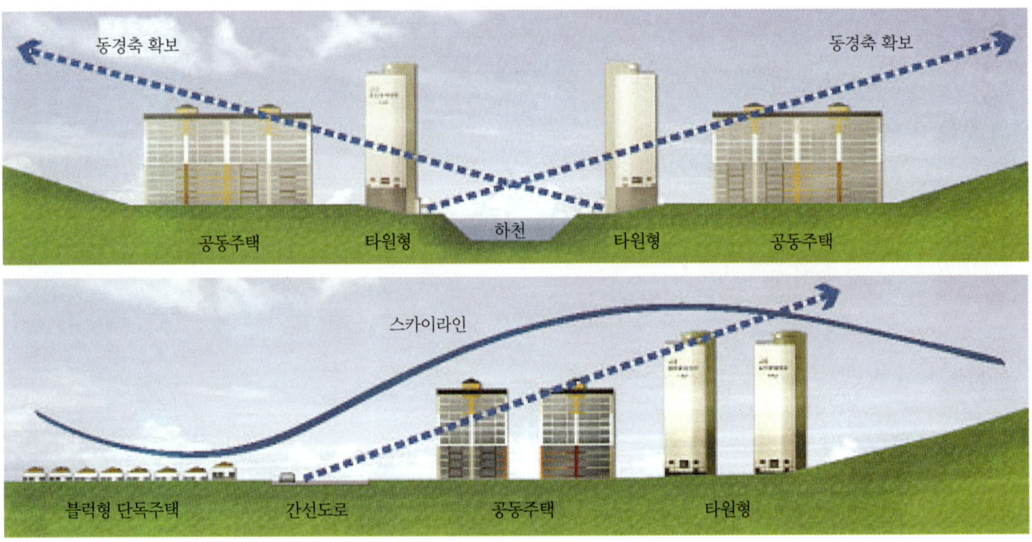

그림 3-35 특정경관 설계지침 사례(용인 흥덕지구 공동주택용지 스카이라인 개념도)

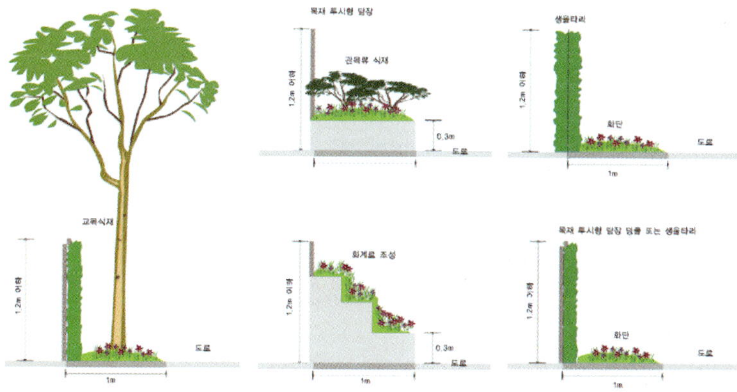

그림 3-36 단독주택용지 담장조성방안

2 오픈스페이스 경관설계지침

원경의 녹지축 형성을 위한 공원, 녹지, 도로, 수변 등의 경관설계지침, 중경에서 보이는 가로의 연속성 형성을 위한 상징가로, 보행자 전용도로

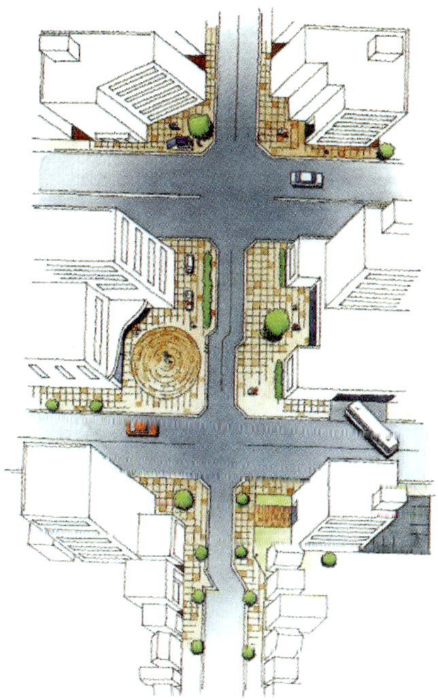

그림 3-37 용인 흥덕지구 가각부 계획도

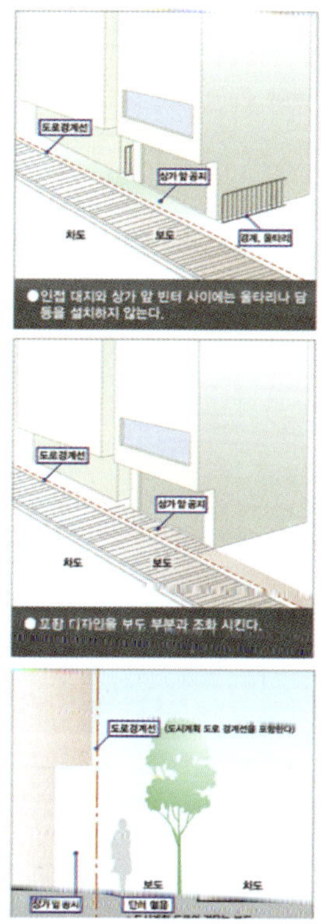

그림 3-38 특정경관계획지구 내 외부공간설계지침 예시도(辻 堂熊ノ森景觀形成計画, 2001)

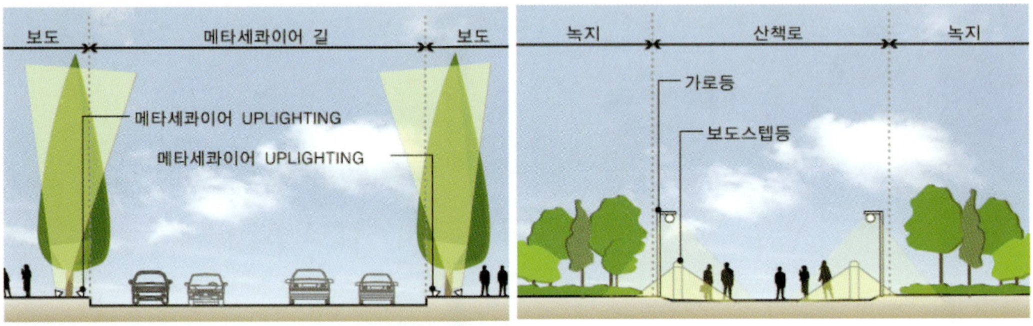

그림 3-39 용인 흥덕지구 디지털 스트리스 연출계획

등의 경관설계지침, 근경에서 보이는 건축물 외부공간 형성을 위한 공개공지, 공공공지, 경계부, 상업몰 등의 경관설계지침을 작성할 수 있다. 세부요소로는 도입 테마, 도입수종의 종류와 크기와 배치, 공간의 형태와 설계 등에 대해 작성할 수 있다.

3 옥외광고물 경관설계지침

옥외광고물을 관리할 지역을 유도 및 규제수준의 관리등급에 따라 일반지역과 특정구역 등으로 구분하여 다르게 계획한다. 예를 들면, 유도관리지역, 일반관리지역, 규제관리지역 등으로 구분할 수 있다.

관리지역별로 가로형, 돌출형, 지주이용형, 창문이용형 광고물 등의 설치 가능한 광고물 종류를 구분하고, 이에 대한 상세도를 작성할 수 있다. 또한 각 종류별 설치위치, 수량, 크기, 색채, 재료, 서체, 조명 등의 항목별 지침을 계획할 수 있으며, 필요한 경우 차양막, 전자식광고물, 현수막 등의

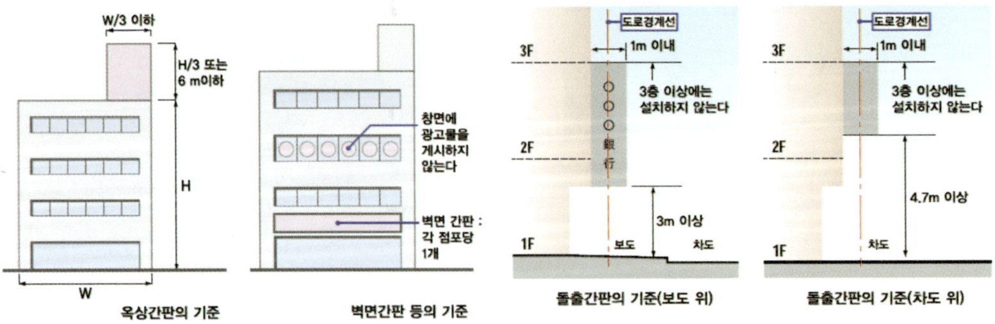

그림 3-40 특정경관계획지구 내 외부공간 디자인지침 예시도(辻 堂態ノ森景觀形成計画, 2001)

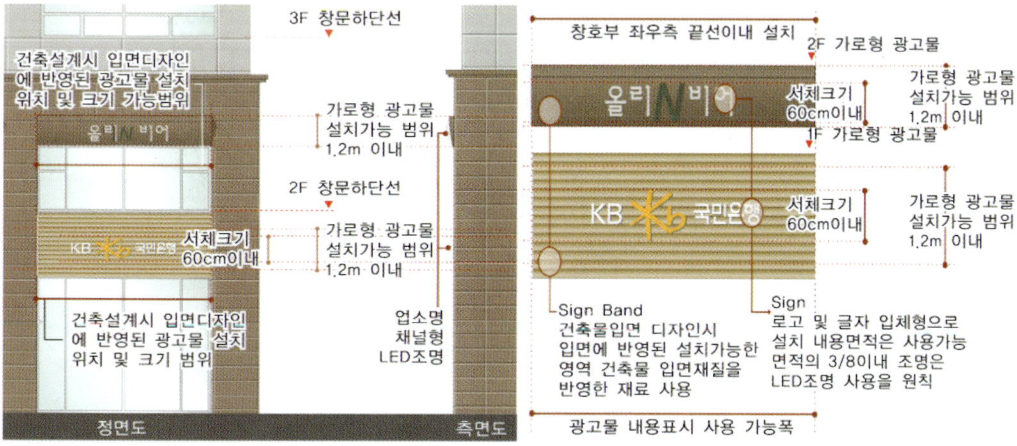

그림 3-41 행정중심 복합도시 가로형 간판의 표시방법 예시도

설치계획을 정할 수 있다.

4 공공시설물 경관설계지침

기능권별 통일요소와 생활권별 통일요소를 추출하여 통일성이 있는 경관설계지침을 제시하거나 공공시설물의 시설별로 공통형태, 공통색채, 공통재료, 공통그래픽 등을 제시할 수 있다.

가로시설물은 교통시설, 조명시설, 휴게시설, 공공시설, 안내시설, 편의시설 등으로 구분하여 배치, 형태, 규모 등에 대한 가이드라인을 제시할 수 있다. 랜드마크, 교량, 옹벽, 방음벽, 포장 등의 형태, 색상, 재료 등에 대한 지침을 제시할 수 있다.

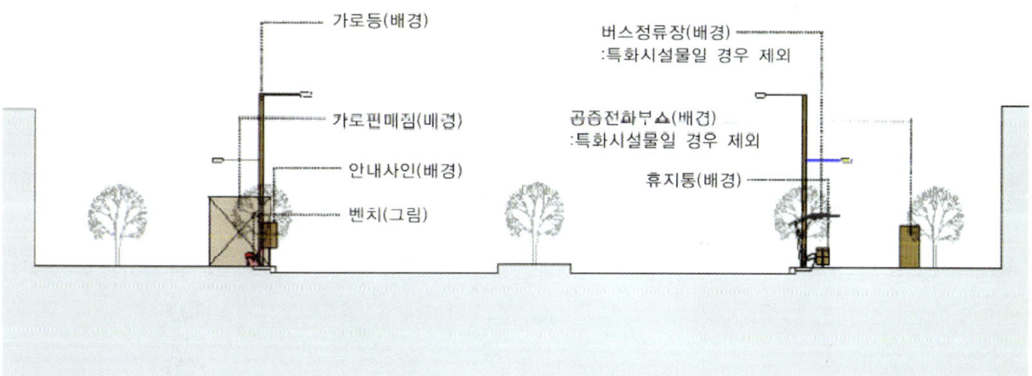

그림 3-42 안양시 가로시설물 설치지침도

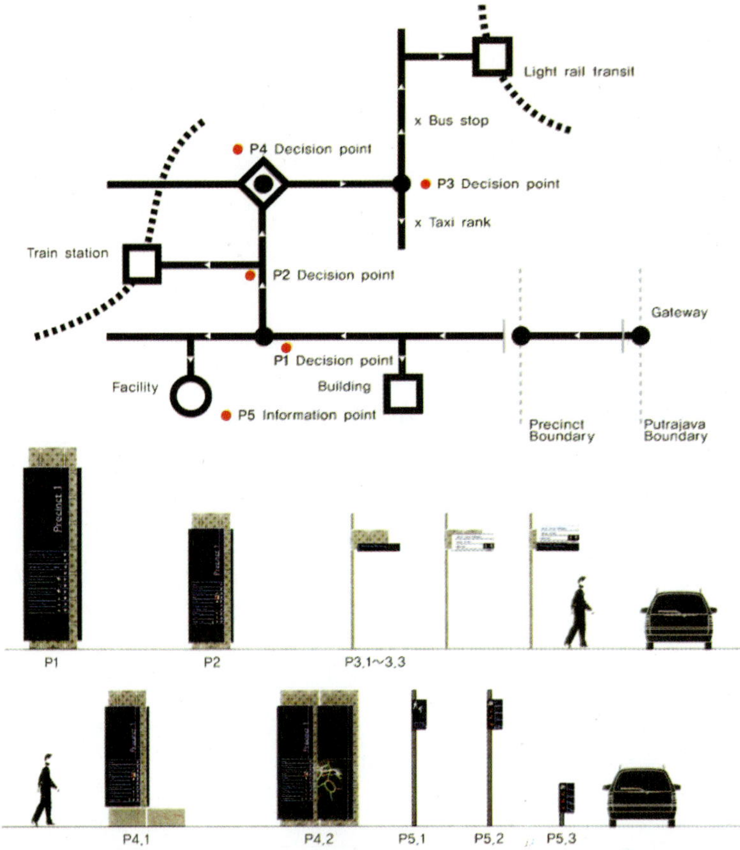

그림 3-43 말레이시아 푸트라자야 공공시설물 가이드라인

5 색채 경관설계지침

원경에서 보이는 테마색, 지붕색, 사용색 범위 등의 계획방향, 중경에서 보이는 가로 또는 권역의 요소별 색채범위, 부위별 색채범위 등의 계획방향, 근경에서 보이는 건축물 및 시설물에 대한 주조색 범위, 보조색 범위, 강조색 범위 등의 계획방향을 제시한다.

건축물 용도별, 시설물 유형별 사용색의 범위 및 색채기준을 제시할 수 있다. 건축물은 공동주택용지, 단독주택용지, 상업업무용지, 도시지원시설용지, 공공시설용지 등으로 구분하여 색채기준을 제시할 수 있다. 시설물은 안내시스템, 가로시설물, 교량 등으로 구분하여 색채기준을 제시할 수 있다.

(1) 건축물 색채 경관설계지침

- 건축물 색채설계를 위한 권역별 구분을 할 수 있다. 권역구분은 경관권역과 일치시킬 수 있으며, 권역구분도를 제시하여야 한다.
- 주조색, 보조색, 윤곽색, 강조색 등의 사용색 범위를 제시하도록 한다. 공동주택, 단독주택, 상업용지 등 용도별로 구분하여 제시할 수 있다. 건축물의 지붕에 대해 통일 등의 디자인 규제가 필요한 경우 공동주택용지, 단독주택용지 등에 대해 색채 및 재료 등을 규제할 수 있다.
- 공동주택 측벽의 설계 방향과 내용을 제시하도록 한다.

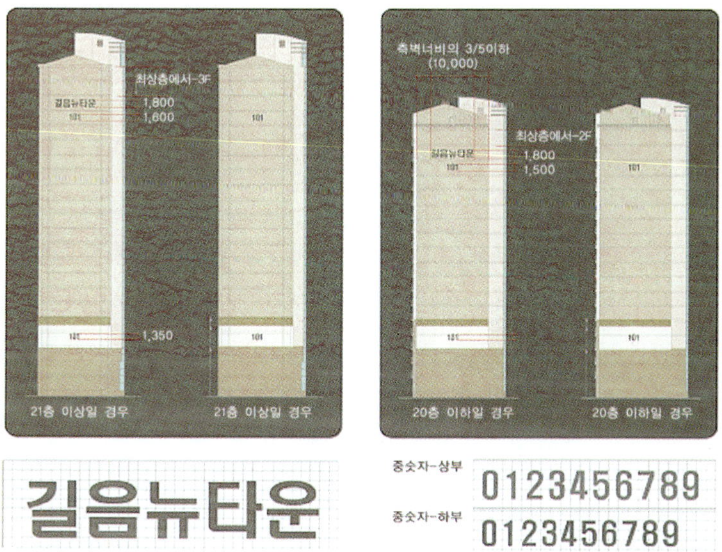

그림 3-44 디자인 상세도(길음뉴타운)

그림 3-45 길음뉴타운 권역설정 및 사용색 범위

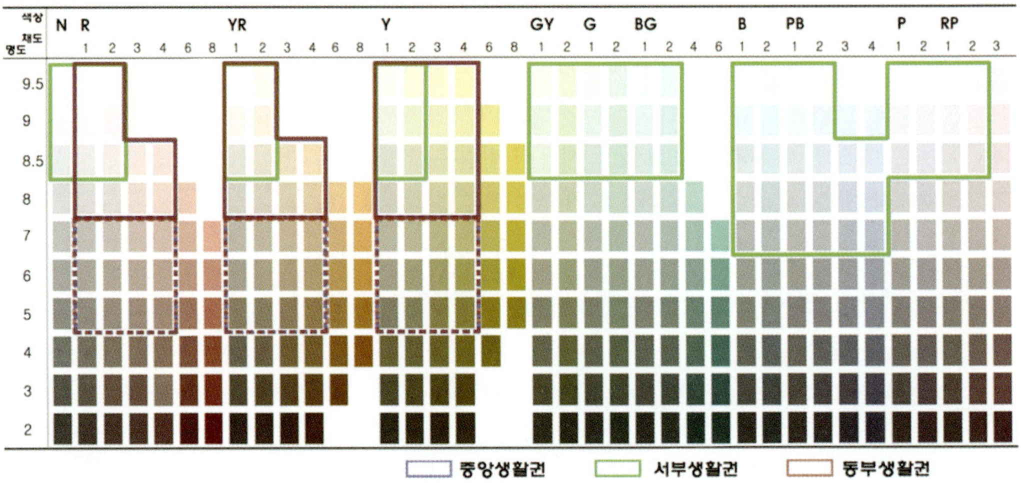

그림 3-46 주거지경관 색채계획 예시안(제주시)

(2) 시설물 색채 경관설계지침

- 그림(figure)과 배경(ground)의 역할을 하는 요소로 시설물을 분류한다. 그림의 역할이 강한 요소로는 버스정류장, 상징타워, 게이트 등이 있으며, 강조색을 사용할 수 있다. 배경의 역할이 강한 요소로는 전화부스, 가로등, 펜스, 휴지통, 의자, 보도포장 등이 있으며, 윤곽색을 사용할 수 있다.
- 윤곽색과 강조색의 사용색 범위를 제시하여야 한다.
- 사인시스템에 적용할 색채범위 및 지침을 제시할 수 있다.

그림 3-47 시흥능곡지구 가로시설물 색채계획 예시안

6 야간 경관설계지침

- 야간경관 구성요소를 도시적 차원, 지역적 차원, 요소적 차원으로 분류하여 야간경관을 수립할 수 있는 지표를 제시한다.
- 면 또는 선적으로 나타나고 지역 내에서 영향이 큰 야간경관요소는 지역적 차원에서 검토한다.
- 도시의 구조적 특성을 반영하거나 도시의 전체에 상호 영향을 미치는 야간경관요소는 도시적 차원에서 검토한다.
- 단위요소로서 조망대상이 되거나 주요 조망점, 랜드마크적 특성이 강한 야간경관요소는 단위요소적 차원에서 검토한다.

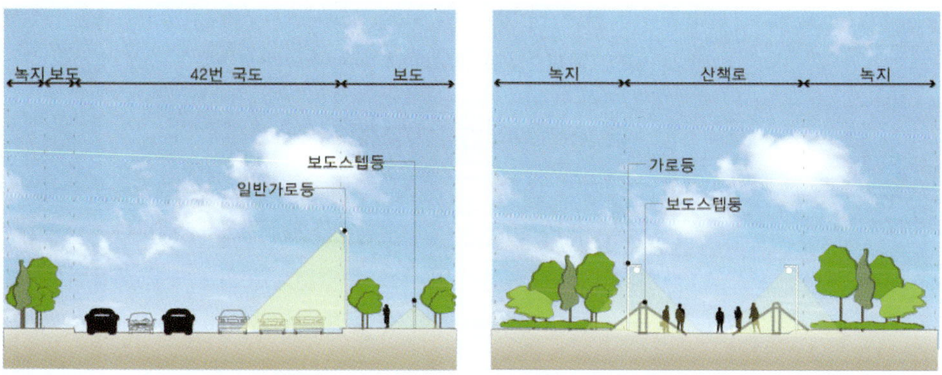

42번 국도변에서의 조명연출 / 웰빙코스, 숲길, 자전거도로, 테마가로길

그림 3-48 용인 흥덕지구 가로별 조명연출방법

표 3-8 제주시 도시경관 색채방향

구 분		기본 방향	기조색의 범위
중앙 생활권	고층공동주택	친근감 있고 따스한 분위기	고명도/저채도의 Yellow, Yellow-Red, Re
	저층단독주택지	역사성, 구도심다운 안정감	고·중명도/저채도의 Red, Yellow-Red, Yellow
서부 생활권	고층공동주택	생동감 있고 활기 있는 분위기	고명도/저채도의 Blue, Purple-Blue, 무채색(N9.5~8.5), Off-white
	저층단독주택지	고급스럽고 중후한 이미지	고·중명도/저채도의 Red, Yellow-Red, Yellow
동부 생활권	고층공동주택	친근감 있고 따스한 분위기	고명도/저채도의 Red, Yellow-Red, Yellow
	저층단독주택지	전원적이고 친근한 자연 이미지	고·중명도/저채도의 Yellow, Yellow-Red

• 야간경관계획은 연출, 유도, 규제 등으로 구분하여 제시한다.
• 야간경관 연출을 위해 랜드마크, 건축물, 도로, 가로 등의 지침을 제시할 수 있다.
• 상업광고조명의 합리적 규제를 위하여 운영 중인 법적 · 제도적인 조치를 계획에 반영할 수 있다.

5. 경관설계지침도 작성

경관계획에서 제시한 경관보전 · 관리 및 형성 측면에서 경관관리가 필요한 대상 및 특정경관계획 대상지 또는 경관요소에 대한 경관설계지침사항을 도면으로 표현하여 제시한다. 범위가 넓어 계획내용을 상세하게 기술할 필요가 있다고 판단되는 경우에는 별도의 세부 도면을 작성하여야 하며, 규제가 필요한 경우 규제요소와 규제지역 등을 표시한 도면을 작성하여야 한다.

1 기본경관계획의 경관설계지침도

• 경관권역, 경관축, 경관거점을 파악할 수 있도록 표기하고 필요시 범례를 추가하여 이해가 쉽도록 경관설계지침도를 작성한다.
• 계획내용을 충분히 표시할 수 있는 수준의 축척을 사용하여 작성하여야 하며, 1/5,000 축척 이상의 수준으로 한다.

2 특정경관계획의 경관설계지침도

• 계획내용을 충분히 표시할 수 있는 수준의 축척을 사용하여 작성하여야 하며, 1/1,000 축척 이상의 수준으로 한다.
• 규제가 필요한 경우 지구단위계획 등에 반영할 수 있도록 규제요소와 규제지역 등을 표시한 도면을 작성한다.
• 다만, 야간경관이나 옥외광고물 등과 같이 관할구역의 전체를 아우르는 특정경관계획의 경우에는 기본경관계획 수준의 축척을 사용해도 무방하다.

3.4 실행계획

1. 실행계획의 개요

경관계획의 실행은 크게 규제적 실행과 유도적 실행으로 구분된다. 규제적 실행은 국계법 경관지구 및 미관지구의 지정을 통한 실행, 도시계획조례 또는 경관조례에 의한 실행, 경관심의에 의한 실행, 경관계획과 지구단위계획 연계를 통한 실행 등이 있으며 유도적 실행은 경관사업, 경관협정 및 기타 공공의 행정 및 재정지원 등을 통한 실행이 있다.

따라서 경관계획에서 실행계획은 이와 같은 규제적, 유도적 실행수단들을 계획내용에 담고, 이를 실천하기 위한 지방자치단체의 경관행정, 재원마련 및 단계별 집행계획 등을 수립하는 것이다.

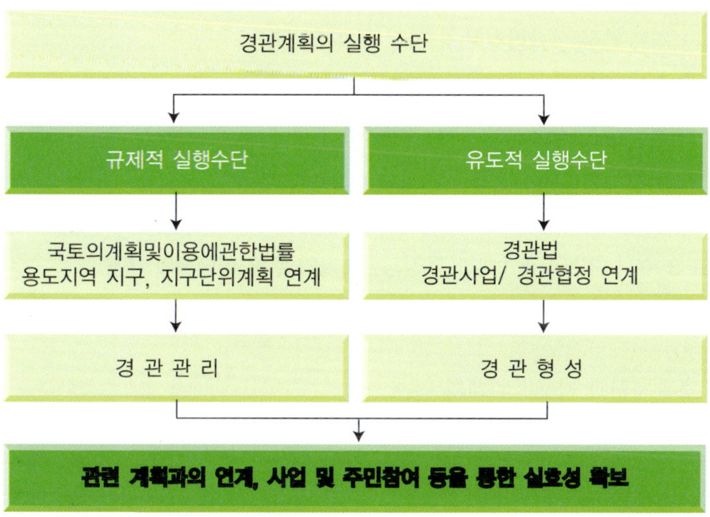

그림 3-49 경관계획의 실행수단

2. 실행계획의 구성 및 주요내용

경관계획 실행계획은 경관계획으로서 제안된 내용에 대한 실현수단 및 방안을 제시하는 것으로서 경관지구·미관지구의 지정 및 관리, 경관계획과 지구단위계획 연계, 경관조례, 경관사업, 경관협정, 경관행정, 단계별 추진계획, 예산 및 재정계획 등을 포함하여 구성한다.

실행계획의 주요내용은 계획을 실현하기위해 필요한 실천수단 등을 수립하는 내용을 중심으로 작성한다. 따라서 실행계획의 경우, 경관계획을 수립하는 도시의 규모, 공간적 범위 및 대상에 따라 필요한 내용을 중심으로 수립할 수 있다. 예를 들어 대규모 도시 기본경관계획의 경우, 경관조례, 경관행정, 추진계획, 예산 및 재정계획 등의 수립이 더 중요할 수 있으며 특정경관계획의 경우, 경관지구 · 미관지구의 지정 및 관리, 경관계획과 지구단위계획 연계방안, 경관사업, 경관협정 등이 실천계획으로서 더 비중 있게 수립될 수 있다(표 3-9 참조). 일반적으로 경관계획에서 검토되어야 할 실천계획 내용은 다음과 같다.

- 경관지구 · 미관지구(지구지정 및 운영방안 등)
- 경관계획과 지구단위계획(경관계획의 연계방안 등)
- 경관조례(경관조례의 제정 및 운영 등)
- 경관사업(경관사업의 선정 및 추진 등)
- 경관협정(경관협정구역 지정 및 운영 등)
- 추진계획(단계별 추진계획 등)
- 경관행정(경관전문조직, 경관위원회 등)
- 재정계획(사업비추정 및 재원조달계획 등)

표 3-9 기본경관계획과 특정경관계획의 주요 실행계획 내용

구 분	기본경관계획	특정경관계획
1. 경관지구 · 미관지구	◎	◎
2. 경관계획과 지구단위계획 연계	○	◎
3. 경관조례	◎	-
4. 경관사업	○	◎
3. 경관협정	○	◎
4. 추진계획	◎	○
5. 경관행정	◎	-
6. 재정계획	◎	○

○ : 기본방안 수립, ◎ : 구체적 계획 및 지침수립

1 경관지구 · 미관지구 지정 및 관리를 통한 실행

(1) 경관지구의 지정 및 운영

- 경관계획에서는 경관자원의 보호, 관리 및 유지 등을 위하여 필요한 경우, 관련법규가 정한 범위 내에서 경관지구 · 미관지구를 지정할 수 있으며 그 지정 및 운용 등에 관한 내용을 계획하여야 한다.
- 현재 경관지구와 미관지구에 관한 사항은 국토의계획및이용에관한 법률에서 규정하고 있다. 반면 경관지구와 미관지구의 지정 및 운용에 관한 계획수립은 경관법에서 경관계획으로 수립하도록 규정하여 이원적으로 운영되고 있다.
- 그러므로 경관지구 · 미관지구의 지정은 경관법 경관계획으로서 지구지정의 공간적 범위, 관리방안 및 행위제한 등을 수립한다. 경관지구 · 미관지구에서의 행위제한은 국계법에서 정한 범위 이내에서 정하도록 하며 시 · 도지사가 도시관리계획으로 결정 · 지정한다.
- 경관지구와 미관지구의 관리계획은 해당 지구에 대한 경관계획에서 지구지정 및 관리운영계획서를 수립한다.

[용도지역 · 지구제와 경관지구]

- 용도지역 · 지구제는 도시계획의 구체적인 실천수단의 하나로서 도시계획에서 도시공간의 이용에 대하여 장기적인 목표를 설정하고 이를 실현하기 위한 계획지표를 제시하고 도시공간의 용도나 기능을 계획원칙에 부합하도록 계획안을 작성한 후 도시관리계획에서 지역 · 지구를 지정하도록 되어 있다.
- '경관법' 제12조에서는 "시 · 도지사 또는 시장 · 군수는 경관지구 및 미관지구를 경관계획에 따라 관리하여야 한다"고 정하고 있으며 경관지구와 미관지구의 지정은 현행 '국토의 계획 및 이용에 관한 법률'에서 규정하고 있다.

(2) 경관지구의 세분

- 현재 국계법에 따라 도시지역의 경우, 경관지구를 자연경관지구, 수변경관지구, 시가지경관지구로 세분할 수 있으며 지자체의 장은 필요한 경우, 도시계획조례로서 경관지구를 추가적으로 세분할 수 있다.
- 비도시지역의 경우, 경관지구의 특성에 부합하도록 농어촌정비법에

의한 마을정비구역, 임업 및 산촌진흥촉진법에 관한 법률의 산촌진흥구역, 자연공원법에 의한 공원자연보존지구 또는 공원자연환경지구, 자연경관보존조례에 의한 자연경관보존지역, 문화예술진흥법에 의한 문화지구 등을 지정할 수 있다. 경관 관련 지구의 신설과 지정은 토지이용규제기본법의 심의기준1)에 부합하도록 하고 지역적 특성을 반영하여 세분할 수 있다.

[경관지구의 지정목적 및 유형]

- 경관지구는 경관을 보호 · 형성하기 위하여 필요한 지구로서 '국토의 계획 및 이용에 관한 법률' 제 37조 경관지구의 구분 및 지정목적에 따라 자연경관지구, 수변경관지구, 시가지경관지구로 구분할 수 있다.
- 우리나라 광역자치단체 도시계획조례의 경관지구 유형은 8가지 경관지구이며, 이는 국토계획법상 구분하고 있는 경관지구(자연경관, 수변경관, 시가지경관지구)를 각 지자체에서 지역특성을 반영하여 시계경관, 문화재주변경관, 조망경관, 호국경관, 전통경관지구 등으로 세분하여 지정하고 있다.
- 새로운 유형의 경관지구 및 관리방식 개발

표 3-10 국계법 경관지구의 유형 및 지정목적

구분	지정목적
자연경관지구	• 산지 · 구릉지 등 자연경관의 보호 • 도시의 자연 풍치를 유지하기 위하여 필요한 지구
수변경관지구	• 지역 내 주요 수계의 수변 자연경관을 보호 · 유지하기 위하여 필요한 지구
시가지경관지구	• 주거지역의 양호한 환경조성과 • 시가지의 도시경관을 보호하기 위하여 필요한 지구

1) 심의기준
① 기존 지역 · 지구 등의 지정 목적 또는 명칭과 유사하거나 중복되지 않을 것
② 지역 · 지구 등의 신설이 명확한 목적을 가질 것
③ 지역 · 지구 등의 지정기준과 요건 등이 구체적이 명확할 것
④ 지역 · 지구 등에서 행위제한 내용이 지정 목적에 비추어 다른 지역 · 지구 등과 균형을 유지할 것
⑤ 대통령령이 정하는 사항(지정 절차 투명성, 존속, 필요할 때 해제 기간 규정)

표 3-11 지자체별 도시계획조례상의 경관지구 유형

구분	국토계획법			시도 도시계획조례						비 고
					역사문화경관			축경관		
	자연경관지구	수변경관지구	시가지경관지구	일반경관지구	문화재경관지구	전통경관지구	호국경관지구	조망권경관지구	시계경관지구	
서울	○	○	○	–	○	–	–	○	○	문화재,조망권, 시계경관
부산	○	○	○	–	–	–	–	–	–	별도 지구구분 없음
인천	○	○	○	–	–	–	–	–	–	별도 지구구분 없음
광주	○	○	○	–	–	○	–	○	–	자연경관 : 1종, 2종 수변경관 : 1종, 2종
대전	○	○	○	○	–	–	○	–	–	일반, 호국경관지구
울산	○	○	○	–	–	–	–	–	–	별도 지구구분 없음
경기	○	○	○	–	–	○	–	○	–	
강원	○	○	○	–	–	–	–	○	–	조망권경관지구
충북	○	○	○	–	–	–	–	–	–	별도 지구구분 없음
충남	○	○	○	–	–	○	–	○	–	자연경관 : 1종, 2종 수변경관 : 1종, 2종
전남	○	○	○	–	–	○	–	○	–	전통, 조망권경관지구
경북	○	○	○	–	–	○	–	○	–	자연경관 : 1종, 2종 수변경관 : 1종, 2종
경남	○	○	○	–	–	○	–	○	–	자연경관 : 1종, 2종 수변경관 : 1종, 2종
제주	○	○	○	–	–	○	–	○	–	전통, 조망권경관지구
계	14	14	14	1	1	7	1	8	1	

주요 경관자원 및 경관대상 중에서 경관관리가 필요한 지역에 대해서는 경관계획을 통해 새로운 유형의 경관지구 지정을 제안할 수 있다. 또한, 경관지구의 관리방식으로서 기존 도시계획조례에 의한 방식 이외에 경관심의, 경관사업 및 경관협정 등 다양한 방식을 개발 관리한다.

(3) 경관지구 경관관리방안 수립

- 경관지구의 경관관리 방식은 경관보전 등 공공의 이익이라는 공익적 목적이 달성되는 범위 내에서 개인의 재산권을 최대한 보장할 수 있도록 하여야 한다. 개인의 재산권을 제한하는 경관규제에 대해서는

표 3-12 경관지구 경관관리

평가지표	적용 방법	효과	예시
입면차폐도	• 단지 내 아파트의 전면에 대한 투영면적을 단지전면폭으로 나눈값 • Σ(인접동 투영면적) / Σ(단지전면폭)	단지 전체의 개방감 확보	30m 이하
개방지수	• 단지 전면의 개방된 정도를 나타내는 지수 • Σ건축물 전면길이) /(단지전면길이)×100	개방감 확보	30% 이상
입면적	• 건물의 입면적 • 높이×최장대각선	건축물의 규모 규제	3,000㎡ 이하
건축높이	• 시곡면 분석에 의해 도출된 값(특정한 경관을 확보하기 위해 규제대상지역에 건축 가능한 건축물 높이) • 일정 수준의 조망을 얻기 위한 구역별 또는 표고별 최고 높이	일정수준의 개방감 확보	절대높이 평균층수 최고층수
시각회랑	• 주요 시각통로 및 경관대상 등으로의 통경축확보	조망 및 개방감 확보	건축선, 벽면선 후퇴

규제의 타당성과 객관성을 확보해야 하고, 규제에 따른 보상적 인센티브를 개발하여 제시하여야 한다.

- 인센티브는 규제에 따른 형평성 차원에서 개발되어야 한다. 행위규제는 건축적 창조성과 표현의 자유를 존중하면서 공공의 공익적 도시경관을 확보할 수 있어야 한다.
- 또한 경관지구의 관리는 기존 도시계획조례에 의한 규제방식 이외에 경관심의, 경관사업 및 경관협정 등 다양한 유도적 관리방식을 개발하여 경관지구의 관리 운용수단으로 활용하도록 한다.

2 경관계획과 지구단위계획 연계를 통한 실행

(1) 경관계획

- 경관법에 위한 경관계획은 광역도시계획-도시기본계획-도시관리계획의 위계로 구성되어 있는 국토계획체계에 대응하기 보다는 광역경관계획 수준의 경관계획, 도시기본계획 수준의 도시경관계획, 도시관리계획 수준의 경관계획, 지구단위계획 수준의 경관계획 등 다양한 위계에 해당하는 경관계획을 수립할 수 있다.
- 이는 국계법 지구단위계획과 달리 지역 특성에 맞는 다양한 성격의

경관계획을 수립할 수 있도록 하기 위함이며, 지자체가 필요한 경우, 해당 지역을 대상으로 필요한 성격의 경관계획을 수립할 수 있도록 한다.

- 경관법에 의한 경관계획에서는 경관지구의 지정 및 운용에 관한 사항과 효과적 경관관리를 위한 다양한 관리방안을 수립 제시하도록 하고 있다. 따라서 경관계획 도서 자체는 도시관리계획 결정도서와 같은 행위제한을 직접하는 것이 아니라 경관계획의 주요 내용을 도시관리계획 결정으로 이행한 내용과 부분에 한해서 행위제한을 받도록 운영하도록 하고 있다. 즉, 경관계획의 행위제한에 관한 사항은 국계법 행위제한에 관한 사항과 지구단위계획 관리지침 등과 연동하여 운영할 때 도시관리계획 결정력을 갖을 수 있도록 되어 있다.
- 결과적으로 경관법 경관계획은 기존 국토관리체계, 특히 행위제한과 직접적으로 연결되는 도시관리계획과 밀접하게 연관되어 계획될 필요가 있다. 이점은 경관법 경관계획과 국토계획법 지구단위계획 등과의 중복규제를 예방하고, 행정상의 혼선과 불필요한 중복을 막을 수 있을 뿐 아니라 계획간의 연계성을 확보할 수 있는 장점이 있다.

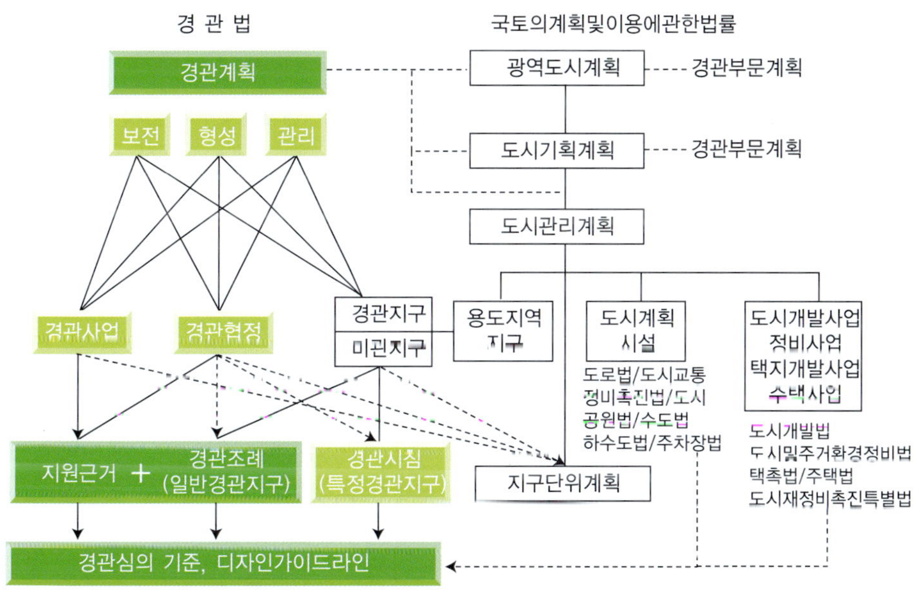

그림 3-50 **경관법과 국토계획법과의 관계**

표 3-13 국토계획법과 경관법 경관계획 비교

법적 근거	국토의계획및이용에관한법률상 경관계획	경관법상 경관계획
계획 수립 의무	5년마다 도시기본계획 정비시 경관부분도 동시에 진행됨(의무사항)	각 지자체의 현실과 필요에 맞게 경관계획 수립(임의규정)
계획 수립권자	각 단계별 계획 수립권자가 지정: 광역도시계획(건교부장관, 시 · 도지사), 도시기본계획(시장, 군수) 등	시장 · 군수 · 구청장뿐 아니라 시 · 도지사도 자율적 판단에 의하여 경관계획을 수립할 수 있도록 허용
계획 대상	각 단계별로 관할구역 전체에 대한 계획을 수립	관할구역의 일부만 경관계획을 수립할 수 있으므로, 경관적으로 중요한 구역에 대해서만 실질적인 경관계획을 수립할 수 있음
경관 계획 내용	각 단계별 계획의 부문계획으로 '경관에 관한 사항' 으로 애매하게 표현됨	계획의 방향 및 목표, 경관자원조사 및 평가, 운용방안 등 구체적인 계획내용을 명시하고, 대통령령에 의한 경관계획수립기준을 따르도록 함
경관 계획 관리 수단	도시계획의 부문계획으로 지구단위계획으로 지정된 지역이 아닌 경우에 실제 구속력은 매우 약함	경관계획 뿐만 아니라 관련 조례에 의한 관리, 지구단위계획 구역 지정, 경관협정, 경관사업 등 다양한 관리수법을 적용하여 계획의 실천력이 높음

(2) 경관계획과 지구단위계획 경관상세계획과의 연계

- 국토의계획및이용에관한법률 제52조에 지구단위계획의 부문계획 내용으로 또한 경관계획이 포함되어 있으며 건교부(현 국토해양부) 지구단위계획수립지침, 제3장 부문별 계획수립 기준, 제16절 경관에 일부지역에 대해서는 경관상세계획을 수립하는 것을 원칙으로 하고 있다.
- 따라서 경관계획의 주요내용 및 경관지침 등에 한하여 지구단위계획으로 결정할 수 있으며 경관계획에서 경관상 중요한 중점경관관리지역 등은 지구단위계획 경관상세계획 대상구역으로 제안하여 경관 보존을 위한 지구단위계획을 수립할 수 있다.
- 경관상세계획에서는 스카이라인, 야경, 색채, 광고물, 가로, 안내물, 랜드마크, 조망점, 유적지, 보전지역, 건축선, 건물의 높이 · 길이, 창문의 위치 · 크기, 지붕형상, 기타 공원 · 녹지조성계획 등이 계획지

침으로 작성되도록 지정하고 있다.

- 또한 지구단계획수립지침상 경관상세계획 검토 지역에 대한 경관상세계획 수립을 강화하고, 계획수립을 위한 비용과 경관상세계획이 수립되는 지역에 대한 경관사업 및 경관협정 지원방안 등이 검토되어야 한다.

[국계법상 경관상세계획 수립 대상지역]

국토계획법상 경관상세계획 수립 대상지역

- 광역도시계획 · 도시기본계획 또는 도시관리계획에서 경관상세계획을 수립하도록 결정한 지역
- 주요 문화재나 한옥 등 전통적 건조물, 시대적 건축특성이 반영되어 있는 건물들이 밀집해 있어 보존이 요구되는 역사환경지역
- 깨끗한 공기, 맑은 하늘, 주위의 산세, 양호한 수림대, 구릉지, 하천변, 청청호수 등 우수한 기후 및 지리적 조건을 갖은 시 · 군에 개발압력이 존재하고 있어 양호한 자연환경 및 경관의 보전이 필요한 지역
- 독특한 경관형성이 요구되는 시 · 군의 상징적 도로, 공원, 광장, 녹지대 등의 주변지역으로서 인위적 경관형성이 필요한 지역
- 경관지구 및 미관지구에 지정된 지구단위계획구역 등

3 경관조례와 경관심의기준을 통한 실행

(1) 경관조례에 의한 실행

- 경관관리를 위한 경관계획, 경관협정, 경관사업, 경관위원회 등의 구성에 대한 근거가 경관법에 마련됨에 따라 이에 맞도록 지자체 경관조례를 정할 수 있다.
- 경관조례는 지역적 특성을 반영하며, 상위 법령에 의거한 경관계획, 경관형성을 위한 핵심적 내용인 경관사업, 경관협정 등에 대한 추진과 실현, 지자체의 경관업무 등에 대한 자문 및 심의기능을 위한 경관위원회, 기타 관련 조례와의 관계 및 지자체의 적극적인 경관실천 유도나 지원을 가능하도록 하게 하는 내용을 담도록 한다.
- 특히, 지역특성을 반영한 경관관리나 경관유형별 경관관리를 위한 경관디자인 가이드라인 마련 등에 대한 내용 등도 조례로 담을 수 있다.
- 지역특성을 반영한 미시적 경관관리를 위한 중요한 수단 중 하나인

경관지구의 세분은 국토의계획및이용에관한법률에서 도시계획조례에 정할 수 있도록 위임하였으므로, 지역별 경관특성을 고려하여 필요시 세분화된 경관지구를 해당 도시계획조례와 연계하여 경관조례에서 세분화 할 수 있도록 할 필요가 있다.

- 도시계획조례에서 경관지구나 미관지구에 관련된 사항 중 경관조례에 위임될 수 있는 제한이나 규제 사항을 검토하고, 이를 경관조례에 반영하도록 한다. 단, 지역 · 지구별 제한 및 규제에 따른 합리적이고 바람직한 경관형성 인센티브나 경관관리형성 방안 등을 개발하여 경관조례에 담도록 한다.

[경관조례의 내용구성]

- 도시경관조례 주요내용은 총칙, 경관기본계획, 경관사업, 경관협정, 경관위원회 등 경관법상의 주요내용 등을 담고 있으나 지자체 고유의 경관조례 마련이 필요하다.
- 경관지구 · 미관지구의 용도제한 및 행위제한 등에 관한 사항 등 도시계획조례에서 경관조례로 위임의 검토가 필요하다.

(2) 경관심의에 의한 실행

- 경관계획의 수립, 경관지구의 지정 및 경관조례 등이 제정되면 경관계획의 계획적 사항에 대한 이행에 대한 실행수단으로서 해당 지자체의 경관심의에 의한 관리가 가능하다. 또한 경관법 제5장 경관위원회에 대한 법률적 근거가 제시되어 있으므로 해당 지자체는 필요와 여건에 따라 경관위원회의 설치와 운영이 가능하다.
- 경관심의와 관련하여 타 법률에 의거 운영되고 있는 사항은 다음과 같다. 환경정책기본법에 의한 사전환경성 검토시 자연경관 및 위락경관에 미치는 영향 등을 예측, 제시해야 하며, 환경 · 교통 · 재해등에관한영향평가법에 의한 경관평가가 실시되고 있으나 효과적으로 운용되지 않아 2005년 자연환경보전법에서는 각종 개발사업에 대한 자연경관영향협의를 규정하고 있다.
- 택지개발사업, 주택사업 시에는 지구단위계획에 의한 경관계획을 수립하여야 하며, 주택재개발 및 재건축사업, 주거환경정비사업, 도시환경정비사업 시에는 정비계획수립 시 경관관련 도서를 작성하여 심

의를 받도록 되어 있다.

• 서울시, 경기도 등에서는 일정규모 이상 공동주택에 대해서 건축심의에 의한 경관심의를, 제주도국제자유도시특별법에 의한 건축계획심의 시 경관관련 사항을, 옥외광고물등관리법에 의한 광고물관리심의위원회에서 미관풍치 등을 심의하고 있다.

[공동주택 건축심의에 의한 경관심의]

• 서울특별시 건축위원회 공동주택 건축심의에 관한 규칙
  - 16층 이상의 사업계획 승인(주택건설촉진법 제33조) 대상 공동주택에 한해 적용
  - 지표적 심의기준 : 입면적, 입면차폐도, 구릉지높이한계, 옥외생활 공간확보, 보도비율 및 차도율
  - 유도적 심의기준 : 단지조성 및 배치계획, 절·성토비율 및 지형변형 비율, 건축물의 형태 및 층수, 단지동선계획, 구조계획, 조경계획 및 기존수목 보존, 색채계획, 지반굴착계획
• 경기도건축조례 / 제4장 공동주택에 대한 건축심의기준(2001.1.8)
  - 도지사가 대상지역·세대수 등 심의대상의 규모를 지정·공고한 지역 안에서 16층 이상 또는 연면적 3만㎡ 이상의 사업계획 승인(주택건설촉진법 제33조), 또는 건축허가(건축법 제8조)를 받아야 하는 공동주택에 한해 적용
  - 단지조성의 심의기준 : 경관보전을 위해 자연지형 훼손방지, 녹지보전, 지형훼손 최소화 등
  - 건축계획의 심의기준 : 획일적인 형태 지양, 개방감 확보, 형태, 층수, 입면적, 내외부 동선계획, 색채계획 등
• 제주도국제자유도시특별법 제38조 건축계획심의
  - 건축계획심의대상구역은 경관·미관·보전녹지지역 등이며 건축계획심의 범위는 환경영향평가대상사업, 경관보전지구안 행위제한에 따라 별도 심의 받은 건축물 등에 한해 적용
  - 건축계획심의기준 : 경관형성 및 미의 구상 접근, 배치·평면·형태 및 구조계획, 외장재 마감계획 및 색채계획 등에 대한 기준을 따로 고시하고 있다.

4 경관사업을 통한 실행

경관사업으로 지정할 수 있는 사업에는 경관계획에서 계획된 사업이나 경관형성을 위한 다양한 사업들이 포함될 수 있다. 또한 경관사업은 도시지역 뿐만 아니라 농산어촌을 포함하여 경관계획의 실행수단으로 고려될 수 있다. 경관형성을 위해 법에서 경관사업 유형으로 제시된 사업 이외에도 지역의 특성에 적합한 새로운 사업의 발굴과 추진이 가능하도록 경관조례와 연계하여 운영한다.

(1) 경관사업의 선정

- 경관사업의 선정을 위해 경관조례에서 지자체 특성에 맞는 경관형성 및 관리를 위한 합리적이고 체계적인 경관사업 선정방법 및 절차를 규정하여야 한다.
- 경관사업의 선정은 사업의 시급성과 효과성을 고려하여 우선순위에 따라 선정하고, 주민 아이디어 공모 및 다양한 방법을 통해 주민참여적 경관사업을 이끌어 낼 필요가 있다. 또한 재정마련방안을 구체적으로 수립하여 추진한다.
- 경관사업의 선정은 해당 지방자치단체의 경관계획에 경관사업으로 지정된 사업, 사업계획이 수립된 후 경관위원회의 심사절차를 거친 사업 등으로 선정한다.
- 경관계획이 수립되지 않은 지방자치단체의 경우, 별도의 경관사업계획을 수립하여 경관계획에 준하는 절차를 거치도록 한다.

[경관법, 경관사업의 유형]

경관법 제13조(경관사업의 대상 등)는 지역의 경관을 향상시키고 경관의식을 높이기 위하여 경관계획이 수립된 지역 안에서 다음 각 호의 사업(경관사업)을 시행하도록 하고 있다.

- 가로환경의 정비 및 개선을 위한 사업
- 지역의 녹화와 관련된 사업
- 야간경관의 형상 및 정비를 위한 사업
- 지역의 역사 · 문화적 특성의 경관을 살리는 사업
- 농산어촌의 자연경관, 생활환경을 개선하는 사업
- 그 밖에 경관의 보전 · 관리 및 형성을 위해 조례로 정하는 사업

또한 각 시도의 경관조례로서 정하는 경관사업이 가능하다.

- 법률과 조례에 직접 명시된 경관사업
- 지자체 경관 관련계획에서 제시된 경관관련 사업
- 조례에 근거한 합리적 심의 기준과 절차를 거쳐 경관형성에 중요하다고 선정된 사업

(2) 경관사업의 추진

- 경관사업은 지역 및 도시의 자연적, 문화적, 역사적 개성을 살리기 위한 사업으로, 경관계획에 근거하거나, 경관협정 혹은 별도의 사업계획을 수립하여 추진할 수 있으며, 사업주체는 공공과 민간 모두 가능하며 주민참여 및 민관협력 방식으로 진행되도록 한다.
- 국가 또는 지방자치단체가 지원을 할 수 있는 경관사업의 경우, 예산범위 내에서 사업주체가 되는 지방자치단체, 민간사업자 및 경관사업지구 내 개별건축물 소유자 등에게 지원할 수 있다. 이에 관한 사항 등은 경관조례 및 경관사업계획서에 담도록 한다.

(3) 경관사업추진협의체

- 경관사업추진협의체의 조직 · 운영 및 업무 등에 관하여 필요한 사항 등은 경관조례에서 정하도록 하고, 경관사업추진협의체가 역할을 수행할 수 있도록 합리적 책무와 권한을 부여한다.
- 공공이 추진하는 환경정비 사업에서 경관부문은 전체 사업 중 한 부분으로 진행되는 경우도 있고, 공공사업별로 해당 사업부서와 경관부서가 다를 수 있으므로 행정상호간 협의가 가능하도록 경관조례에 사업부서와 경관부서간 협의를 제도화하고, 이와 같은 협의는 공공사업 전반에 걸쳐 일관성 있게 진행되도록 한다.

5 경관협정을 통한 실행

경관협정은 일정한 지역 안의 토지소유자 등이 경관협정을 자율적으로 체결하여 이행함으로써 경관의 보호관리 및 유지 등에 관한 사항을 이행하는 방식이다.

- 경관계획에서는 경관협정의 가능한 범위와 기간, 경관협정구역 필요지역 및 시범지역 등을 도출하고, 시범지역 등에서 기초적인 주민의견 수렴 이행과 더불어 경관계획 수립 이후 경관조례와 연계하여 합리적인 협정운영이 가능하도록 경관협정 운영방향 등의 계획안을 마련한다.
- 경관협정의 체결은 경관협정운영회를 설립하여 경관협정서를 작성하고, 이를 관련부서 및 경관위원회의 검토를 거쳐 자치단체장에 의해 승인 받도록 하고, 자치단체장은 경관협정의 체결 및 실행을 위한 기술 및 재정적 지원체계를 마련한다.
- 자율적 경관협정을 유도할 수 있도록 민간제안 내용을 검토하여 수용할 수 있는 다양한 방안과 구체적인 협정계획서 작성 지원, 전문가 지원, 사업지원 등과 지역특성을 반영한 지원체계 근거를 조례로서 마련한다.

[경관법, 경관협정의 내용]

경관법에서 경관협정으로 체결하여 관리를 이행할 수 있는 사항으로 포함된 내용은 다음과 같다.

- 건축물의 의장 · 색채 및 옥외광고물에 관한 사항
- 공작물 및 건축설비의 위치에 관한 사항
- 건축물 및 공작물 등의 외부공간에 관한 사항
- 토지의 보전 및 이용에 관한 사항
- 역사 · 문화경관의 관리 및 조성에 관한 사항
- 그 밖에 대통령령이 정하는 사항 등

6 추진계획을 통한 실행

단계별 계획 수립을 위해서는 대상 사업에 대한 사업우선 순위 평가기준을 마련하고, 그에 따라 사업을 장기, 중기, 단기별로 단계를 구분하되, 사업의 단계는 도시기본계획과 도시관리계획 등의 기간과 일치시켜 계획의 실효성을 높이도록 조정한다. 구체적인 사업계획은 연차별 집행계획 수준으로 사업이 용이하게 추진될 수 있도록 한다.

- 도시의 경관은 단기간에 조성되거나 일회성 계획으로 이루어 낼 수 없는 속성을 가지고 있기 때문에 장기적인 도시 비전을 고려하여 장기적인 안목에서 점진적으로 경관을 형성해 나아가야 하며, 그 중에서도 우선순위가 높은 사업으로부터 단계별로 점진적으로 이루어지도록 추진되어야 한다.
- 경관계획은 경관의 형성과정이 매우 중요하므로 시각적인 대상을 다루는 계획 내용과 더불어 관련된 각종 시민활동에 대한 지원과 다양한 프로그램의 구축도 매우 중요한 사안이라고 할 수 있으므로 이를 고려하여 단계별 계획을 수립해야 한다.
- 단계별 구분(기준) : 사업시기가 짧고 파급 효과가 큰 사업 및 사업의 중요도가 큰 사업을 우선한다.

7 경관행정을 통한 실행

(1) 경관전문조직

도시경관 전담부서는 경관기본계획과 관련된 사업 촉진, 공공 사업계획 부서 및 민간 사업계획 부서들과의 협의, 공공시설의 디자인과 기술지도, 민간 사업자의 계획 및 시민단체에 의한 경관 형성계획을 유도해 나가는 역할을 수행하도록 한다.

[경관행정의 정비 및 운영]

- 경관관련 업무는 경관의 특성을 이해하고 도시의 미적인 요소를 개발하고 관리해 나가야 할 필요가 있기 때문에 일반부서와 달리 특별한 전공자들을 중심으로 구성된 부서나 팀을 구성할 필요가 있다. 또 도시경관의 평가자인 지역주민들의 경관 관련 의식조사와 시민단체와의 조정업무를 수행할 수 있도록 경관위원회의 구성과 운영이 함께 이루어져야 한다.
- 경관 관련 업무를 통합 관리할 수 있는 팀이나 부서로는 도시경관과(또는 도시디자인과)를 신설(또는 현재 도시경관 담당부서를 확대 개편 및 명칭 변경)하거나 이와 관련된 부서들의 통합된 형태도 가능하다.
- 경관업무 전담부서와 경관위원회는 경관법 '제5장 경관위원회' 를 참

조한다.

(2) 경관위원회

- 체계적이고 합리적인 지역의 경관보전, 관리 및 형성을 위하여 경관 관련 전문가의 전문성과 경험에 의한 경관계획의 수립 자문이나 경관심의를 위해 경관위원회를 설치 · 운영하며 이를 위한 경관위원회 설치운영에 관한 내용을 조례로서 정한다.
- 경관위원회는 지자체 여건을 고려하여 해당 지자체 도시계획위원회나 건축위원회, 기타 경관관련 위원회가 그 역할을 대신할 수 있으나 이 경우, 경관관련 전문가를 위원회에 일정 수 이상 참여할 수 있도록 한다.
- 경관위원회 운영에 있어서 개별법에 근거하여 설치된 건축물 · 옥외광고물 등의 경관관련 사항은 합동으로 운영되도록 한다.

8 재정계획을 통한 실행

(1) 사업비 산정

- 추진해야 할 핵심 사업은 구체적인 사업목록과 목록에 따른 공사내역별 규모 등에 대하여 총량 및 기준 단가를 제시하여 현실적인 사업비 산정이 되도록 하고, 산정된 사업비에 대하여는 그 현실성에 대하여 사전에 감독기관 등이 검토하도록 한다.
- 기본적으로 표준 품셈에 따라 작성함을 원칙으로 하고, 전체 사업비가 예정된 경우 등에 대하여는 전체 사업을 단위사업 내용으로 보고 산정하도록 한다.

(2) 사업비 확보

소요예산을 충당하기 위한 체계화된 재정계획을 수립하며, 현실적인 사업비 확보가 가능하도록 한다.

[재정계획의 내용]

- 재정계획에는 다음의 내용을 구체화하여 포함(예시)
  - 재원별 사용가능 예산계획
  - 국가, 지자체, 민간의 재원구분
  - 예산확보방안을 구체적으로 제시
  - 사업별 집행계획

표 3-14 경관관련 사업의 투자사업비 산출 사례(대전광역시)

사업명		사업내역	사업비(억원)	재정분담				비고
				국비	시비	구비	민자	
문화의 거리 조성사업		보행자도로	25	○	○	○	○	
보행 환경 개선 사업	걷고 싶은 (녹화)거리 조성사업	기존 가로수길 보전	–		○		○	
		바닥포장 등 가로시설물	1		○	○		
		도로 바닥포장	1.35		○			450m
		천변 도로포장	4.1		○			1.2km×12m 설계비 포함
		보행자도로	75				○	5만 m²
	차 없는 거리 조성 사업	도로정비	19	○	○	○		500m×12m 설계비 포함
	상업지 환경 개선 사업	진입로 정비, 환경정비, 주차장 확보 등	10	○	○	○	○	
	옥외광고물 정비 시범사업	○○지구 2개소	1		○	○	○	
		△△지구 2개소	0.8			○	○	
		○○지구 1개소	0.5			○		
탐방로 조성 사업	경관탐방로 조성사업	바닥 패턴 및 안내판, 가로시설물	0.3		○	○		관공서 탐방로
		등산로 및 산책로 정비, 운동기구	5		○	○		자연경관 탐방로
		산책로 정비	1.5		○	○		○
	역사탐방로 조성사업	안내판, 휴게시설, 탐방로 조성	2		○	○		
		안내판, 휴게시설, 탐방로 조성	1		○	○		
		안내판, 휴게시설, 탐방로 조성	0.5		○	○		
공동주택 경관정비 시범사업		생울타리, 녹화, 벽면색채 등	3		○	○	○	
기존 상업지 지구단위 계획 수립		지구단위계획 1식	3		○	○		
		지구단위계획 1식	3		○	○		
		지구단위계획 1식	3		○	○		
지역 고유색 발굴 사업		기본계획 수립	0.5		○			

• 경관사업의 재원마련 방안 예시
  - 중앙정부 지원
  - 지자체 예산 지원
  - 개별 사업비용 마련(사업자, 수익자 부담)
  - 기타 재원조달방안 제시

(3) 사업비 부담

• 사업비 부담은 기본적으로 재정계획에 따라 분담하는 것을 원칙으로 하고, 공공의 경우 재정지원이 가능한 사업 항목과 민간 제안 사업에 대한 재정지원 가능여부를 검토하는 체계를 마련하여 민간, 시민 등에 지원할 수 있는 사업비 규모를 정할 수 있도록 한다. 특히 선정된 경관사업의 경우, 관련부서의 자체예산과 연계하여 집행할 수 있는 근거를 마련하도록 한다(일례로 경관가로조성사업의 경우 해당 도로 관련 예산과 함께 검토하여 수립할 수 있다).
• 경관형성사업에 소요되는 사업비는 각각의 사업이 가지는 특성에 따라 크게 차이가 발생할 수 있고, 구체적 사업비 산출이 어려운 경우에는 관련 자료와 기존의 계획보고서상의 집행계획 등을 참고하여 사업비를 추정한다.
• 사업비는 크게 조사설계비와 공사비(건축, 토목, 조경, 전기·통신 등), 기타 부대비용 등으로 구성하되 보상비는 제외토록 하고, 조사설계비는 기본계획, 기본설계, 실시설계 등 도시계획 및 조경, 토목, 단지계획 관련사항을 산정하고, 공사비는 토목과 조경, 색채, 조명 등의 기반시설 공사비로서 산정하며, 부대비용은 제외토록 한다.

경관법에 포함된 주요 내용으로 경관사업과 경관협정에 관한 사항을 들 수 있다. 경관사업과 경관협정은 규제 중심의 기존 경관관련 행정과 차별화될 수 있는 방식으로 주민들의 자발적인 참여와 지방자치단체의 적극적인 지원을 통하여 지역의 경관향상을 이루어가는 과정이라고 할 수 있다. 본 장에서는 경관사업과 경관협정에 대하여 기존 사례와 진행방식 제시 등을 통하여 알아본다.

– 안 재 락/ 이 창 호 –

IV. 경관사업과 경관협정

경관사업과 경관협정

Part 04

4.1. 경관사업

1. 배경 및 의의

1 배경

우리나라의 국토는 도시 뿐 아니라 농산어촌에 걸쳐 광범위하게 경관 훼손이 이루어져 왔다. 각 지자체에서는 『국토의계획및이용에관한법률』을 비롯하여 관련법을 통한 규제위주의 경관관리를 하여 왔지만 규제완화라는 시대적 흐름 속에서 개인의 재산권을 침해하고 건축의 자유를 훼손하는 것으로 인식되어 실효성을 담보하는 데는 한계가 있었다.

규제위주의 경관관리의 한계를 극복하기 위해 여러 지자체에서 "경관을 규제 중심에서 형성 중심으로", 나아가 주민들의 자발적인 참여를 통한 차별화된 경관을 창출함으로써 경관을 통한 지역가꾸기의 방향으로 변화하고 있는 경향을 볼 수 있다. 가로미관개선사업, 간판정비사업, 야간경관조성사업 등은 대표적인 경관형성사업이다. 한편 시민단체를 중심으로 담장허물기 운동 등 주민 참여를 통한 양호한 경관형성사업도 좋은 성과를 보이고 있다.

이처럼 일부지역의 주민자치적인 경관개선 활동이 효과를 거두고, 지자체 단위의 차별화된 경관관리의 필요성이 인정되면서, 규제보다는 형성과 지원을 통한 유도적 경관관리의 필요성이 제기고 있다. 그러나 경관관련 사업에 대해 재정적 · 행정적 지원을 위한 법적 근거가 없어 사업추진이 어려워지거나, 일회성 사업에 그치는 경우도 있었다.

한편 자연환경보전법이나 문화재보호법 등 개별법에 의한 경관관리 역시 자연이나 시가지 경관을 보존, 유지가 목적으로, 불량한 경관을 양호하게 개선하기 위한 경관정비사업의 시행을 위한 지원수단을 가지고 있지 못하다.

2 의의

경관법에서 경관사업이 명문화됨으로써 정부 부처와 지자체, 그리고 민간이 자주적으로 수행하여 온 경관관련 사업이 법적 지위를 가지게 됨과 동시에 행정적, 재정적 지원의 길이 열렸다는 데 의의가 있다.

경관사업은 공공과 민간의 각종 사업에 대한 국가의 보조사업에 대한 패러다임의 변화를 가져올 수 있다는 데 의미가 있다. 정부의 배분적 성격의 보조금을 지자체의 사업에 대한 기획력, 집행력을 비롯하여 주민의 자주적 노력 등을 평가하여 차별화된 지원으로 변화를 예상할 수 있다. 살기 좋은 지역만들기, 살기 좋은 도시만들기 등과 같은 경관적 성격의 시범적 사업이 정부의 다양한 지원금 사업으로 확대될 것이다.

이러한 경관사업의 확대는 획일적으로 진행되던 공공사업에 대해 지자체의 발상의 전환이 요구되는 계기를 제공할 수 있을 것이다. 사업에 대해 지역성, 차별성이 요구되면서 동상의 사업에 보다 품위를 더할 수 있는 요소가 인정되면서 고품질의 도시공간을 실현할 수 있을 것이다.

따라서 경관사업의 도입은 지금까지의 관리와 규제중심의 경관행정에서 형성위주의 사업으로 경관정책의 변화를 가져와 관 주도형에서 주민 참여형으로, 지역문화, 지역민의 일상, 지역민의 가치와 철학이 지역가꾸기의 중심에 자리잡을 수 있는 기틀을 마련하였다는데 의의가 있다.

2. 경관사업의 정의 및 내용

1 정의

경관사업은 지역의 경관을 향상시키고 지역민의 경관의식을 높이기 위하여 경관계획이 수립된 지역 안에서 시행하는 사업으로 정의하고 있다(경관법 제13조).

그러나 경관이라는 용어가 특정한 사업에 한정되지 않고 포괄적인 의미로 사용되기 때문에 구체적으로 경관사업을 정의하는 것은 쉬운 일이 아니다. 자칫하면 기존의 사업에 '경관이라는 포장'을 덧붙이는 것에 지나지 않을 가능성도 배제할 수 없다. 따라서 경관사업이 경관형성의 기폭제가 되기 위해서는 사업의 범위와 내용을 명확하게 정의해 두는 것이 중요하다.

그림 4-1에서 보는 바와 같이 경관사업은 경관지구(미관지구), 경관협정과 함께 경관계획을 실천하는 수단의 하나이다.

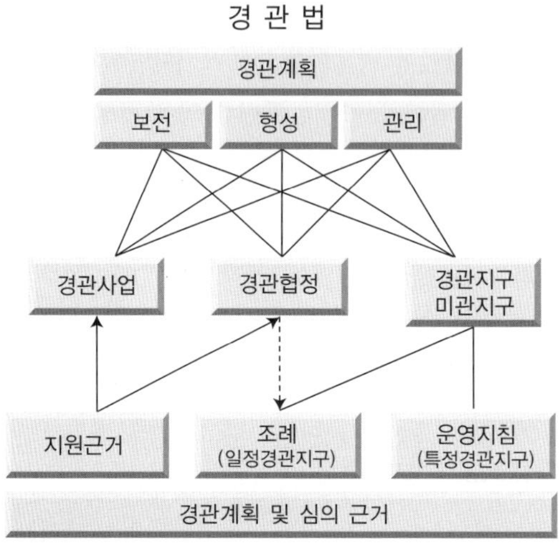

그림 4-1 경관법에서 경관사업의 위상

2 경관사업의 범위

경관사업은 원칙적으로 경관계획이 수립된 지역 내에서, 지역 또는 도시의 자연적, 문화적, 역사적 개성을 살리기 위하여 지방자치단체가 정하는 모든 사업이 대상이 될 수 있다. 따라서 경관사업의 대상범위는 다음에 해당하는 사업으로 정의할 수 있다.

- 『경관법』에 근거하여 책정된 경관계획에서 정하는 사업
- 경관계획에서 중점적으로 경관을 보존 · 관리 및 형성하여야 할 구역(영 제3조 제1항)에서 양호한 경관형성에 관계되는 사업
- 『국토의계획및이용에관한법률』 제37조 제1항에 따른 경관지구, 미관지구 내에서 경관의 보존 · 관리 및 형성과 관련된 사업

3 경관사업의 내용

구체적으로 법 제13조에서 정하고 있는 경관사업은 다음과 같다.

- 가로환경의 정비 및 개선을 위한 사업
- 지역의 녹화와 관련된 사업
- 야간경관의 형성 및 정비를 위한 사업
- 지역의 역사 · 문화적 특성의 경관을 살리는 사업
- 농산어촌의 자연경관 및 생활경관을 개선하는 사업
- 그 밖에 경관의 보전 · 관리 및 형성을 위한 사업으로 조례에서 정하는 사업

위의 사업내용에 비추어 볼 때, 경관사업은 크게 경관형성사업과 경관정비사업으로 나누어 볼 수 있다. 경관형성사업은 한옥마을조성사업, 상징가로조성사업 등과 같이 그 지역이나 도시의 역사성 또는 개성을 살리기 위하여 지자체가 추진하는 시범사업의 성격이 강한 사업이며, 경관정비사업은 가로정비사업, 간판정비사업과 같이 기존시설의 정비나 개선을 통해 경관향상을 꾀하고자 하는 사업이다. 경관사업은 사업 전체가 경관사업인 경우보다는 사업내용에서 경관적 요소가 덧붙여지는 경우가 많다.

3. 경관사업의 현황

1 중앙정부의 경관사업

경관사업은 지역의 이미지 제고를 통해 장소의 질적 향상을 끌어낼 수 있는 수단이라는 인식이 많은 지자체에서 받아들여지고 있다.

지역의 역사성이나 개성을 살려서 살기 좋은 곳으로 바꾸어나가기 위한 경관사업이 정부의 각 부서에서 시행되고 있다. 국토해양부를 비롯하여 행정안전부에서도 살기 좋은 도시만들기, 살기 좋은 지역만들기 사업을 통해 지역의 특성화를 가져오려는 정책을 균형발전의 측면에서 시행하고 있으며, 이들 사업 중 경관형, 역사형, 문화형, 생태형 등은 경관적 성격이 강한 사업으로 분류되어진다.

문화체육관광부에서는 간판정비를 통한 가로경관조성사업을 비롯하여 '생활공간 문화적 개선사업' 은 특정거리나 마을의 경관형성, 가로시설의 디자인 사업, 문화와 예술을 통한 도시재생, 담장허물기나 한평공원만들기 등 지역커뮤니티 디자인 등 다양한 분야에 걸쳐 사업이 제시되고 있어 경관사업의 범위를 짐작할 수 있게 해 준다(표 4-1 참조).

농림수산식품부의 테마마을조성사업은 농산어촌의 자연적 경관자원을 지역살리기에 활용하고자 하는 경관사업이며, 환경부의 자연생태환경을 보전하기 위한 사업 역시 이와 맥을 같이 하고 있다.

2 지자체의 경관형성을 위한 시범사업

경관사업 중에는 특화가로조성 및 가로 정비 등 가로경관에 대한 사업이 가장 많으며, 그 밖에 옥외광고물 정비, 가로시설물 정비, 야간경관조성 등의 사업이 주류를 이루고 있다.

이여정과 이정형(2007)에 의하면 전체 지자체의 약 82.6%가 경관형성을

표 4-1 생활공간의 문화적 개선사업에서 본 경관사업

관련부서	사업내용	경관관련사업
문화체육관광부	생활공간 문화적 개선 사업	• 특정지역의 디자인 시스템 개선사업 • 특정거리나 마을의 경관형성사업 • 문화와 예술을 통한 지역 및 도시재생사업 • 색채디자인, 심미적 가로시설물 설치사업 • 담장허물기나 자투리공간을 활용한 지역커뮤니티 활성화사업 • 유니버셜 디자인이 반영된 공공건축환경개선사업 • 지역안내판 및 공공 사인 개선사업

위한 시범사업을 시행하고 있는 것으로 조사되었다. 옥외광고물 정비, 가로수 정비, 전선지중화사업, 문화거리만들기, 걷고 싶은 거리만들기 등을

표 4-2 광역지자체의 경관형성을 위한 시법사업

지자체	경관형성을 위한 시범사업
서울특별시	• 교육문화의 거리조성사업 • 디자인서울 거리조성사업 • 시민과 함께하는 시가지 개선 경관사업 • 주민과 함께하는 마을만들기 사업 • 벤치 · 의자 디자인 개선사업
부산광역시	• 광복로 일원 가로경관개선사업
대구광역시	• 교량 야간 경관
인천광역시	• 특화가로조성사업 • 군 · 구 경관형성지원사업 • 시계 경관조형물 설치사업
대전광역시	• 자치구 1개 가로정비사업 • 불량주거지 개선사업 및 특화가로조성사업
울산광역시	• 110만본 담쟁이덩굴 심기
경기도	• 살기좋은 도시만들기, • 간판정비사업 • 남한산성 도립공원 정비사업
강원도	• "동해안 벨트"경관형성상세계획 • 경춘가도변 경관계획 • 학사평 "콩꽃마을" 경관계획
전라북도	• 전주시 전통향교마을 가꾸기 • 걷고 싶은 거리만들기 • 웨딩거리 조성, • 역전거리 조성
경상북도	• 경관형성을 위한 시범사업을 추진하기 위해 사범지구 공모 사업비 지원계획

출처 : 이여경과 이정형(2007)

통한 가로정비사업이 가장 일반적으로 시행되고 있는 사업이며, 춘천시의 야간경관 시범사업, 태백시의 경관조명설치, 통영시의 밤이 아름다운 도시만들기 등 디자인, 야간경관사업도 많은 지자체에서 경쟁적으로 시행하고 있다. 그 밖의 안양시의 예술공원조성, 거제시의 가로수벽조성 등 각 지역의 특성에 맞는 경관사업이 시행되고 있다.

4. 경관사업의 추진방법

1 사업추진주체

경관사업의 시행은 공공과 민간 모두가 가능하다. 공공의 경우 경관사업의 시행주체는 시 · 도지사, 시장 · 군수가 되지만(경관법 제13조 제1항), 민간이 사업을 시행하고자 하는 경우에는 령 제8조에 정한 기준에 따라 경관사업 계획서를 시 · 도지사, 시장 · 군수에게 제출하고, 경관위원회의 심의를 거쳐 승인을 얻어야 한다. 사업주체가 민간인 경우 경관계획이 수립된 지역 안에서 경관협정 혹은 별도의 사업계획을 수립하여 추진하여야 한다.

2 경관사업의 선정기준

경관사업은 일방적인 규제와 행위제한을 통한 경관관리에서 벗어나 다양한 지원과 공공사업을 통해 경관계획을 실현하고자 하는 것이다. 그러나 지원사업의 경우 앞의 현황에서 살펴본 바와 같이 경관을 직접적인 목적으로 하는 경우만이 아니고, 전체적인 계획의 한 요소 혹은 부분으로써 경관문제를 다루는 경우가 정착되어 가고 있다.

경관사업의 이러한 속성을 고려하여, 경관계획수립 지침6-5-1의 '경관사업의 선정'에서는 사업의 시급성, 효과성과 함께 재정지원 가능성이 높은 사업을 우선적으로 선정할 것을 권장하고 있다.

이러한 지침은 경관사업이 환경, 생태, 복지 등의 사업과 비교할 때 정부의 직접적인 지원의 순위가 낮을 수 있기 때문에 기존의 보조금 지원사업에 경관적 요소를 부가함으로써 지역의 경관형성에 기여할 수 있도록 하고자 하는 의도라고 볼 수 있다.

따라서 경관계획 수립시 경관사업을 기존에 진행되고 있는 택지개발사업, 농어촌생활환경정비사업, 문화 · 역사마을가꾸기사업, 경관림 조성관리사업, 사방사업 등 경관법 및 관련법에서 규정하고 있는 경관관련 사업에 적용할 수 있는 방법과 연계방안을 함께 제시하도록 정하고 있다.

표 4-3 경관사업선정의 기준이 될 수 있는 항목(예시)

항목	세부내용
경관형성 기여도	• 지역특성에의 부합 • 경관의 연속성 – 주변시설, 역사적 자원 등의 배려 • 경관의 일체성 – 주변경관과의 조화, 사업간의 연대 • 주민참가 및 합의형성
지역에의 기여도	• 경관의 품격 – 부가적인 사업 유도가능 • 지역활성화 – 관광, 지역산업에의 기여 • 선도적인 시책 – 모델사업 등
투자의 적절성	• 사업의 긴급성 • 사업비 조달방법의 적정성과 타당성
사업추진과정	• 주민참가의 프로세스 • 지속적 경관관리의 가능성

5. 경관사업추진협의체

1 설치

시 · 도지사 또는 시장 · 군수는 경관사업의 원활한 추진을 위하여 필요한 경우 지역주민, 시민단체, 전문가 등으로 구성된 협의체를 설치하여 사업의 계획수립에서 추진과정, 사후관리에 이르는 일련의 과정에 참여하게 할 수 있다.

2 업무 및 구성

협의체는 경관사업의 계획수립, 추진과정 및 사후평가 등 사업의 모든 단계에 걸쳐서 참여할 수 있다. 따라서 경관협의체의 구성은 다음과 같은 단계를 거쳐 구성하는 것이 일반적이다.

- 1단계 : 파트너를 정한다. 지자체와의 협의를 통해 참여할 수 있는 개인, 시민단체, 전문가, 관련공무원 등으로 구성한다.
- 2단계 : 코어 요소를 결정하여 파트너와 합의를 형성한다. 사업의 단계별 사업내용을 정하고 합의를 이끌어낸다.
- 3단계 : 협의체 설립의 골격이미지를 확정한다. 협의체의 명칭, 사무소의 위치, 협의체의 사업내용, 협의체의 조직과 의사결정의 방법, 회원의 구성, 회원의 역할과 의무, 회비 등 조직운영기반 등
- 4단계 : 협의체 사업전개 방법을 결정한다. 협의체의 역할, 활동내용, 사업전개 등을 결정한다.

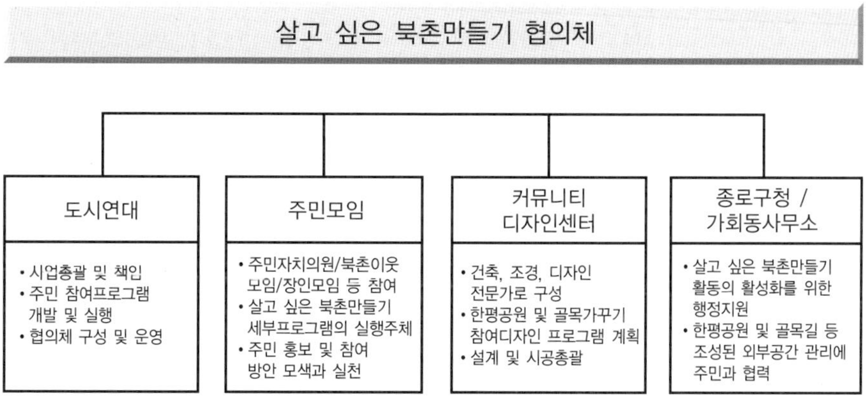

그림 4-2 사업추진협의체의 사례(서울특별시; 북촌만들기)

• 5단계 : 협의체 발족(필요한 절차). 규약을 제정하고 공포한다.

3 경관부서와 사업부서간의 조정기능

경관협의체가 민간 주도의 경관사업의 추진을 위한 기구라고 한다면, 법에서 명문화되어 있지는 않지만, 공공이 추진하는 경관사업의 경우 사업추진부서와 경관부서간의 협의체를 구성할 수 있는 근거가 마련되어야 한다.

경관사업은 경관계획수립지침(6–5–2)의 (4)에서 제시되어 있는 바와 같이, 사업의 시급성과 효과성을 고려할 때 관련사업의 재정지원을 받을 수 있는 사업을 우선적으로 선정하는 것을 권장하고 있다.

이 경우 경관사업의 전반적인 추진주체는 사업부서가 될 가능성이 높으며, 경관부서는 조정자의 역할에 그칠 수 있어, 경관사업의 부서간의 조정을 위한 지자체 내의 부서간 협의를 위한 원칙을 수립해 두는 것이 필요하다.

사업이 추진과정에서 경관협의가 이루어지는 시점에 대해서도 명문화 할 필요가 있다. 즉 사업의 시작단계에서 경관협의를 거쳐야 하는 것을 필수적인 요소로 정하는 방안 등을 고려할 수 있다.

6. 지원 및 감독

1 보조금의 배분문제

기존사업과 경관사업을 차별적으로 다룰 수 있는 방안의 마련이 필요하다. 경관법에서는 ① 경관계획에 경관사업의 내용이 포함되어 있어야 한다는 기준, ② 별도의 인증절차를 거치는 경우 규칙 등을 마련해 두어야 할 사항, ③ 경관조례에 사전에 경관사업의 내용과 범위를 명기를 해 두는 방안 등 3가지를 제시하고 있으나, 어느 경우에도 예산의 범위와 지원의 내용 등을 구체적으로 명기하는 것이 필요할 것이다.

지원의 방법에서도 중앙부서에서 모델적 보조사업을 경쟁을 통해 선정하여 지원하는 방법과 지방자치체에 일정액을 배분하고 지자체가 수행하는 사업 중에서 경관사업을 선정하여 지원하는 방식을 고려할 수 있다.

일본의 경우 초기에는 「심볼로드 조성사업」과 같이 가로정비사업 등 통상적 사업에 "경관이라는 테마를 더하는 것"의 형식이었다. 즉 국가가 지원할 메뉴와 상세한 선택조건을 준비하고 지자체가 그 요건에 맞는 사업계획을 작성하여 선발하는 방식이다. 그러나 이러한 방식은 사업을 결정하는데 필요한 행정절차가 번잡하고, 보조사업이 지구에 적합하지 않는 경우 등의 문제가 있었다. 지자체는 재원확보의 방법으로써 경관사업을 이용하는 것이다.

이러한 문제를 해소하기 위해 토지구획정리사업에 차별적 경관사업을 덧붙이는 방법과 같이 공공사업에 개성과 디자인성을 높일 수 있는 지역주도적인 사업으로 보조의 형태를 바꾸어 나가고 있다. 따라서 지원의 내용과 범위, 방법을 구체화하고, 심의의 내용과 방법에 대해서도 조례에 구체적으로 반영되어야 한다.

2 사후평가

법 제15조 제2항에는 지방자치단체의 장은 필요한 경우 경관사업의 시행자에게 감독상 필요한 보고와 관련자료의 제출을 명령할 수 있도록 규정하고 있다.

7. 사례 : 일본 국토교통성의 경관형성사업추진비

1 목적

경관형성사업추진비는 풍요로우면서도 질 높은 국민생활의 실현을 위하여 양호한 경관형성과 이로 인한 관광입국의 추진에도 도움이 되는 사업 및 조사에 대하여 지원하는 것을 목적으로 한다.

2 관련법

양호한 경관형성을 위한 법률, 조례 등으로 경관법, 문화재보호법, 자

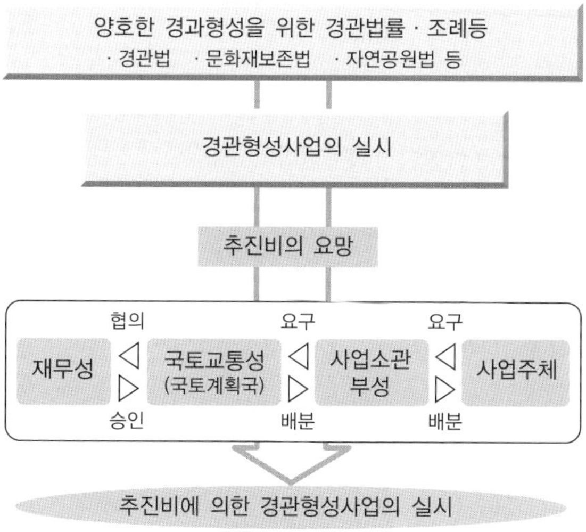

그림 4-3 경관형성사업지원체계(일본)

연공원법 등이 대상이다.

3 사업대상

다음의 항목에 해당하는 사업 및 이 사업을 추진하는데 필요한 조사가 대상이 된다.

① 『경관법』에 근거하여 책정된 경관계획에서 정하는 사업

② 다음에 열거한 지역 및 지구에서 수행하는 양호한 경관형성에 관계되는 사업

- 경관계획에서 정해진 경관계획구역 및 경관지구
- 『도시계획법』에 기초한 도시계획에서 정해진 풍치지구, 그 밖의 법령에 기초한 경관에 관계되는 규제의 대상이 되는 지역 및 구역

4 제도의 준점사항

공동적으로는 공공사업(단 재해복구 등의 사업비는 제외)과 관계되는 사업 및 이에 관한 조사에 사용할 수 있다.

사업부분은 단독부성(府省)의 소관사업에서 사용이 가능하며, 원칙으로 계속시행 중의 사업에 배분된다. 다만 용지비 및 보상비는 대상이 되지 않으며, 이월시는 사전승인을 필요로 한다. 조사부분에서 조사실시의 주체는 국가이다.

천차만별의 경관형성효과를 가진 사업을 평가하여야 하기 때문에 객관

적이고 공평한 평가의 척도가 필요하다. 이를 위해 「경관형성사업추진비의 지침(안)」을 제정하여 심사하고 객관적이고 공평한 평가 척도를 마련하고 있다.

구체적으로는 경관형성사업추진비의 지침에 기초하여 요구 시에 사업의 경관형성효과를 자기평가하여 제출하고, 평가결과의 심사를 기초로 채택한다.

8. 사업시행의 유의점

경관관련사업이 공공과 민간사업을 망라하고 있으며, 여러 부처에 걸쳐 있다는 점, 사업의 규모와 내용이 복잡하고, 참여의 주체가 다양하다는 점, 개인과 시민단체, 전문가 등 참여와 운영주체가 자발적인 조직에 의존한다는 점 등 기존의 사업과 차별화되는 요소가 많다. 따라서 사업의 성공여부도 이에 대한 적절한 대응이 전제되어야 함은 말할 나위도 없다.

이런 점에서 볼 때 경관사업은 참여사업이며, 보조사업이고, 도시디자인 사업으로 정의해 볼 수 있다.

정부는 지자체에, 지자체는 민간에 경관가꾸기의 제도적, 기술적, 재정적으로 지원하는 역할을 한다. 그러나 이러한 지원 이전에 다양하게 전개되는 경관사업에 대한 정보를 파악하고 공유화하는 노력이 중요하다. 동시에 개발 등의 기준에 대해서도 최저한의 기준(national minimum standard)과 지역의 특성을 고려한 기준의 관계를 재구축하기 위한 새로운 틀짜기를 시도할 필요가 있다.

4.2 경관협정

1. 경관협정의 개념

경관협정은 2007년 경관법이 제정되면서 법제화된 개념으로, 주민들이 자치적으로 지역경관을 개선할 수 있는 방안의 하나로 제시되었다.

경관협정의 개념을 간단히 정의하면, 아름답고 개성 있는 경관의 형성을 위해서 주민의 자발적인 참여를 통하여 주민 스스로가 자기 지역의 경관을 보전·관리 및 형성할 수 있도록 유도하는 제도라고 할 수 있다.

1 경관협정의 법적 규정

경관협정과 관련된 법적 규정은 경관법 및 동법 시행령에 명시되어 있으며 그 내용은 다음과 같다.

우선 경관법의 경우, 경관협정의 체결조건 및 협정내용 등을 제시하고, 경관협정의 인가·변경·폐지에 대한 사항과 협정의 준수·승계 및 지원방안에 관한 규정을 두고 있으며, 경관위원회의 기능 중 하나로서 경관협정의 승인기능을 명시하고 있다.

또한 시행령의 경우, 경관협정 체결자의 조건, 경관협정운영회의 설립신고 규정과 인가된 경관협정의 공고 및 승계방법을 명시하고, 경관협정 운영에 필요한 지원과 관련해서는 사업계획서 작성에 관한 규정을 두고 있다.

2 경관협정의 체결조건

경관협정은 토지소유자 등 체결자 전원 합의에 의해 체결할 수 있으며, 협정의 효력은 체결자에게만 미친다. 이때 경관협정 체결자의 범위는 토지 및 건물소유자, 지상권자 등이다. 단, 지상권자의 경우는 해당 토지나 건축물의 물리적 변경을 포함하지 않는 협정의 경우, 협정체결자의 범위에 포함하는 것이 가능하다.

또한, 일단의 토지 또는 하나의 토지 소유자가 1인인 경우에도 경관협정 체결이 가능하다. 1인협정은 기성시가지의 일정규모 이상의 토지를 소유한 자가 경관형성 및 관리를 위해 스스로 체결할 수도 있으나, 이보다는 신개발지의 경관관리에 주로 사용할 수 있는 방법이다. 즉, 신개발지의 경관관리를 목적으로 토지 및 주택 매수자에게 매매계약시 경관협정 준수 의무를 부가하여 신개발지의 지속적인 경관관리를 유도하는데 활용할 수 있다.

3 경관협정의 법적 효력

경관협정은 주민 자치적으로 운영되는 제도이나 경관사업과 연계하여 적용하고자 할 경우나 인센티브 부여를 조건으로 경관협정을 적용할 경우, 경관법에 근거한 조례나 경관계획 수립이 전제되어야 한다.

경관사업 시행과정에서 경관협정을 맺고자 할 경우, 경관사업의 성립 조건을 충족시킬 필요가 있는데, 경관사업은 경관계획(특정경관계획 포함)이 수립된 지역에 한해 사업시행이 가능하다. 단, 여기서 말하는 경관계획이란 경관법에 의거하여 수립된 경우를 말하며, 국계법에 의해 도시기본계획의 부문계획으로 수립된 경관계획은 해당하지 않음을 주지해야 한다.

인센티브 부여를 조건으로 경관협정을 체결할 경우, 협정의 유지관리나 승계를 강제하기 위해서는 지자체 조례 등에서 이들에 대한 내용을 명시할 필요가 있다. 현재 63개 지자체의 경관관련 조례를 검토한 결과[1], 7개 조례에서 경관협정에 대해 규정하고 있는 것으로 조사되었으나, 이들 모두 경관법에 근거한 것이 아니라 국계법이나 자연환경보전법 등에 근거하여 명시한 내용으로 이들 조례를 근거로 한 경관협정은 법적 효력이 없음을 주지할 필요가 있다.

4 유사제도와의 차이점

경관협정의 제도적 특징을 쉽게 설명하기 위해 경관에 관한 규제, 협약, 사업 등을 규정한 유사제도와 비교하여 설명하면 표 4-4와 같다.

제도의 내용적 측면에서 살펴보면 평면적 내용 외에 건물의 입면 등 3차원적 특징까지 다룬다는 점에서 내용적 유사성이 많은 지구단위계획과 비교하여 설명하면 쉽게 이해할 수 있다. 지구단위계획은 지자체가 수립하는 법적 강제사항으로 건축인허가시에만 적용되는 등 지속성이 없고, 규제의 성격이 강한 제도인데 반해, 경관협정은 주민간의 자치적 규약으로 자율적으로 수립할 수 있기 때문에 포함할 수 있는 내용적 범위가 지구단위계획에 비해 더 포괄적이며 주민들이 합의한 일정기간 동안 지속적으로 적용된다는 차이점이 있다.

제도의 형식적 측면에서는 녹화협정 · 경관협약 · 보전협약 등 유사협

---

1) 이는 2008년 5월 15일 기준으로 자치법규정보시스템(ELIS, http://laib.mogaha..kr/)에 수록된 지자체 조례를 검토한 결과임. 63개 경관관련 조례 중 인천, 대전, 춘천, 원주, 목포, 나주, 곡성의 경관관련 조례에서 경관협정에 대한 규정하고 있는 것으로 나타남.

정제도와 유사하다.

그러나 이것들은 법적 규정만 마련되어 있을 뿐 대부분 실제 협약이 활성화되지 못한 실정이며, 협약의 당사자가 주민과 주민이 아니라 주민과 지자체라는 점이 가장 큰 차이점이다. 또한, 협약 내용이 녹지나 역사문화 등에 한정되는 등 경관협정에 비해 그 내용적 범위가 좁다는 점도 차이점으로 들 수 있다.

표 4-4 경관협정관련 제도 비교

구 분	경관협정	지구단위계획	지구 · 지역 · 구역	유사협정제도 (녹화협정,경관협약, 보전협약 등)
근거법	경관법	국계법	국계법, 자연공원법, 문화재보호법, 고도보존특별법 등	도시공원녹지법 삶의질법 국민신탁법
주체	주민-주민 (주민: 건물소유 또는 지상권자 등)	지자체	지자체	지자체-소유자 등
내용	건축물 및 녹지 등 대상지 내 전반	건축물 배치/규모, 용도/밀도/높이, 교통 등	건폐율/용적률/높이/용도/행위제한 등	수림대보호/녹화 자연/역사문화경관 보전
운영	경관협정운영회	-	-	주민위원회
적용기간	협정기간 내	건축인허가시	-	협정기간 내
강제여부	자율	강제	강제	자율
주적용대상	기존시가지, 신개발지	신개발지 중 일부 도시계획수립 대상지	기존시가지, 신개발지	기존시가지
특징	• 주민들 간의 협약 • 포괄적인 협정내용 선택이 가능 • 주민들이 정한 협정유지기간 동안 지속력이 있음	• 규제내용이 한정적이고, 건축인허가시에만 적용 • 신개발지가 주요 적용대상임	• 강제력이 있는 규제정책이기 때문에 개인의 재산권 보호 측면에서 최소한의 규제사항만을 제시	• 대부분 지자체와 주민간의 협약 • 적용대상이 매우 한정적임

2. 경관협정의 추진절차

주민이 일상 생활하는 가운데 생활환경을 스스로 개선하는 과정에서 주민이 외부전문가 및 담당공무원과 함께 경관개선을 기획하고 경관개선

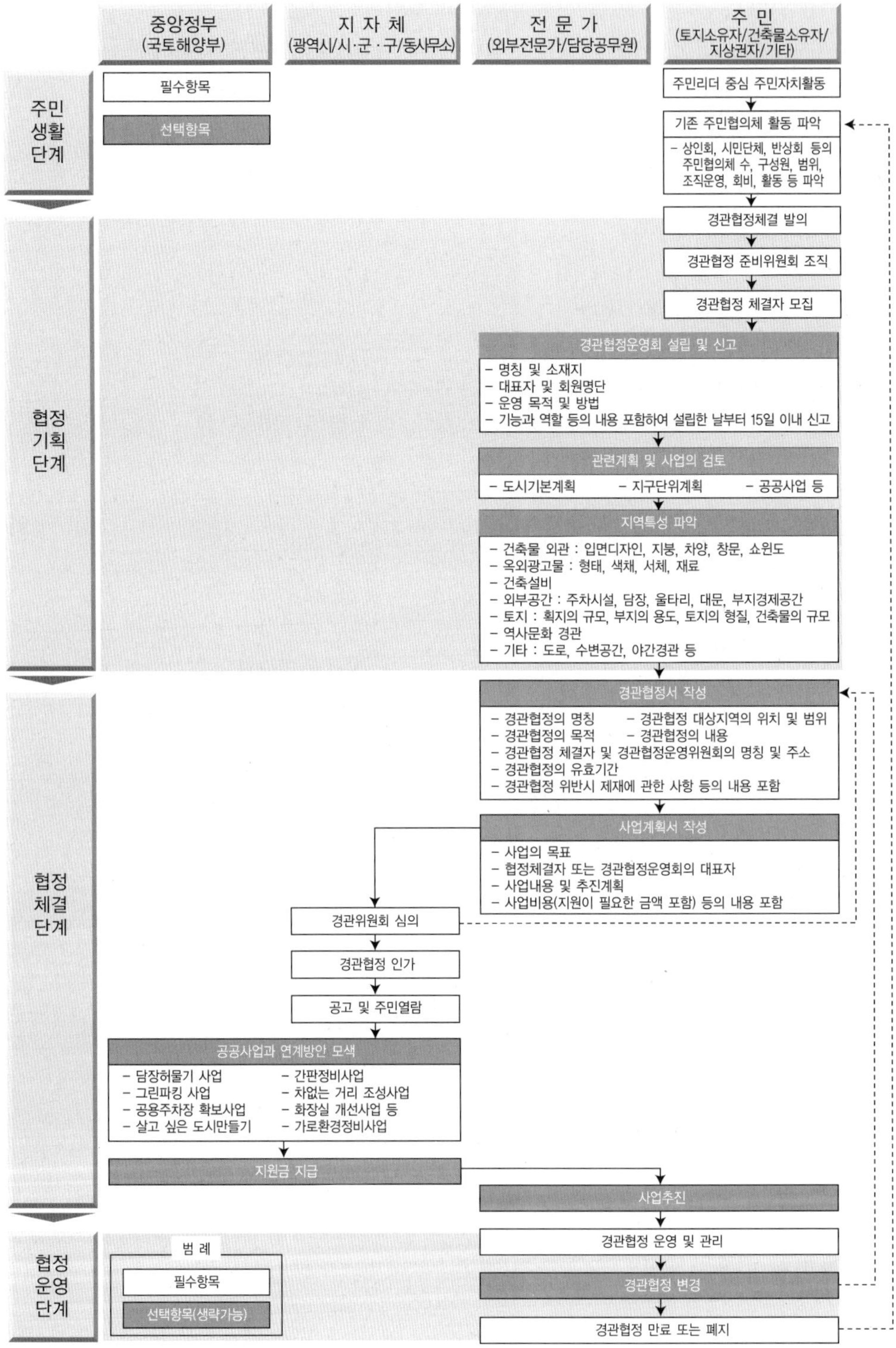

그림 4-4 경관협정의 추진절차

을 위한 주민약속으로 협정을 체결한다. 이러한 경관협정의 추진절차는 그림 4-4와 같이 크게 주민생활단계, 협정기획단계, 협정체결단계, 협정운영단계의 4단계로 나눌 수 있다.

1 협정유도단계

(1) 기존 주민협의체 활동을 파악하고, 경관협정을 홍보한다

경관협정은 지역활성화와 연계하고 주민들의 의지와 요구를 효과적으로 반영하기 위해서는 현재 대상지에서 결성되어 있는 주민협의체의 활용이 필요하다.

주민리더는 지역주민과 함께 지자체의 지원과 자문단의 자문을 받아가며, 현재 운영 중인 상인회, 시민단체, 반상회 등의 주민협의체의 수, 각 협의체별 조직구성 및 주요활동 등의 정보를 파악 · 분석하여 활용방안을 마련한다.

* 주민리더란?
- 통 · 반장, 상인회, 부녀회, 지역명망가, 지역활동가 등으로 당해구역에서 주민자치활동을 활성화 시키고 유지 · 관리하는 등 주민을 대표하고 리더 할 수 있는 자를 말한다.

* 초기지원은?
- 경관협정이 활성화되기 위해서는 도입초기임을 감안하여, 우선, 지자체는 전담부서를 배치하고 경관 및 마을만들기에 관련하여 숙련된 공무원을 자문단에 파견하여 자문단 설립을 인적 · 기술적 · 재원적으로 지원한다.
- 자문단 설립이 어려울 경우에는 전담부서가 그 역할을 대행하여 기존 주민협의체 활동을 주민과 함께 파악하고 그들을 대상으로 설명회, 간담회 등을 개최하여 경관협정의 이점 등을 홍보한다.

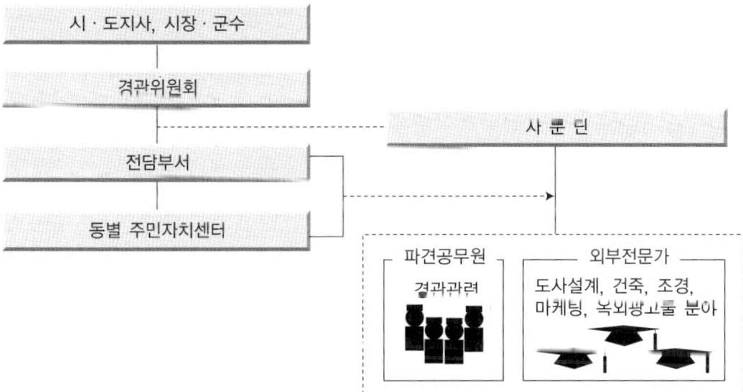

그림 4-5 기존 주민협의체를 활용한 경관협정운영회 설립

또한, 이들을 중심으로 경관협정의 내용 및 절차, 협정체결로 인해 얻을 수 있는 이점 등을 설명회, 간담회 등을 통하여 홍보한다.

2 협정기획단계

(1) 경관협정 체결을 발의하고, 경관협정 준비위원회를 조직한다

경관협정에 관한 설명회, 간담회 등을 통하여 다수의 지역주민이 경관협정에 대하여 이해하고 찬성하면, 주민리더는 경관협정의 체결을 발의하고, 이 취지를 지역신문, 인터넷 등을 통하여 널리 알린다.

설명회, 간담회에 의한 찬성자와 지역신문, 인터넷을 통한 추가찬성자를 중심으로 경관협정운영회 설립을 위한 경관협정 준비위원회를 조직하고, 경관협정 준비위원회는 경관협정 요지를 작성하여 경관협정 체결자를 모집한다.

* 대상지역 선정은?
- 경관협정의 개략적인 요지에 대한 체결희망자가 중점적으로 분포해 있는 곳을 대상지역으로 선정하는 것이 바람직하다.
- 즉, 전원합의라는 경관협정의 최대난점을 고려하여 그 가망성이 높은 곳을 중심으로 전략적으로 규모를 정하도록 한다.

* 경관협정 요지란?
- 경관협정서를 작성하는 과정에서 체결자를 동시에 모집하는 것은 현실적으로 어려움이 있으므로, 경관협정 체결자를 모집하기 위한 경관협정 요지를 작성하도록 한다.
- 여기에는 경관협정의 이점 등에 대하여 개략적으로 정리한다.
- 경관협정의 구체적 내용은 경관협정서 작성 시에 경관협정 체결자 간의 합의를 통하여 확정하도록 한다.

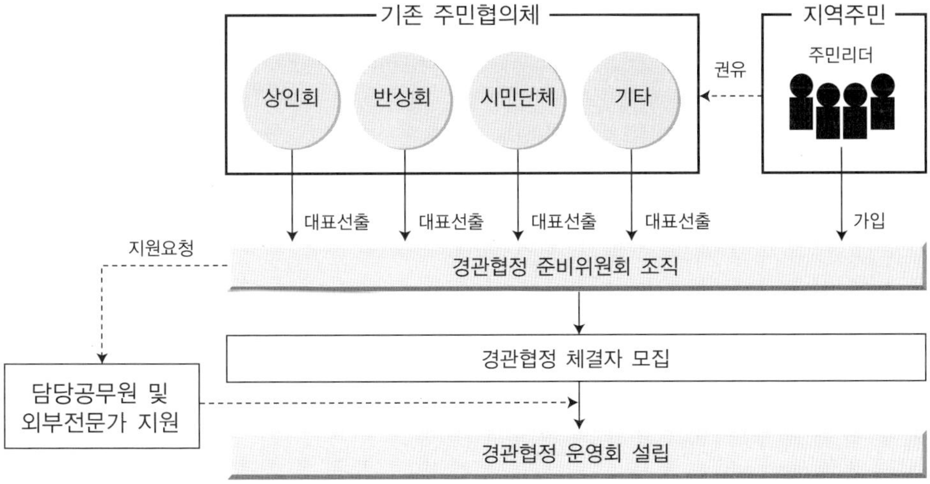

그림 4-6 기존 주민협의제를 활용한 경관협정운영회 설립

(2) 경관협정운영회를 설립한다

경관협정 체결자들은 경관협정서의 작성 및 협정의 관리 등을 위해 필요한 경우 자율적 운영기구인 경관협정운영회를 설립할 수 있다. 초기 경관협정의 정착을 위해서는 경관협정운영회 설립에 전담부서 및 자문단이 지원할 필요가 있다.

경관협정운영회는 사조직으로 설립하는 방식과 법인체(재단법인체 또는 사단법인체)로 설립하는 방식이 있을 수 있으며, 공공으로부터 지원금을 받는 경우는 행정편의 등을 감안하여 법인화 하는 것이 바람직하다. 기존에 '마을만들기 지원센터' 등 법인화한 조직이 있는 경우는 기존조직을 경관협정운영회로서 활용하는 방법도 고려할 수 있다.

이 때, 경관협정 체결자 과반수의 동의를 얻어 경관협정운영회의 대표자 및 위원을 선임하고, 설립한 날부터 15일 이내에 특별시장 · 광역시장 · 특별자치도지사 · 시장 또는 군수에게 신고한다.

(3) 관련계획 및 사업을 검토한다

주민의 요청을 받아 자문단은 도시기본계획, 지구단위계획 등 대상지와 관련된 각종 상위계획에 대한 조사 및 경관문화 형성사업, 지자체 환경개선사업, 살고싶은 도시만들기, 그린파킹 등 지자체가 주기적으로 시행하는 관련사업에 대하여 조사한다. 그리고 경관협정이 천편일률적인 내용이 되지 않도록 경관협정을 수립하기에 앞서 경관계획 수립내용을 검토하여 경관계획에서 제시한 지역의 정체성에 부합하는 협정이 되도록 목표를 설정하고 지역특성 구현을 지원할 수 있는 협정내용을 수립할 필요가 있다.

또한 경관법 및 관계법령에 위배되지 않아야 하며, 국계법에 따른 기반시설의 입지를 제한하는 내용을 포함하지 않도록 해야 한다. 관련법령의 위배여부는 경관위원회에서 최종 검토 결정한다.

(4) 지역특성을 파악한다

자문단은 경관협정 체결자와 함께 경관협정을 위한 기초자료로서 건축물 외관, 옥외광고물, 건축설비, 외부공간, 토지, 역사 · 문화 경관 등에 관한 자료를 관련 부서에 요청한다. 부족한 자료가 있을 때에는 주민과 함께 현장조사를 실시하여 보충한다.

3 협정체결단계

(1) 주민합의를 형성하여 경관협정서를 작성한다

경관협정은 지역적 특성을 충분히 고려하여 수립하여야 하고, 체결자 전원이 합의한 내용이어야 한다. 경관협정서는 다음과 같은 사항을 포함한다.

① 경관협정의 명칭 : 해당 협정의 명칭을 명시한다. 'OOO마을 경관협정', 'OOO가로 옥외광고물 협정' 등 지명이나 협정의 성격을 나타낼 수 있는 명칭 등의 사용이 가능하다.

② 경관협정 대상지역의 위치 및 범위 : 협정체결에 동의한 토지 등 소유자들이 소유하고 있는 지역을 대상지역이라고 할 수 있으며, 대상지역의 위치를 확인하기 위해 1/1,000~1/5,000 지도 등에 위치도를 작성하여야 한다. 단, 대상지역과 관련해서는 경관협정 체결자의 소유가 아닌 공공용지의 경우, 공공용지의 훼손이나 물리적인 변경을 제외한 사항에 관해서는 협정체결이 가능하고, 이 경우, 공공용지도 대상지역으로 설정하는 것이 가능하다.

③ 경관협정 대상지역의 규모 : 대상지역의 규모와 관련해서는 최소규모에 대한 제한은 없으나 해당 경관협정의 목적을 달성하기에 적합한 규모에 대해 협정을 체결하는 것이 바람직하다. 또한, 전원동의를 얻을 수 있는 한 최대규모에 대한 제한도 없다.

④ 경관협정의 목적 : 해당 협정이 추구하는 목적을 명시한다.

⑤ 경관협정의 내용 : 협정의 구체적인 내용을 수록한다. 협정내용은 체결자 전원의 동의를 얻은 사항에 한한다. 협정내용은 경관법 제16

조 4항에서 규정한 6가지 항목을 위주로 작성한다.

⑥ 경관협정 체결자 및 경관협정운영회의 명칭 및 주소 : 협정체결에 동의한 체결자의 성명, 주소, 날인을 첨부하고, 체결된 협정을 운영할 경관협정운영회의 명칭 및 주소 등을 명시한다.

⑦ 경관협정의 유효기간 : 경관협정이 유지되는 유효기간을 명시한다. 지자체 보조금 등 경관협정에 대한 재정적 지원 등을 받을 경우, 보조금 지급기관 등과 협의하여 경관협정의 유효기간을 설정한다. 유효기간의 표시는 "OOOO년 OO월 OO일부터 OOOO년 OO월 OO일 까지" 등으로 한다.

⑧ 경관협정 위반 시 제재에 관한 사항 : 경관협정 위반 시 제재에 관한 사항을 명시한다. 여기서, 협정 위반 제재 등의 업무는 경관협정운영회에서 담당하는 것으로 한다.

＊경관협정은 주로 어떤 내용으로 구성되는가?

– 경관협정은 다음의 사항을 포함할 수 있나. 이들 사항은 모두 포함해야 하는 필수항목은 아니며, 각 사항의 예시에서 누락된 항목이라도 관련법에 위배되지 않는 이상 협정내용에 추가가 가능하다.

1. 건축물의 의장 · 색채 및 옥외광고물에 관한 사항 : 건축물의 입면형태, 외장 재질, 창문 및 출입문의 위치, 크기, 재질, 색상, 지붕형태, 차양의 색상, 재질, 형태, 건축물 외장 및 기타부대시설의 색상, 옥외광고물의 형태, 색상, 재질, 설치방법 및 위치 등에 관해 규정할 수 있다.
2. 공작물 및 건축설비의 위치에 관한 사항 : 건축설비의 집약화 및 은폐, 건축물과 일체화된 디자인 등을 규정할 수 있다.
3. 건축물 및 공작물 등의 외부공간에 관한 사항 : 주차장, 대지 내 조경 규정 등을 규정할 수 있다.
4. 토지의 보전 및 이용에 관한 사항 : 토지 및 건물의 용도, 건폐율, 용적률, 토지형질변경, 획지의 규모, 건축한계선 등에 관한 규정할 수 있다.
5. 역사 · 문화경관의 관리 및 조성에 관한 사항 : 한옥마을 등 역사 · 문화경관 관리에 필요한 사항을 규정할 수 있다. 단, 이들 사항 중 일부는 앞서 언급한 건축물 관련 규정 등과 중복 규정할 수 있다.
6. 그 밖에 대통령령으로 정하는 사항 : 녹지, 가로, 수변공간, 야간조명, 경관적으로 가치가 있는 수목이나 구조물의 관리 및 조성, 기타 지자체 조례에서 정하는 사항에 대해 규정할 수 있다.

⑨ 그 밖에 해당 지방자치단체의 조례로 정하는 사항 : 기타 지자체 조

례에서 추가로 규정한 사항에 대한 내용을 명시한다.

⑩ 경관협정의 승계에 관한 사항 : 최초 협정을 체결한 자가 매매나 증여 · 양도 등을 통해 토지소유권을 다른 사람에게 넘길 경우, 협정도 승계되어야 하며, 협정서에 승계방법에 대해 명시할 필요가 있다. 매매계약시 계약서에 협정의 승계에 대한 단서를 부가하는 등의 방법에 대해 명시한다.

⑪ 경관협정 폐지시 보조금 등의 반환에 관한 사항 : 보조금이나 기타 인센티브를 받는 경관협정을 중도폐지할 경우, 이들의 반환이나 배상에 관한 사항을 명시할 수 있다. 이는 해당 지자체와의 협의를 통해 결정한다.

⑫ 기타 사항 : 이상의 항목 외에 기타 해당 협정에 필요한 사항을 명시한다.

(2) 경관협정의 사업계획서를 작성한다

경관협정의 작성 및 경관협정에 의한 정비에 필요한 비용 등을 지원받을 수 있는데, 기술 또는 재정상의 지원을 받고자 할 경우에는 사업계획서를 작성하여 제출해야 한다. 경관협정 체결자 또는 경관협정운영회 대표자의 이름으로 작성하여 특별시장 · 광역시장 · 특별자치도지사 · 시장 또는 군수에게 제출한다.

(3) 경관협정의 인가를 받는다

경관협정 체결자 또는 경관협정운영회의 대표자는 경관협정서를 작성하여 특별시장 · 광역시장 · 특별자치도지사 · 시장 또는 군수의 인가를 받는다. 이 경우 인가신청을 받은 특별시장 · 광역시장 · 특별자치도지사 · 시장 또는 군수는 인가를 하기 전에 경관위원회의 심의를 거쳐야 한다.

경관위원회에서는 경관협정의 인가 외에 변경 및 폐지 등의 업무를 담당한다. 경관협정의 인가와 관련해서는 경관협정의 목적과 내용의 타당성, 대상지 규모가 협정의 목적을 달성하기에 적합한 규모인지, 유효기간이 적합한지 등을 검토한다.

경관협정을 인가한 때에는 대통령령이 정하는 바에 따라 그 내용을 공고하고 주민이 열람할 수 있도록 하여야 한다.

(4) 공공사업과 연계하여 추진한다

공공은 주기적으로 시행하고 있는 공공사업과 연계계획을 수립하여 경관협정의 효과를 높이도록 한다. 지자체에서 시행하고 있는 각종 도시개발

표 4-5 연계 가능한 공공사업

구분	사업명	내 용
시가지 경관	경관문화형성사업지형	• 행정, 주민, 전문가 등 참여주체별 역할 제치 • 상업시설 위주
	지자체 환경개선사업	• 지자체별로 조망가로, 녹화거리, 역사문화탐방로등 상업시설지나 가로환경 개선 위주의 사업진행
	살고싶은도시만들기	• 주민주도의 마을만들기 활성화와 도시별 특화발전추진
	그린파킹사업	• 주민참여형 담장허물기, 생활도로 조성, CCTV설치
농산어촌 경관	농촌마을종합개발사업	• 주민참여형 상향식 사업
	농촌정주기반확사업	• 관주도형 하향식 사업
	전원마을조성사업	• 20~49호 규모의 마을조성사업 민간 또는 공공주도형 사업
	농어촌생활환경정비사업	• 농어촌 한계농지 활용
역사문화 경관	전통민속마을사업	• 민속마을 유지보호를 위해 6개 마을 지정
	문화 · 역사마을가꾸기사업	• 역사문화자원이 보존된 24개 마을 시범지역 조성

사업, 지구단위계획구역, 주택건설사업 등 기존 거주자 외에 새롭게 외부인이 유입되는 경우, 일관성 있는 지역경관의 형성 및 유지를 위해 1인협정 제도 도입을 검토한다.

4 협정운영단계

(1) 경관협정을 운영 및 관리한다

경관협정 체결자 또는 경관협정운영회의 대표자는 경관협정의 추진상황을 지속적으로 모니터링하고, 경관협정 전 과정의 종합적인 평가를 통하여 문제점 및 그 원인을 분석하고, 향후 대책을 수립한다.

지원금을 교부받은 경우, 협정체결자 또는 경관협정운영회의 대표자는 기간별로 정비추진실적 및 추진계획에 대해서, 특별시장 · 광역시장 · 특별자치도지사 · 시장 또는 군수에게 보고하여야 한다.

(2) 경관협정을 변경한다

기 인가된 협정내용을 변경하고자 할 경우, 협정의 인가절차와 동일한 절차를 밟는다. 경관협정의 명칭, 목적, 협정내용, 유효기간, 위반시 조치사항, 승계방법 등 인가신청시 제출한 양식과 유사한 양식에 변경하고자 하는 내용을 표기한 경관협정 변경신청서를 작성하여 제출하고, 이후 절차는 인가절차와 동일하다.

(3) 경관협정을 폐지한다

기 인가된 협정을 폐지하고자 할 경우, 협정체결자의 과반수 동의를 얻어 시장 또는 군수의 인가를 받아야 한다. 폐지결정에 대한 공고 및 열람은 인가 및 변경과 동일하다.

보조금 등 재정적 지원이나 기타 인센티브를 부여받은 협정의 경우, 협정신청서에 명시된 폐지시 반환규정을 근거로 시장이나 군수는 이들의 반환을 요청할 수 있다.

3. 주민합의형성 방법

앞에서 언급한 경관협정의 추진절차 4단계 중, 주민합의형성은 협정기획단계, 협정체결단계의 2단계에 걸쳐 중점적으로 요구되어진다. 각 단계별로 활용할 수 있는 주민합의 형성 방법을 10가지 제시하였으며, 이것들은 각 지역별 상황에 맞추어 취사선택하도록 한다.

1 협정기획단계

(1) 마을산책게임

경관협정의 필요성에 대하여 공감대를 키워나가는 단계로, 주민, 외부전문가, 파견공무원, 전담부서 공무원이 함께 마을을 산책하며 지역자원을 발굴하고 지역특성을 파악한다.

그림 4-7 마을산책게임의 모습

(2) 마을만들기 인생게임

경관협정의 방향 및 목표를 설정하는 단계로, 먼저 참가자들에게 번호 푯말과 질문카드를 배포한다.

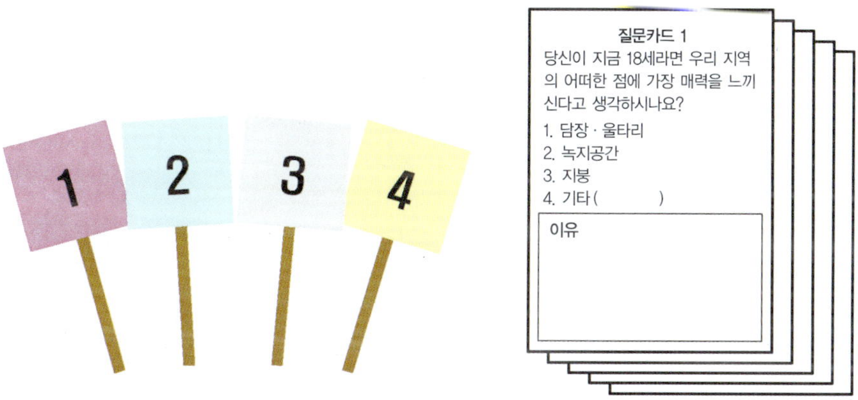

그림 4-8 번호 푯말과 질문카드

참가자들은 현재 자신이 다른 연령대라는 가정 하에 사회자가 읽는 질문카드에 대해 번호표로 답변한다. 참가자는 각자 질문카드 중 제일 중요하다고 생각하는 질문카드 3장을 선택한 후, 그 이유를 자세히 기술한다.

그림 4-9 전체작업(번호 푯말에 의한 답변과 3장의 질문카드 선택)

5명에서 8명 정도의 그룹으로 나뉘어, 코디네이터와 서기의 유도로 각자 선택한 3장의 질문카드를 사용하여 지역자원 및 마을만들기의 과제를 체계적으로 정리한다.

그림 4-10 그룹작업(3장의 질문카드를 이용한 체계적 정리)

토론한 내용을 각 그룹의 대표자가 발표하고 그 내용을 전체가 공유하여, 경관협정의 방향성 및 정비목표를 정한다.

그림 4-11 발표(그룹별 발표)

(3) 걸리버 지도만들기

경관협정의 구체적 대상 설정 및 그에 대한 활용방안 등을 토의하는 단계로, 크게 출력한 지도에 '마을산책게임', '마을만들기 인생게임' 에서 빌굴한 지역자원을 표시하고, 그에 대한 활용방안 등을 지도 위에서 토의한다.

그림 4-12 걸리버 지도만들기의 모습

(4) 주민모임 또는 인터넷 카페 등을 통한 의견 제시

앞서 언급한 마을산책게임, 마을만들기 인생게임, 걸리버 지도만들기 등 해당지역에 대한 충분한 시간부사를 통한 기획방법을 통할 경우, 협정 내용의 합의형성에 도달하기는 더 용이하지만, 이러한 방법은 많은 노력과 시간을 투자해야 하는 부담이 있다.

따라서 협정으로 체결하고자 하는 내용이 비교적 단순하여 협정에 소요되는 비용이나 협정으로 인하여 제약이 적은 경우 또는 시간상의 문제로 수차례에 걸친 주민들 간의 모임이 용이하지 않은 경우에는 인터넷 카페 등을 활용하여 협정의 목표 및 내용에 대한 의견제시 및 취합과정을 단순화하는 것도 한 방법으로 들 수 있다.

그러나 인터넷을 매개체로 한다는 점에서 고령자와 어린이들의 의견을 수렴하는 데에는 취약한 방법이다.

2 협정체결단계

(1) 경관 마을만들기 시뮬레이션

경관협정을 체결하기 위하여 구체적인 지역의 장래상을 시각적으로 공유하고 경관 디자인에 의한 주민합의형성을 도모하는 단계로, 주민이 자신의 거주지와 그 주변 환경을 시각적으로 시뮬레이션 하여 바람직한 경관협정을 체결할 수 있는 시스템이다.

또한, 지금까지 활용되어 온 컴퓨터그래픽 등 시각적 시뮬레이션의 범용성을 높여 ① 주민이 직접 손대어 인지할 수 있고, ② 주민이 용이하게 조작할 수 있으며, ③ 주민이 부담할 수 있는 저비용의 시스템이기도 하다.

실제의 마을건물 사진을 포토샵에서 경사각을 수정한 후 매스 표면에 붙여 '도시경관 모형'을 제작하고, 이를 소형 카메라로 화면에 비추어, 마을경관에 조화로운 건물의 규모와 디자인 등을 결정한다.

그림 4-13 경사각 수정 전

그림 4-14 경사각 수정 후

그림 4-15 스티로폼 매스

그림 4-16 표면에 사진 부착

그림 4-17 도시경관모형

그림 4-18 소형카메라

그림 4-19 촉지인지성(좌 사진 출처 : 카시마출판(1999) 도시디자인과 시뮬레이션, 1999)

이 시스템이 컴퓨터그래픽에 의한 시뮬레이션 등과 비교해 가장 뛰어난 점은, 워크숍 참가자가 시각뿐만 아니라 촉각에 의해서 인지하는 '촉지인지성' 을 가지고 있어 그 자리에서 건물의 층고 및 입면디자인, 보도포장 등을 간단히 변화시킬 수 있다는 것이다.

(2) 웹기반 3D 경관시뮬레이션

경관협정 안에 의한 지역의 장래상을 시각적으로 공유하고 문제점 등을 추출하여 경관협정 안을 수정하여 나가는 단계로, 웹기반을 통해 건물의 규모와 디자인 등 경관변화의 정보를 제공하고 가상의 주민협의 공간으로 활용한다.

또한, 웹 환경의 특성상 경관시뮬레이션 정보제공과 동시에 의견수렴창을 운영함으로써 지역주민의 의견제시 및 토론, 합의형성 유도 등 가상의 주민협의 공간으로 활용할 수 있다.

초기 구축 및 유지관리비용이 소요된다는 단점이 있으나, 현재 NGIS 사업에서 구축하고 있는 3D GIS 자료를 활용할 경우, 비용문제를 줄일 수 있으며, 웹기반으로 3차원 데이터를 제공하기 위해서는 지자체의 적극적인 지원이 필요하다.

(3) 웹기반 2차원 경관시뮬레이션

앞서 언급한 3차원 구현이 어려울 경우, 포토샵 등을 이용한 2차원 경관시뮬레이션도 차선책으로 사용이 가능하다.

(4) 1:1 워크숍

경관협정의 사업계획서에 의한 정비 안을 체험하는 단계로, 실제의 마을에 가상적으로 정비 안을 구현하여 주민들이 몸소 체험토록 한다.

1:1의 축척으로 실제의 거리에 가상적으로 재현할 수 있는 경관협정 대상(비닐시트를 이용한 수로의 가성적 설치, 종이를 이용한 포장재료의 가상적 설치 등)에 적당하다.

(5) 4계절 워크숍

사업계획서의 정비 안에 대한 문제점을 추출하는 단계로, 봄, 여름, 가을, 겨울 팀을 만들어 평일, 휴일의 아침, 점심, 저녁 시간대의 행동에 대하여 남녀노소의 입장에서 생각하고 문제점을 파악한다.

그림 4-20 수로의 가상적 설치에 의한 1:1 워크숍

(6) 저울질 워크숍

사업계획서의 정비 안을 확정하여 정비를 추진하는 마지막 단계로, 4계절 워크숍의 결과를 바탕으로 정비 안에 대한 장점과 단점 등 대립하는 의견을 비교하여 어느 쪽이 지역에 중요한지를 파악한다.

그림 4-21 4계절 워크숍과 저울질 워크숍

4. 운영 및 관리방법

1 규제 및 인센티브 방안

(1) 기본방향

경관협정은 장애 요소에 대한 '규제' 외에 바람직한 경관을 창출하기 위한 '인센티브'가 필요하다. 규제위주의 운영보다는 적극적으로 인센티브를 부여할 경우, 경관협정의 수립이 더욱 활성화될 수 있고 협정의 지속력도 더욱 커질 것이다.

(2) 규제 및 인센티브의 개념 및 유형

인센티브란 바람직한 경관 연출을 위한 경관협정의 체결을 유도하거나

표 4-6 인센티브 항목

<table>
<tr><th>구 분</th><th>항 목</th><th>내 용</th><th>비 고</th></tr>
<tr><td rowspan="2">보상적 인센티브</td><td>보조금</td><td>협정내용에 맞게 건물을 개보수할 경우, 보조금 지급</td><td>조례 등 법적 근거 마련 필요</td></tr>
<tr><td>세금</td><td>협정체결시 시 세제 감면</td><td></td></tr>
<tr><td rowspan="3">유도적 인센티브</td><td>공공사업</td><td>협정체결시 경관 관련 공공사업 우선 배정 등</td><td>공공에서 행하는 다양한 사업들에 대한 착안, 내용, 집행시기 등을 인센티브/페널티로 활용 가능</td></tr>
<tr><td>용적률
건폐율
높이기준</td><td>협정체결시 용적률, 건폐율, 높이기준 완화</td><td>지구단위계획과 연계 운용 가능</td></tr>
<tr><td>주차장</td><td>협정체결시 주차장설치의무 배제</td><td>조례 등 법적 근거 마련 필요</td></tr>
<tr><td rowspan="5">마이너스 인센티브 (규제)</td><td>보조금</td><td>협정 불이행시 건물 개보수 비용의 일부 환수</td><td>보조금 지급시 단서조항 필요</td></tr>
<tr><td>세금</td><td>협정 불이행시 세재 감면 조건 소멸</td><td>협정시 단서조항 필요</td></tr>
<tr><td>공공사업</td><td>협정체결 및 이행을 조건으로 우선 제공한 공공사업의 사업비 일부를 협정위반저가 부담</td><td>사업 우선 배정시 단서 조항 필요</td></tr>
<tr><td>용적률
건폐율
높이기준</td><td>협정 불이행시 추가로 받은 용적률, 건폐율, 높이기준에 대한 비용 계산 후 환수</td><td>협정서 단서조항 필요 단, 환수금액은 추가로 받은 인센티브 보다 커여 함</td></tr>
<tr><td>주차장</td><td>협정 불이행시 주차장 설치 의무 부활</td><td>협정서 단서조항 필요
주차장 설치에 관한 행정철차 수립 필요</td></tr>
</table>

협정 목적 달성을 위해 직·간접적으로 각종 기준을 완화적용하거나 세제 감면, 보조금 지급 등의 방식으로 혜택을 부여하는 것을 말하며, 보상적 인센티브, 유도적 인센티브, 마이너스 인센티브(규제) 등으로 구분할 수 있다.

① 보상적 인센티브 : 경관협정 준수에 따라 개인의 재산권이 제한 받거나, 당해 지역의 주민들의 권리가 침해되는 경우에 이를 금전적으로 보상하는 경우에 해당한다.

② 유도적 인센티브 : 경관협정 체결 및 체결 후 준수를 권장할 목적으로 준수 시에 제공되는 제도적 이익을 말한다.

③ 마이너스 인센티브(규제) : 경관협정을 체결하지 않거나 준수하지 않음으로 바람직한 경관형성에 상당한 지장을 초래하는 경우에 부과되는 불이익을 의미한다.

(3) 규제 및 인센티브의 항목

보상 및 유도적 인센티브의 내용으로는 보조금 지급, 세금 감면, 공공사업의 우선 배정, 용적률·건폐율·높이기준 완화, 주차장 설치의무 배제 등을 들 수 있고, 마이너스 인센티브(규제)로는 앞서 제공한 금진 또는 기타 혜택에 대한 반환을 주요 골자로 하고 있다.

활용방안을 몇 가지 예를 들면, 보상적 인센티브의 경우, 한옥마을에서 경관협정의 체결을 전제로 아래 표와 같이 기존한옥의 보전과 신규한옥의 건축에 대한 지원비율을 차등적으로 지급함으로써, 기존한옥을 철거하여 신규한옥을 건축하는 것을 예방함과 동시에 기존한옥의 보전을 활성화하고, 나아가 일반주택에서 신규한옥으로의 전환을 유도하여 경관협정의 효과를 높일 수 있다.

유도적 인센티브의 경우, 상업지역과 일반주거지에서 지금까지 공공에

표 4-7 한옥마을 지원대상과 지원비율 예시

구 분	지원대상 경비	지원비율
기존 한옥 보전형	기본실계 및 실시설계에 관한 설계비	2/3
	역사적 경관을 남긴 건축물 외관의 보존에 관한 정비비	2/3
	역사적 경관을 남긴 문, 담 등 외관의 보존에 관한 정비비	2/3
신규 한옥 창출형	기본설계 및 실시설계에 관한 설계비	1/3
	건축물의 신축, 증축, 개축 등에 관한 정비비	
	문, 담 등의 신축, 증축, 개축에 관한 정비비	1/3

서 주기적으로 시행하여 왔던 공공사업(담장허물기사업, 그린파킹사업, 공용주차장 확보사업, 살고 싶은 도시만들기, 가로환경정비사업, 간판정비사업, 차없는 거리 조성사업, 화장실 개선사업 등)과 연계하여, 경관협정이 체결된 지역을 우선적으로 사업대상지로 선정하고, 사업시기도 주민들이 원하는 시기에 실시함으로써 경관협정의 활성화를 도모할 수 있다.

또한, 「건축법」 등 다른 법률에 따라 설치된 경관과 관련된 위원회와 경관위원회가 공동으로 하는 심의를 하여, 용적률, 건폐율, 높이기준 완화 및 주차장 설치의무 배제 등의 인센티브를 부여할 수 있다.

마이너스 인센티브(규제)의 경우, 규제가 경관협정의 주요 취지로 인식되지 않도록 보조금 및 건축완화조항 등 보상 및 유도적 인센티브를 조건부로 부여하여 위반 시 환수할 수 있는 시스템을 구축한다.

5. 경관협정의 성공요인

경관협정은 주민들이 자치적으로 체결한 사적 규약이지만, 경관협정의 인가 등 지자체의 승인과정을 거치면서 규제의 한 종류로 받아들여질 위험성이 있다. 따라서 초기 경관협정 제도가 성공적으로 정착하기 위해서는 경관협정으로 인한 지역경관 개선이 개인의 재산 증식에도 기여하게 됨을 인식하게 하는 등 주민이 직접적으로 느낄 수 있는 장점을 부각시켜 주민들의 인식을 전환하여 가는 과정이 중요하다.

즉, 경관협정제도에 대한 적극적인 홍보(경관협정의 절차, 성공사례, 협정체결에 따른 부가적 인센티브 제도 등)가 필요하다. 이는 처음 도입된 경관협정제도가 정착되기까지 제도의 이해를 돕기 위한 과정이다.

더불어 주민들이 자치적으로 체결하는 협약인 만큼 행정 절차 등을 최대한 간소화할 필요가 있으며, 경관협정을 지원할 수 있는 자문단이 활성화되어 경관협정 수립을 위한 준비 단계부터 운영 · 관리 단계에 이르기까지 주민활동을 지원해 나가야 한다.

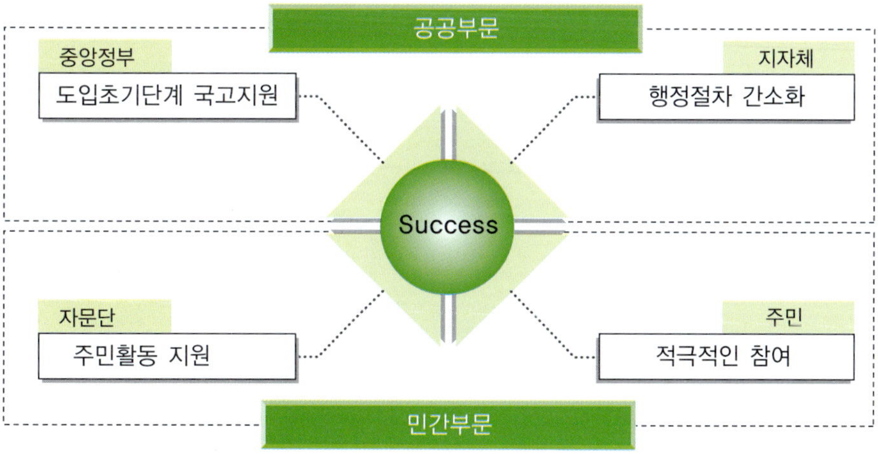

그림 4-22 경관협정의 성공요인

경관을 계획하고 관리하기 위해서 지방자치단체들은 많은 노력을 해 오고 있으며, 경관법 제정을 통해 그러한 경향은 증폭될 것으로 예상된다. 지방자치단체가 효율적으로 경관을 관리하기 위해서는 그에 필요한 행정적 조직과 법적 뒷받침이 필요하다고 하겠다. 본 장에서는 경관관련 행정 및 관리를 위한 경관조례와 경관관련 각종 사항을 심의하고 자문하는 경관위원회에 대해 설명한다.

– 김 세 용/ 최 형 석 –

V. 경관위원회 및 경관조례

경관위원회 및 경관조례

Part 05

5.1 경관위원회

1. 개요

경관위원회란 경관과 관련된 사항에 대한 심의 또는 자문을 위하여 시 · 도지사 또는 시장 · 군수 소속 하에 설치하는 기관으로 2007년 11월 18일부터 시행된 경관법 내에 세부사항이 명시되어 있으며, 지자체별로 경관조례 등에 위원회 규정 등을 명시하고 있다.

2. 법적 사항

1 경관위원회의 설치

경관위원회는 경관과 관련된 사항에 대한 심의 또는 자문을 위하여 시 · 도지사 또는 시장 · 군수 소속 하에 설치되며, 경관위원회를 설치 · 운영하기 어려운 경우에는 대통령령이 정하는 경관과 관련된 위원회가 그 기능을 수행할 수 있도록 하였다.

경관위원회를 설치 · 운영하기 어려운 경우, 그 기능을 수행할 수 있도록 하는 "대통령령으로 정하는 경관과 관련된 위원회"란 해당 지방자치단체에 두는 지방도시계획위원회(「국토의 계획 및 이용에 관한 법률」 제113조), 해당 지방자치단체에 두는 건축위원회(「건축법」 제4조), 해당 지방자치단체에 두는 농정심의회(「농업 · 농촌기본법」 제43조), 해당 지방자치단체에 두는 광고물관리심의위원회(「옥외광고물 등 관리법」 제7조), 해당 지방자치단체에 두는 도시공원위원회(「도시공원 및 녹지 등에 관한 법률」 제50조), 해당 지방자치단체의 조례로 정한 위원회 중 해당 지방자치단체의 장이 정하는 위원회를 의미한다.

시 · 도지사 또는 시장 · 군수는 건축 등 경관 관련 사항의 심의가 필요한 경우 대통령령이 정하는 바에 따라 다른 법률에 의하여 설치된 경관과 관련된 위원회와 경관위원회가 공동으로 하는 심의를 거칠 수 있도록 공동위원회를 구성할 수 있다.

공동위원회의 위원은 경관위원회 및 다른 법률에 따라 설치된 경관과 관련된 위원회의 위원 중 해당 지방자치단체장의 장이 임명하거나 위촉하는 30명 이내의 위원으로 구성하되, 경관위원회 위원을 50% 이상으로 하며, 공동위원회의 위원장은 경관위원회의 위원장으로 한다. 공동위원회 회의는 재적위원 3분의 2 이상의 출석으로 개의하고 출석위원 과반수의 찬성으로 의결하며, 기타 공동위원회 운영에 필요한 사항은 해당 지방자치단체의 조례로 정할 수 있다.

2 경관위원회의 기능

경관위원회의 심의를 받아야 하는 사항으로는 ① 경관계획의 수립 또는 변경, ② 경관계획의 승인, ③ 경관사업의 승인, ④ 경관협정의 인가, ⑤ 기타 경관에 중요한 영향을 미치는 사항으로서 대통령령이 정하는 사항(법 제22조 제2항에 따라 비용 등을 지원받는 경관협정의 결정, 다른 법령에서 경관위원회의 심의를 받도록 규정한 사항, 기타 해당 지방자치단체의 조례로 정한 사항)이 있다.

경관위원회가 자문에 응해야 하는 사항으로는 ① 경관계획에 관한 사항 경관지구 및 미관지구의 관리 및 운용에 관한 사항, ② 경관조례의 제정에 관한 사항, ③ 경관사업의 계획 및 추진에 관한 사항, ④ 경관협정의 체결 및 운용에 관한 사항, ⑤ 그 밖에 경관에 중요한 영향을 미치는 사항으로서 해당 지방자치단체의 조례로 정하는 사항이 있으며, 이에 대해 시 · 도지사 또는 시장 · 군수의 자문에 응하여야 한다.

3 경관위원회의 구성 · 운영

경관위원회는 위원장과 부위원장 각 1명을 포함한 10명 이상 20명 이내의 위원으로 구성하며, 경관위원회의 위원장과 부위원장은 위원 중에서 선출한다.

경관위원회의 위원은 ① 해당 지방자치단체 지방의회의 의원, ② 해당 지방자치단체 및 경관계획과 관련이 있는 행정기관의 공무원, ③ 건축 · 도시 · 조경 · 토목 · 교통 · 환경 · 문화 · 농림 · 디자인 · 옥외광고 등 경관계획 관련 분야에 관한 학식과 경험이 풍부한 자 중에서 해당 지방자치단체의 장이 임명하거나 위촉한다. 특히 관련 분야에 관한 학식과 경험이 풍부한 자에 해당하는 위원의 수는 전체 위원의 2분의 1 이상이어야 하고, 이에 해당하는 위원의 임기는 2년으로 하되, 연임할 수 있다. 다만, 보궐위원의 임기는 전임자의 잔임기간으로 한다.

경관위원회의 위원장은 위원회의 업무를 총괄하며, 위원회를 소집하고 그 의장을 담당한다. 회의는 재적위원 과반수의 출석으로 개의하고, 출석위원 과반수의 찬성으로 의결하며, 경관위원회에 간사 1명과 서기 약간 명을 둘 수 있는데 이때, 간사와 서기는 위원장이 임명하도록 한다. 위의 사항 외에 경관위원회의 구성 및 운영에 필요한 사항은 해당 지방자치단체의 조례로 정할 수 있다.

3. 운영사례

1 서울특별시

서울특별시의 경우 아직까지는 별도의 경관위원회가 없으며, 경관법 제23조(경관위원회의 설치)*에 명시된 사항에 의해 서울디자인위원회의 경관분과에서 경관위원회의 역할을 담당하고 있다.

2006년 7월 19일에 제정된 서울특별시 도시디자인조례에 의하면 도시디자인의 추진에 관한 사항을 심의하기 위하여 시장 소속하에 서울디자인위원회를 두며, 세부 심의사항으로는 ① 「서울특별시 도시디자인조례」의 제정 · 개정에 관한 사항 ② 도시디자인기본계획의 수립 · 시행 ③ 야간경관기본계획의 수립 · 시행 ④ 도시디자인 대상시설물(자치구 및 기타 공공기관의 장이 위원회에 심의를 요청하는 시설물을 포함함) 및 가로환경조성사업의 디자인에 관한 사항 ⑤ 관리대상 광고물의 규격 · 색상 등 관리에 관한 자치구간의 형평성과 통일성 확보를 위한 조언 · 권고 ⑥ 그 밖에 야간경관관리에 관한 자문 등 도시디자인의 추진을 위하여 시장이 필요하다고 인정하는 사항이 있다(서울특별시 도시디자인조례 제6조).

서울디자인위원회는 위원장 1명과 공동부위원장 3명을 포함하여 100명 이내의 위원으로 구성하며, 위원장은 시장이 되고, 공동부위원장은 디자인서울총괄본부장과 위촉위원 중에서 호선되는 민간공동부위원장 2명을 비

* 경관위원회를 설치 · 운영하기 어려운 경우에는 대통령령이 정하는 경관과 관련된 위원회가 그 기능을 수행할 수 있다.

롯하여 관계공무원과 건축 · 도시계획 · 조경 · 조형예술 · 색채 · 환경 및 조명 등의 분야에 대한 학식과 경험이 풍부한 자 중에서 시장이 임명 또는 위촉한 자를 위원으로 한다. 위촉직위원의 임기는 2년으로 하되, 1회에 한하여 연임할 수 있으며, 보궐위원의 임기는 전임자의 잔임 기간으로 한다(서울특별시 도시디자인조례 제7조).

위원장은 위원회를 대표하고, 위원회의 직무를 통괄하며, 위원장이 부득이한 사정으로 직무를 수행할 수 없는 경우에는 공동부위원장 중 1명이 그 직무를 대행하는데 디자인서울총괄본부장, 민간공동부위원장 중 연장자 순으로 한다. 위원회의 사무 처리를 위하여 간사를 두되, 간사는 관계공무원 중에서 위원장이 지명한다(서울특별시 도시디자인조례 제8조).

위원장은 필요하다고 인정하는 경우에 회의를 소집하며, 그 의장이 된다. 회의는 위원장이 매 회의마다 지정하는 위원을 포함하여 총 20명으로 구성하는데, 지정된 구성원 과반수의 출석과 출석위원 과반수의 찬성으로 의결하고, 회의록 또는 심의의결서를 작성 · 비치하여야 하며, 속기사로 하여금 회의록을 작성하게 할 수 있다(서울특별시 도시디자인조례 제9조, 제11조).

위원장은 위원회의 원활한 운영을 위하여 필요한 경우에는 5인 이상의 위원으로 소위원회를 구성 · 운영할 수 있으며, 이 경우 소위원회에서 심의 · 의결된 안건은 위원회의 심의 · 의결을 거친 것으로 본다(서울특별시 도시디자인조례 제10조).

위원회는 직무수행을 위하여 필요한 경우에는 관계공무원 · 전문가 또는 이해관계인 등을 회의에 출석하게 하여 그 의견을 듣거나 관계기관 또는 단체 등에 대하여 필요한 자료의 제출을 요청할 수 있으며, 위원회에 참석한 위원 · 전문가 등에 대하여는 예산의 범위 안에서 수당 · 여비 등의 실비를 지급할 수 있으나 공무원이 그 직무와 직접 관련하여 참석하는 경우에는 해당하지 아니한다(서울특별시 도시디자인조례 제12조, 제13조).

2 부산광역시

2008년 1월에 설치된 도시디자인 위원회 내에 3개 분과(경관위원회, 공공디자인위원회, 옥외광고물 위원회) 중 하나로 소속되어 있으며, 도시디자인 위원회의 구성원 총 60명 중 경관위원회 20명, 공공디자인위원회 30명, 옥외광고물위원회 9명, 위원장 1명으로 도시디자인조례의 수립을 위해

1회의 모임을 가졌다. 2월에 심의예정인 도시디자인조례가 통과되는 3월 말~4월 경 부터 구체적인 활동을 실행할 예정이다.*)

부산광역시는 도시디자인을 총괄하는 디자인위원회를 정점으로 경관위원회와 광고물관리심의위원회를 두는 것도 조례로 정하였으며, 회의는 분야별 위원 중 20인 내외를 선발하여 진행하도록 조례로 규정하였다. 디자인위원회의 위원장은 행정부시장이 되고, 관계공무원과 시의원, 전문가들이 위원으로 참여토록 할 계획을 갖고 있다.

3 인천광역시

인천광역시의 경우, 인천광역시도시경관조례 제23조(도시경관위원회 설치)**)에 근거하여 도시경관위원회가 설치되었으며, 인천광역시도시경관조례시행규칙 제10조(위원회 운영)에 근거하여 운영된다.

총 구성원은 13인으로 위원장인 행정부시장을 주축으로 도시디자인, 도시계획, 조명, 조경, 건축분야의 전문가로 구성되어 있으며, 세부적으로는 소속공무원 2인, 시의원 1명, 교수 7명, 전문가 3명으로 구성되어 있다.***)

위원회는 위원장, 부위원장 각 1인을 포함한 13인 이내의 위원으로 구성하되, 이 경우 공무원인 위원수는 위원 총수의 3분의 1을 초과할 수 없도록 하며(인천광역시도시경관조례 제24조), 제25조(기능)에 의하면 ① 제8조 제2항 도시기본계획에 포함된 경관계획의 수립 및 정비에 관한 사항 ② 제9조 제1항 분야별 · 권역별 경관관리계획에 관한 사항 ③ 제12조 경관시범마을 등의 지정에 관한 사항 ④ 제14조 주민의 경관협정 인정에 관한 사항 ⑤ 제15조 제2항 도시경관형성사업의 지원에 관한 사항 ⑥ 제16조 규정에 의한 도시 경관상 시상에 관한 심사 ⑦ 기타 시장이 경관형성에 필요하다고 인정하여 부의하는 사항을 심의한다.

임원임기는 2년(1회 연임 가능)으로 현 위원회는 2006년 4월부터 2008년 3월까지의 기간 동안 위촉받아 운영되고 있으며, 2004년에 1회, 2005년에 3회, 2006년 4회, 2007년 4회의 회의를 가졌다.

---

* 부산광역시 도시경관과 경관행정 담당공무원과 전화면담을 통해 작성됨.

** 제23조(도시경관위원회 설치) 시장은 도시경관계획의 수립과 개성 있는 도시경관형성 등 관련정책의 추진에 전문가의 자문을 얻기 위하여 도시경관위원회(이하 "위원회"라 한다)를 둔다.

*** 인천광역시 도시경관과 경관기획팀 담당 전문위원과 전화면담을 통해 작성됨.

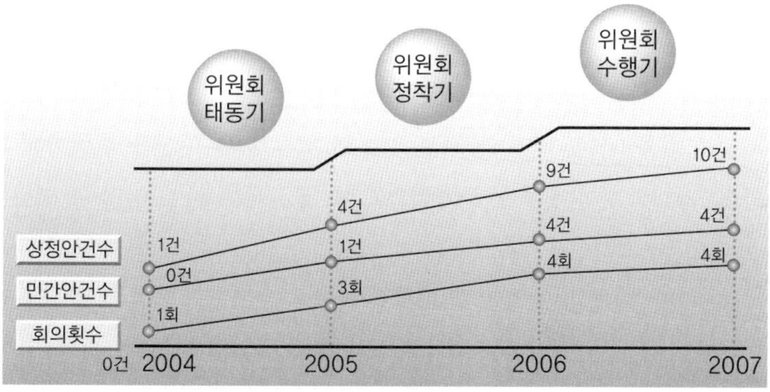

(출처: 인천시 도시경관위원회 운영현황 발표자료)

그림 5-1 인천시 경관위원회의 활동현황

위원장은 조례 제25조 규정에 의한 심의사유가 발생했을 경우에는 위원회를 소집하며, 위원회를 소집하고자 하는 때에는 회의의 일시 · 장소 및 부의 안건을 회의개최일 5일 전에 각 위원에게 통지하여야 하고, 재적위원 과반수의 출석으로 개의하고, 출석위원 과반수의 찬성으로 의결한다고 명시되어 있다. 또한 업무수행을 위하여 필요하다고 인정하는 경우에는 관계 전문가 및 심의에 관계되는 자를 위원회에 출석하게 하여 사업계획의 설명을 들을 수 있다(인천광역시도시경관조례시행규칙 제10조).

업무를 효율적으로 추진하기 위하여 필요하다고 인정한 경우 소위원회를 구성하여 심의하게 할 수 있고, 소위원회를 구성하고자 하는 경우 위원은 위원회소속 위원 중에서 당해 분야의 전문위원 5인 이상으로 구성하여 운영하며, 소위원회 구성 · 운영에 관하여 필요한 사항은 위원회의 의결을 거쳐 위원장이 정할 수 있다. 또한 위원회의 효율적인 운영을 위하여 간사와 서기, 전문가를 둘 수 있으며, 간사는 도시계획과장, 서기는 도시디자인 담당으로 하고, 전문가는 도시계획상임기획단 경관분야 전문직으로 한다. 간사는 위원장의 명을 받아 위원회의 사무를 처리하고, 서기는 간사를 보좌하는 역할을 감당한다(인천광역시도시경관조례시행규칙 제11조, 제13조).

시장은 조례 제24조 제3항*) 규정에 의해 위촉한 위원이 질병 등으로 위원의 직무를 수행하기 어려울 때, 위원회에 성실히 참여하지 않거나 품

* 위원회의 위원은 관계공무원 및 인천광역시의회 의원, 미술 · 디자인 · 조경 · 도시 경관 · 조형예술 · 건축 · 도시계획 · 문화관광 등에 관한 학식과 경험이 풍부한 사람 중에서 위원회를 설치하는 시장이 임명 또는 위촉하는 자로 한다.

위손상 등 위원의 직무를 수행하는데 부적합하다고 인정될 때에는 해촉할 수 있다(인천광역시도시경관조례시행규칙 제12조).

도시경관위원회의 심의를 받고자 하는 부서 또는 기관, 단체의 장은 심의신청서(별지 제5호 서식)와 별표 각호의 서류 15부 이상을 위원회에 제출하며, 경관계획의 경우 기본계획과정 및 실시계획 완료 이전, 용역사업의 경우 기본 설계안이 확정된 후 및 실시설계 이전, 기타 사업의 경우 기본 디자인(안) 확정 이전 또는 사업발주 이전에 신청서를 제출하여야 하고, 경관전문가는 경관심의 안건에 대해 사전 검토하고 위원회에 자문을 하도록 한다. 또한 위원장은 위원회 또는 소위원회에서 심의 · 의결한 사항을 신청자에게 통보하여야 하며, 이 경우 자료미비 등 보완할 사항이 있는 경우에는 사전보완을 요구할 수 있다. 이에 의거하여 통보를 받은 신청자는 심의결과를 사업에 반영하여야 하며, 보완을 요구받은 경우에는 지체 없이 이를 보완하여 다음 위원회에 재상정 요청을 하여야 한다(인천광역시도시경관조례시행규칙 제14조, 제15조).

위원회에 출석한 위원에 대하여는 예산의 범위 안에서 인천광역시위원회 실비변상조례가 정하는 바에 따라 수당 및 여비를 지급할 수 있다(인천광역시도시경관조례 제26조).

4 광주광역시

2007년 7월 1일에 설치된 도시경관위원회는 15명으로 구성되어 있으며, 구성원은 교수, 기술사 급의 전문가(건축, 조경, 디자인, 조명 등의 분야), 관련분야 공무원(4인) 등이다. 2007년 하반기 "아름다운 문화도시 공간상"의 수상작을 선정하기 위해 가진 1회의 모임 외에는 공식적인 모임이 행해지지 않고 있으며, 본 위원회는 도시건축국 내의 건축주택과에서 관리하고 있다.*)

2005년 1월 1일에 제정된 광주광역시 도시경관 조례 제17조(도시경관위원회 설치)에 의하면 시장은 도시경관계획의 수립과 개성 있는 도시경관 형성 등 관련정책의 추진에 전문가의 의견을 얻기 위하여 도시경관위원회(이하 "위원회라" 한다)를 둘 수 있다고 명시되어 있다.

위원회는 위원장, 부위원장 각 1인을 포함한 15인 이내의 위원으로 구

---

* 광주광역시 도시건축국 건축주택과 담당 공무원과 전화면담을 통해 작성됨.

성하되, 이 경우 공무원인 위원 수는 위원 총수의 3분의 1을 초과할 수 없고, 위원장은 행정부시장이, 부위원장은 위원 중에서 호선하며, 위원은 관계공무원 및 광주광역시의회 의원, 미술 · 디자인 · 조경 · 도시경관 · 조형예술 · 건축 · 도시계획 · 문화관광 등에 관한 학식과 경험이 풍부한 사람 중에서 시장이 임명 또는 위촉하는 자로 한다. 공무원이 아닌 위원의 임기는 2년으로 하되 연임할 수 있다(광주광역시 도시경관조례 제18조).

위원회는 ① 제6조 제2항 도시기본계획에 포함된 경관계획의 수립 및 정비에 관한 사항 ② 제7조 제1항 분야별 권역별 경관관리계획에 관한 사항 ③ 제10조 경관시범마을 등의 지정에 관한 사항 ④ 제11조 제2항 도시경관조성사업의 지원에 관한 사항 ⑤ 제12조 규정에 의한 도시경관상 시상에 관한 심사 ⑥ 기타 시장이 경관조성에 필요하다고 인정하여 부의하는 사항에 대하여 심의하도록 규정되어 있다(광주광역시 도시경관조례 제19조).

위원장은 위원회를 대표하며 회무를 총괄하고, 부위원장은 위원장을 보좌하며, 위원장이 사고가 있을 때에는 그 직무를 대행한다. 또한 위원장이 필요하다고 인정할 때 회의를 소집하며, 재적위원 과반수의 출석으로 개의하고 출석위원 과반수의 찬성으로 의결한다(광주광역시 도시경관조례 제21조, 제22조).

위원회에 출석한 위원에 대하여는 예산의 범위 안에서 광주광역시각종위원회구성및운영등에관한조례가 정하는 바에 따라 수당 및 여비를 지급할 수 있으며, 시장은 도시경관 업무 추진에 필요한 전담인력의 배치 및 기구 등의 설치를 강구하여야 한다(광주광역시 도시경관조례 제23조, 제24조).

5 서울특별시 송파구

기초지방자치단체 최초 도시디자인조례 제정에 이어 송파구는 2007년 9월 도시경관을 위한 '송파구 디자인 위원회' 를 출범하였다.

2007년 12월 13일 오후 2시 구청 3층 대회의실에서 도시디자인조례에 의한 「송파구 디자인 공동자문 위원회」를 개최하였고, 3개의 소위원회에 소속된 15~20명의 위원이 모였으며, 구정 전반의 디자인이 적용되는 종합적 사업 또는 개별 사업, 공공기관의 장이 위원회에 자문을 요청하는 시설물 등에 대한 자문 · 심의 등이 이루어졌다.

2007년 7월23일 공포 · 시행된 도시디자인조례에 의거한 「송파구 도시디자인 위원회」는 위원장인 구청장을 주축으로 부구청장과 전문가를 부위원장으로 하여 공무원과 건축 · 도시계획 · 경관조명 등 각계각층의 전문가 43명으로 구성되었으며, 이들은 도시디자인 관련 중요 정책사항에 대한 자문이 이루어지는 본위원회, 공동자문(심의)위원회, 경관디자인위원회 · 공공디자인 위원회 · 광고물 위원회 등의 3개의 소위원회로 구성된다.

송파구는 공무원과 건축 · 도시계획 · 경관조명 등 각계각층 40여 명의 전문가를 디자인 위원으로 위촉하여 본격적 활동을 하였으며, 디자인 위원회는 ① 송파구 도시디자인조례 개정에 관한 사항 ② 도시 디자인 기본계획 및 야간경관 기본계획 사항 ③ 지역 내 모든 공공 건축물 및 20m 이상 도로변의 민간건축물 등에 대한 디자인 자문 · 심의 ④ 관광안내소, 가로수 보호덮개 등 가로시설물과 육교, 도로명판 등의 도시구조물 심의 등 아름다운 도시경관 조성에 중추적인 역할을 담당한다.

위원회는 위원장 1인과 공동부위원장 2인을 포함하여 50인 이내의 위원으로 구성하며, 위원장은 구청장이, 부위원장은 부구청장과 위원 중 호선되는 민간공동부위원장 1인으로 하고, 위원은 구의회 의원, 관계공무원과 건축 · 도시계획 · 조경 · 조형예술 · 색채 · 환경 및 조명 등의 분야에 대한 학식과 경험이 풍부한 자 중에서 구청장이 임명 또는 위촉한 자가 된다. 당연직 위원으로 소위원회별로 구의회 의원 1명을 위촉하고, 공무원은 국장으로 하며, 위촉직위원의 임기는 2년으로 하되, 1회에 한하여 연임할 수 있으나 보궐위원의 임기는 전임자의 잔임 기간으로 한다(서울특별시 송파구 도시디자인조례 제7조).

위원장은 위원회를 대표하고, 위원회의 직무를 통괄하며, 위원장이 부득이한 사정으로 직무를 수행할 수 없는 경우에는 부위원장이 그 직무를 대행하고, 위원장 및 부위원장이 모두 부득이한 사정으로 직무를 수행할 수 없는 때에는 위원장이 미리 지명한 위원이 그 직무를 대행할 수 있다. 회의는 위원장이 필요하다고 인정하는 경우에 소집하되, 재적위원 과반수 출석으로 개회하고, 출석위원 과반수의 찬성으로 의결한다(서울특별시 송파구 도시디자인조례 제8조).

위원장은 위원회의 원활한 운영을 위하여 필요한 경우에는 소위원회 등을 구성 · 운영할 수 있으며, 이 경우 소위원회 등에서 자문한 안건은 위원회의 자문을 거친 것으로 본다(서울특별시 송파구 도시디자인조례 제10조).

위원회는 회의록 또는 자문 결과록을 작성 · 비치하여야 하며, 속기사로 하여금 회의록을 작성하게 할 수 있으며, 위원회는 직무수행을 위하여 필요한 경우에는 관계공무원 · 전문가 또는 이해관계인 등을 회의에 출석하게 하여 그 의견을 듣거나 관계기관 또는 단체 등에 대하여 필요한 자료의 제출을 요청할 수 있다(서울특별시 송파구 도시디자인조례 제11조, 제12조).

4. 소결

경관위원회의 경우 경관법 내의 위원회에 관한 규정을 토대로 형성되었으며, 독립된 경관위원회가 형성되었거나, 디자인위원회 내에 소속되어 있는 형태, 타 위원회에 경관위원회의 역할을 감당하게 하는 등의 형태 등으로 이루어져 있음을 알 수 있다.

조사한 5개의 지자체의 경우, 관련공무원, 시의원, 교수, 전문가집단 등으로 구성된 경관위원회를 설치하였으나 운영에 있어서는 다소 소극적인 활동이 이루어지고 있다고 볼 수 있다.

향후 생산적인 경관위원회의 운영을 위해서는 다음을 생각할 수 있다. 첫째, 경관위원회가 경관과 관련된 사항에 대한 심의 또는 자문을 위해 설치된 위원회임과 '경관' 이라고 하는 폭넓은 개념을 다루는 기구임을 감안하면 다양한 분야의 전문가, 시민, 공무원 등으로 인재풀을 구성한 다음, 각 사안별로 적절한 위원을 뽑아서 위원회를 개최해야 할 것이다. 예를 들어, 둘 다 경관계획이라는 이름이 붙지만, 시가지경관계획과 야간경관계획 작성에는 상당히 다른 전문 분야 지식이 동원되어야 하기 때문이다. 인재풀 구성이 어려울 경우, 각 전문 분야별로 소위원회를 구성하여 특정 사안에 대처하는 것도 방법일 것이다. 둘째, 경관위원회에서 다루는 안건 중에는 민감한 내용이 있을 수 있는데, 이에 대하여 어느 정도의 범위에서 회의 결과를 공개할 것인가를 미리 정해두고 위원회를 운영하는 것이 바람직하다. 경관위원회에서 다루는 내용이 모두 공개되거나 비밀 속에 묻히는 것은 둘 다 바람직하지 않기 때문이다. 셋째, 개최되는 위원회별로 다른 성향의 심의나 자문이 이루어지는 것을 가능한 방지하기 위하여, 각 지자체에서는 심의기준을 마련해야 할 것이다. 경관이라는 분야가 전술한대로 개념과 다루는 폭이 넓고, 각 위원별로 상이한 접근이 가능한 분야이기 때문에 주요 사항에 대한 심의기준 마련은 꼭 필요할 것이다.

5.2 경관조례

1. 경관조례의 필요성

우리나라의 경우 경관법 제정(2007년 5월) 이전에는 다수의 경관 관련 법률들(국토의 계획 및 이용에 관한 법률, 건축법, 자연환경보전법, 문화재보호법, 옥외광고물관리법 등)과 이러한 모법들을 근간으로 하는 자치단체의 조례에 의하여 경관에 관한 사항들을 다루어 왔다. 물론 법 제정 이전에도 2000년 광역단체로는 최초로 경관형성조례를 제정한 강원도를 비롯하여 여러 광역자체들과 기초지자체들이 조례(도시경관조례, 경관관리조례, 경관형성조례)를 제정한 바 있다. 그러나 이러한 조례들은 모법(자연환경보전법)의 특성 상 다룰 수 있는 경관 관련 사항들이 제한적이거나, 임의조례(법률적 근거가 되는 모법이 없는 조례)적 성격을 갖고 있어서 조례에서 정해 놓은 내용들을 시행함에 있어서 법적 구속력을 갖지 못하는 사례들이 많았다.

따라서 이제 경관법의 제정을 계기로 각 지자체들은 경관조례의 제정을 통하여 경관형성 및 관리에 더욱 효율적이고 체계적으로 접근할 수 있을 것으로 판단된다.

2. 경관조례의 위치 및 역할

1 수직적 구조로서의 법적 근거 마련 및 지역 특성 반영

경관조례는 경관법(경관과 관련된 기본적인 사항들을 제시하는 로드맵의 역할)에 의거하여 실행의 방향과 시책 및 기준을 제시함에 있어서 법적 구속력을 행사할 수 있는 실천적 장치라고 할 수 있다. 경관법 제정 이전에는 많은 지자체들이 경관계획을 수립하였으나 이러한 계획들은 상위법에 근거가 없는 비법정계획(임의계획)에 불과하기 때문에 계획에서 제시하는 내용들은 관련 계획 및 사업에 대한 지침적 성격을 갖는 경우가 많았다. 모법을 근간으로 하는 경관조례의 제정은 경관형성 및 관리와 연관된 계획 및 사업의 실현성을 확립하는 계기가 될 것으로 기대한다.

또한 경관조례는 법체계상 모법이 구조적으로 해결할 수 없는 지역 특성의 반영이라는 부분을 보완하기 위한 지역 정체성 실현의 장치이기도 하다. 지역 특성이라 한다면 지역의 물리적(지형, 지질, 기후, 녹지, 수계 등), 인문적(인구규모 및 구성, 지역 주민들의 가치관), 사회경제적(산업구조,

지역의 경제적 안정 및 발달 정도) 특성을 포괄할 수 있다. 이러한 지역의 특성에 따라 경관은 매우 다양한 양상을 표출할 수 있고, 상대적으로 지역의 다른 요인들에 비하여 변화의 폭이 클 수 있으므로 경관조례는 지역 특성과 매우 밀접한 연관성이 있는 지역 경관을 다룬다는 측면에서 중요한 역할을 한다.

2 수평적 구조로서의 관련 법들과의 연계

경관조례는 기존 법체계 속에서 경관 관련 개별 법률들과의 유기적인 관계를 유지할 수 있는 제도적인 장치라고 할 수 있다. 경관법과 직접적으로 관련되어 있는 국토의 계획 및 이용에 관한 법률과 건축법 외에도 자연환경보전법, 문화재보호법, 옥외광고물관리법, 산지관리법, 기타 개발 관련 개별법(도시 및 주거환경정비법, 도시개발법, 택지개발촉진법, 주택건설촉진법 등) 등 관련법들은 지자체의 조례와 계획 및 사업을 통하여 경관형성 및 관리에 영향을 미치고 있다. 경관법이 관련법들과 상충됨이 없이 유기적으로 연계되도록 하려면 경관계획 및 경관사업과 이를 보조하는 경관협정 및 경관위원회의 운영이 타 법률과의 관련 규정과 체계적이고 합리적으로 운영되어야 하며, 이러한 점에서 경관조례의 역할이 매우 중요하다.

3. 한국과 일본의 기존 경관조례 개요 및 비교

1 한국 지자체 경관조례 개요

경관법 제정 이전의 국내 지자체의 경관조례는 자연환경보전법을 모법으로 한 경관(경관형성조례)조례와 모법이 없는 임의조례 성격의 경관조례(도시경관조례 혹은 경관관리조례)로 구분할 수 있다.

강원도 경관형성조례(2000년)를 시작으로 초창기에 제정된 경관조례는 대부분 자연환경보전법을 모법으로 하여 자연경관보전을 목적으로 하였

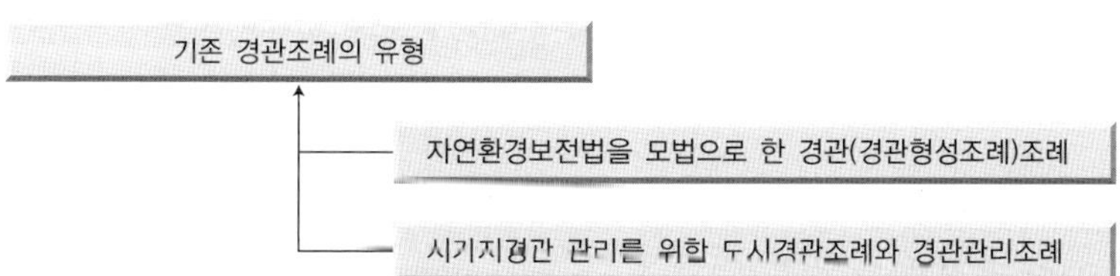

그림 5-2 한국 (기존)경관조례의 유형

고, 그 후에 점차 도시미에 대한 관심이 증가하면서 전라남도(2002년)를 필두로 시가지경관 관리를 위한 도시경관조례와 경관관리조례들이 제정되었다.

2 일본 지자체 경관조례 개요

일본은 1968년 제정된 쿠라시키시의 '쿠라시키시전통미관보존조례' 가 경관조례로는 최초라고 할 수 있고, 1970년대 들어서 교토시의 '시가지경관정비조례' 가 제정되면서 본격적인 지자체의 경관에 대한 행정적인 움직임이 시작되었다.

일본의 경관조례는 우리나라 보다 약 30여년 앞서 시작되었지만 자율적으로 제정된 경관조례들은 대부분 행정처분 같은 강력한 규제수단을 갖지 못하였기 때문에(법률적 근거가 없어서 토지이용을 규제하는 것은 위헌의 소지가 있음) 사전적으로 행정지도나 조언, 권고를 하고, 조례에 위반한 경우는 성명을 발표하는 등 규제의 강도가 미약하였다. 그러나 30여년 동안 지자체들이 임의조례 형식으로 경관조례를 운영하면서 얻은 다양한 시도와 값진 경험은 경관법 제정을 위한 사회적 합의에 밑바탕이 되었고, 결국 2003년에 경관법이 제정됨으로써 지자체의 경관조례들은 법적 근거를 갖추게 되었다.

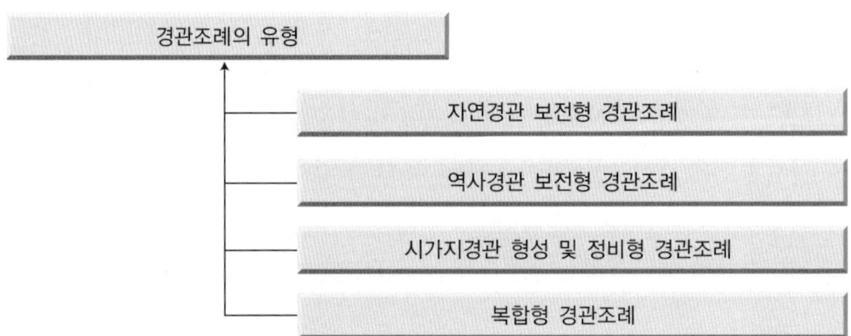

그림 5-3 일본 경관조례의 유형

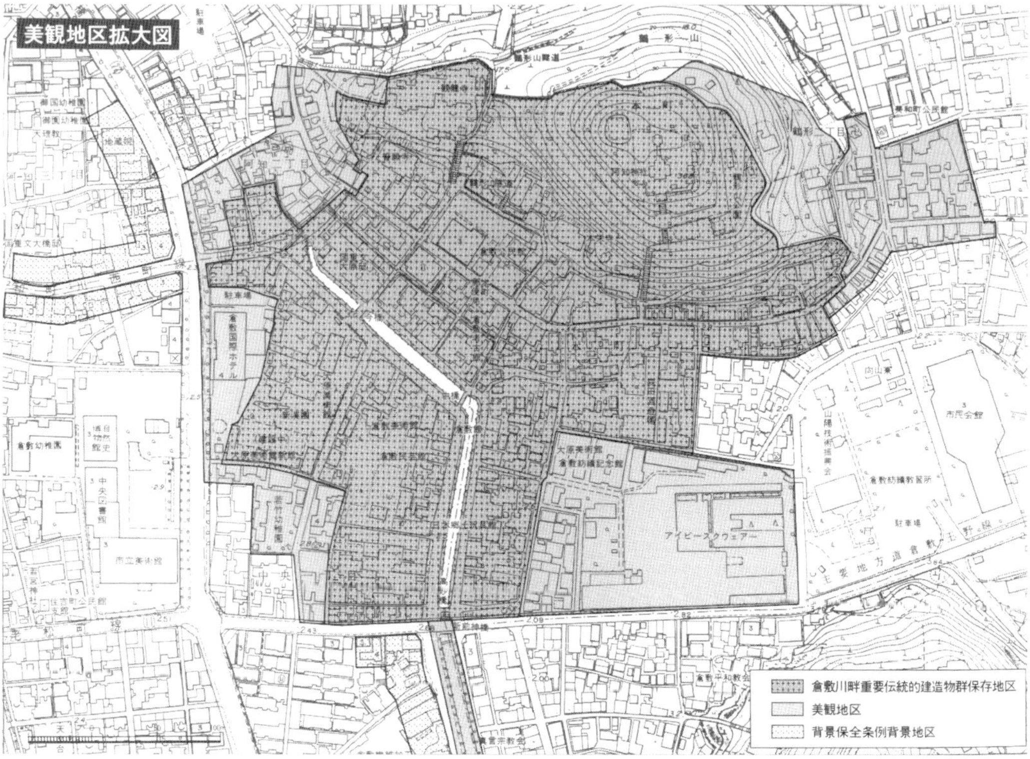

그림 5-4 구라시키(倉敷)시의 전통적건조물군보존지구 주변의 미관지구와 배경지구 지정 현황

3 한국과 일본 지자체의 경관조례 비교

경관조례 제정에 있어서 우리나라가 시기적으로 일본보다 출발이 늦었기 때문에 초기에는 대표적인 일본 지자체의 조례(쿠라시키시, 교토시, 카나자와시, 고베시 등)를 많은 부분 참조하여 작성하였다. 따라서 우리나라와 일본의 경관조례의 구성을 비교하자면 구성과 내용에 있어서 근본적인 차이는 없으며, 일반적으로 총칙, 경관계획 및 행위규제, 주민활동 및 지원 그리고 부칙 등으로 구성되어 있다.

우선 총칙은 전문, 조례의 목적(취지), 용어의 정의, 시민 · 시 · 사업자 등 주체별 책무 등의 규정으로 구성되어 있다. 일본의 경우 전문조항이 있다는 점이 우리나라와 구성상의 차이라고 할 수 있을 뿐이다.

다음으로 경관계획 및 행위규제는 크게 세 가지로 구성되는데, 경관조례의 가장 주된 내용이라 할 수 있다.

첫째는, 경관(기본)계획에 관한 규정으로 일본의 지자체 경우 계획의 수립 의무 및 절차를 기술하고, 이를 통하여 장기적인 경관의 목표 및 경관형성의 기본방향을 제시하고 있다. 반면 한국의 경우는 계획의 수립, 계획의 구분 및 내용의 기술에 있어서 일본에 비하여 보다 구체적인 내용을 언급하고 있다.

둘째는, 지구 지정 및 지구와 관련된 계획적 수단에 관한 규정으로 경관조례의 가장 핵심적인 내용이라 할 수 있다. 일본의 경우 특별히 경관 관리가 필요한 지역을 경관형성지구*)(조례에서 임의로 지정한 지구와 기타 개별법(도시계획법, 문화재보호법)에서 위임한 지구(미관지구 혹은 전통적 건조물군보존지구 등))로 지정(지구의 형태, 지구의 경관특성, 지구 경관의 보존 가치 등에 따라 세분)하여 개발행위를 규제하도록 하고 있다. 일단 일정지역이 경관형성지구로 지정되면 그 지역의 경관을 형성해 나가기 위하여 계획적 접근이 필요하므로 이를 위한 제도로서 지구경관정비계획을 수립하게 되는데, 계획의 주요 내용은 경관형성방침과 경관형성기준으로 구성되며, 이러한 방침 및 기준에 대하여 경관형성협의회와 협의함으로써 주민 참여**)를 유도한다. 대부분의 지자체는 경관형성기준을 바탕으로 개발행위에 관하여 신고된 내용을 심사한 후, 기준에 적합하지 않으면 지도, 조언, 권고, 공표와 같은 비권력적 수단을 통하여 행위규제를 유도하거나 경관형성사업을 통하여 계획을 실현하게 된다. 한국의 경우는 일정지역단위(마을, 군, 구)를 시범지구로 지정하고, 이를 경관형성사업에 포함하여 지원함으로써 실현하도록 하며, 경관시범마을이나 지구에 대하여 경관계획 내에서 필요 시 별도의 계획이나 지침을 작성하도록 하고 있으나, 이를 유도하기 위한 별도의 행위규제 수단은 없다.

셋째는, 지구로 지정된 지역 이외의 지역에 대한 경관관리 규정이다. 일본의 경우는 경관형성지구 외의 지역에 대한 경관관리제도로서 경관 파괴나 훼손이 예상되는 대규모 건축물이나 거대 공작물에 대한 건축 규제와 문화재로서의 가치를 지니지는 않았지만 경관상 보존의 가치가 있는 건축

---

* 지구 지정은 도시경관기본계획을 책정하여 이를 근거로 지구를 지정하기도 하지만 경관기본계획과 관계없이 시장이 필요하다고 인정될 경우 지구 지정을 하는 것이 일반적이다.
한편 지구의 명칭은 도시경관형성지구(또는 지역)으로 명명하지만 나고야(神戸)시나 기타규슈(北九州)시는 '도시경관정비지구', 치바(千葉)시는 '도시디자인추진지구' 등으로 명명하기도 한다.

** 경관조례에서는 경관형성기준의 책정에 있어서 주민의견청취 규정을 책정하고 있으며, 후쿠오카(福岡)시와 같이 행정에서 초안을 작성하여 주민의견을 청취한 후, 기준 원안을 작성하여 공고하는 경우도 있고, 직접적으로 기준 수립에 주민이 참여하는 경우도 있다.

표 5-1 한일 경관조례의 구성 및 내용 비교

<table>
<tr><th colspan="2">구분</th><th>한국</th><th>일본</th></tr>
<tr><td rowspan="5">총칙</td><td>조례명칭</td><td colspan="2">• 지자체 별로 다양(도시경관조례, 경관관리조례, 경관형성조례, 전통환경의 보존 및 아름다운 경관형성에 관한 조례, 산림도시풍토를 육성하는 경관조례 등)</td></tr>
<tr><td>전문</td><td>• 없음</td><td>• 조례 제정의 의의, 이념, 지역경관가치인식 및 이의 보전을 위한 결의</td></tr>
<tr><td>목적</td><td colspan="2">• 조례 제정의 목적 기술(전문과 비슷한 역할)</td></tr>
<tr><td>용어정의</td><td colspan="2">• 경관, 경관형성과 관련된 용어의 정의</td></tr>
<tr><td>주제 별 책무</td><td colspan="2">• 지자체 및 지자체장의 책무, 시민의 책무, 사업자(전문가의 책무)의 제시</td></tr>
<tr><td rowspan="5">계획 및 행위규제</td><td>경관(기본) 계획</td><td>• 경관계획의 수립, 구분, 내용에 대하여 기술</td><td>• 경관기본계획 수립의무와 수립절차 기술</td></tr>
<tr><td>지역·지구 지정 및 관련 계획 방식</td><td>• 경관시범마을 및 지구 지정하고, 경관계획 수립 시 단위지역 및 지구 별 경관형성계획이나 지침을 수립하는 방식</td><td>• 상위 법규 및 자체 임의조례 형식으로 지역 및 지구를 지정한 후 별도의 계획(지구경관형성계획)을 수립하여 경관형성방침과 기준 등을 제시하여 행위제한을 유도하는 방식</td></tr>
<tr><td>경관형성 협의회</td><td>• 없음</td><td>• 경관형성방침과 기준 등을 협의</td></tr>
<tr><td>경관형성 사업</td><td>• 경관시범마을 및 지구에 대한 경관형성사업
• 쌈지공원과 가로시설물 확충 및 정비</td><td>• 지구경관형성계획의 실현을 위한 사업</td></tr>
<tr><td>대규모 건축물 규제 및 건축물 보존</td><td>• 없음</td><td>• 대규모건축물이나 공작물에 대한 신고의무 부과
• 보존 가치가 있는 건축물 신고의무 부과</td></tr>
<tr><td rowspan="4">주민활동 및 지원</td><td>경관협정</td><td colspan="2">• 일정 지역 내 토지 및 건축물 등의 소유자 혹은 권리자는 경관형성을 위한 경관협정을 체결할 수 있음(협정의 대상 및 구역, 필요 기준을 설정)
• 협정 지역 내 주민들의 적극적인 참여 유도</td></tr>
<tr><td>경관시민 단체</td><td>• 없음</td><td>• 경관행정의 주체로서 요건을 갖춘 단체를 인정</td></tr>
<tr><td>위원회</td><td colspan="2">• 경관형성계획 수립 시 전문가의 의견을 얻기 위한 경관형성위원회 설치</td></tr>
<tr><td>지원·표창</td><td colspan="2">• 경관의 조성 및 개선을 위해 소요되는 경비 및 전문가 자문비의 지원
• 적극적인 경관형성을 위해 노력했다고 인정하는 건축물(건조물)에 관한 표창</td></tr>
<tr><td colspan="2">부칙</td><td colspan="2">• 시행일자 및 규칙제정에 관한 사항</td></tr>
</table>

물의 보존에 관한 것을 규정하고 있다. 주로 규제대상지역, 규제대상건축물의 높이나 면적, 신고행위(신축 · 증축 · 개축 · 이전, 대규모 수선 혹은 형태 변경이나 색채 변경 등), 규제방법 등에 대하여 규정하고 있으며, 특히 규제방법은 경관형성지구에서와 같은 비권력적 수단을 사용한다.

마지막으로는 주민활동 및 지원에 관한 규정으로 경관 보전 및 형성을 위한 주민들 간의 경관협정*)이나 시민단체의 결성 및 이들의 활동을 지원하기 위한 기술적 지원**)에 대하여 규정하고 있으며, 이들 규정은 한일 모두 유사한 내용으로 구성되어 있다. 다만 일본의 경우 모든 시가 시행하고 있지는 않지만 경관어드바이저 제도를 조례에 규정하여 운영하고 있는 점이 특이하다.

4. 경관법에 근거한 국내 경관조례의 구성 및 내용

1 조례의 구성

표 5-2 경관법 및 경관법시행령에서 경관조례에 위임하는 사항

법률	시행령
제7조(경관계획 수립의 제안)	제2조(경관계획의 수립에 관한 제안의 처리절차)
제8조(경관계획의 내용)	제3조(경관계획의 내용)
제13조(경관사업의 대상 등)	
제13조(경관사업의 대상 등)	제8조(경관사업 사업계획서)
제14조(경관사업추진협의체) 조직 · 운영 및 업무	
제16조(경관협정의 체결)	제9조(경관협정 체결자의 범위)
제16조(경관협정의 체결)	제10조(경관협정의 내용)
제16조(경관협정의 체결) 경관협정서 내용	
제17조(경관협정운영회의 설립)	제11조(경관협정운영회의 설립신고) 설립신고서 내용
제22조(경관협정에 관한 지원)	제14조(경관협정 지원 대상 사업계획서)
제23조(경관위원회의 설치)	제15조(경관과 관련된 위원회)
제23조(경관위원회의 설치)	제16조(공동위원회의 구성 및 운영)
제24조(경관위원회의 기능)	제17조(경관위원회의 심의 대상)
제24조(경관위원회의 기능) 자문	
제25조(경관위원회의 구성 · 운영)	제18조(경관위원회의 구성 및 운영)

* 경관협정의 법적 구속력은 없지만 이는 마찌즈꾸리 활동에 관심을 고양시켜 주민의 계획능력 및 조직력을 향상시키려는 간접적인 방법으로 보완적인 시스템이라 할 수 있다.

** 경관조례에서 이에 대한 근거를 마련하여 줌으로써 주민이 주체적으로 조직하여 마찌즈꾸리 활동을 하는 시민단체에 대하여 기술적인 원조나 필요한 비용 등을 지원하고 있다.

표 5-3 경관조례의 구성

구분(장)	세구분
총칙	목적
	용어정의
	경관관리의 기본원칙
	주제 별(지자체장, 시민, 사업자) 책무
	다른 조례와의 관계
경관계획	경관계획의 수립에 관한 제안서의 처리
	경관계획의 내용
경관사업	경관사업의 대상
	경관사업계획서
	경관사업추진협의체의 조직 · 운영 및 업무
	경관사업에 대한 재정지원 및 감독
경관협정	경관협정 체결자의 범위
	경관협정의 내용
	경관협성서의 내용
	경관협정운영회의 설립 신고(신고서 내용)
	경관협정 지원 및 지원 대상 사업계획서
경관위원회	경관과 관련된 위원회
	공동위원회의 구성 및 운영
	경관위원회의 기능(심의 및 자문)
	경관위원회의 구성 및 운영

경관법과 경관법시행령에서 경관조례에 위임한 사항은 표 5-2의 내용이고, 이를 토대로 경관조례에 포함할 수 있는 내용을 정리하면 표 5-3과 같다.

경관조례의 구성은 대분류를 하자면 경관법에서의 구성과 같이 총칙을 포함하여 경관계획, 경관사업, 경관협정, 경관위원회로 구성할 수 있다.

2 조례의 내용

(1) 총칙

총칙은 '목적', '용어 정의', '경관관리(혹은 보전 · 관리 및 형성)의 기본원칙(방향)', '주체별(지자체장, 시민, 사업자) 책무(혹은 의무)', '다른 조례와의 관계' 등으로 구성될 수 있다.

기존의 국내 조례는 대부분 조례의 목적에서 기본 방향에 관한 내용까지 포함하고 있으나 '목적'은 일반적으로 "이 조례는 경관법(이하 "법"이라 한다) 및 동법시행령(이하 "령"이라 한다)에서 정하도록 한 사항과 그 시행에 필요한 사항을 규정함을 목적으로 한다."라고 하는 것이 타당하며, 경관관리(혹은 보전 · 관리 및 형성)의 기본 방향은 '조례 제정의 의의, 이념, 지역경관가치인식 및 이의 보전을 위한 결의' 등을 기술하도록 한다.*)

'용어정의'는 법에서 규정한 '경관'과 '건축물' 외에 지자체의 조례에서 언급하고 있는 용어**)들을 정의할 수 있는데, 특히 '국토의계획및이용에관한법률'(이하 "국계법"이라 한다) 시행령에서 세분하고 있는 경관지구 및 미관지구 외에 경관과 관련하여 지자체에서 세분하는 용도지구의 성격 및 기능과 지정의 기준 등에 대하여 규정할 필요가 있다.

'다른 조례와의 관계'는 일반적으로 경관법 제5조의 '다른 법률과의 관계'에서 규정한 바에 준하여 "경관의 보전 · 관리 및 형성 등에 관하여 다른 조례에 특별한 규정이 있는 경우를 제외하고는 이 조례가 정하는 바에 따른다."라고 할 수 있으며, 예외적인 경우를 구체적으로 규정할 수도 있다.***)

---

* 예를 들자면 "경관의 보전 · 관리 및 형성은 법 제3조의 기본원칙을 바탕으로 OOO시(이하 "시"라 한다)의 자연적으로 혹은 역사적으로 가치 있는 경관자원을 보전함은 물론, 관리하기 위하여 필요한 사항을 규정하고, 시의 개성있고 아름다운 도시경관을 형성하고 창출함으로써 시민의 삶의 질 향상과 쾌적한 생활환경 제공에 기여함을 목적으로 한다."와 같이 기술할 수 있다.

** 경관의 유형, 도시구조물, 경관어드바이저 등의 용어들을 의미한다.

*** 지자체에 따라서는 조례에서 직접 "~ 다음 각호의 조례와 규정에 의한 경우를 제외하고는 ~"으로 규정하거나 시행규칙에서 구체적으로 언급할 수 있다.

(2) 경관계획

경관계획은 '경관계획의 수립에 관한 제안서의 처리', '경관계획의 내용' 등으로 구성될 수 있다.

표 5-4 경관계획의 항목 및 내용

항목	내용
경관계획의 수립에 관한 제안 및 제안서의 처리	'제안서 검토의 항목'*, '제안서의 보안'** 등으로 구성될 수 있다.
경관계획의 내용	법 제8조 1항과 시행령 제3조 3호에 의거하고, 경관계획 수립지침에 따라 경관계획을 수립할 수 있는데, 경과계획수립지침에서 세부적으로 언급은 하고 있지만, 특히 중점을 두어 검토해야 할 항목으로는 경관지구 세분화 및 기타 경관 관련 용도지구의 운영에 관한 사항, 개발행위허가 및 산지전용허가, 문화재보호구역 주변 현상변경심의 그리고 자연경관심의 등 경관과 관련된 허가기준 및 심의기준과 관련된 사항, 경관권역 및 경관축과 같은 거시적 경관구조의 실천적 관리방안, 공청회와 더불어 경관계획에 관한 시민 및 이해관계인의 의견 반영 방안 등이 있다.

* 제안서 검토의 항목으로는 경관계획 내용의 적정성, 경관자원 조사 및 평가에 관한 사항의 적정성, 계획의 합리성과 정체성, 경관계획의 실천력, 상위계획 및 관련 계획과의 정합성 등이 포함될 수 있다.

** 제안서에 법 제8조 1항의 규정에 의한 서류가 첨부되지 않았거나 미비한 경우는 제안자로 하여금 이를 보완하게 할 수 있고, 제안자는 이에 응해야 한다는 규정을 의미한다.

(3) 경관사업

경관사업은 '경관사업의 대상', '경관사업계획서', '경관사업추진협의체의 조직 · 운영 및 업무', '경관사업에 대한 재정지원 및 감독' 등으로 구성될 수 있다.

표 5-5 경관사업의 항목 및 내용

항목	내용
경관사업의 대상	법률과 조례에 의하여 명시된 사업, 지자체 경관계획에서 제시된 경관 관련 사업, 기타 조례에 근거한 합리적인 심의기준과 절차에 의하여 중요하다고 판단되는 사업 등이며, 예를 들자면 건축물 관련하여 기존 건축물 개선사업과 공공이나 민간의 대규모 개발사업의 건축물 디자인 유도를 위한 사업, 과거 도심개발사업으로 인한 훼손지역 복구 및 개선사업 등이 조례에 포함될 수 있다.
경관사업계획서	사업계획서 제출기간이나 사업 추진기간 및 일정 등의 항목을 조례로 규정할 수 있다.
경관사업추진협의체의 조직 · 운영 및 업무	조직 · 운영은 협의체 구성의 범위 및 인원, 위원장 및 부위원장의 선출 및 직무 대행에 관하여 규정한다. 협의체의 업무는 경관사업계획에 관한 의견 조정, 경관사업의 추진, 사업 완료 후의 유지관리, 기타 규칙으로 정하는 사항 등이 될 수 있다. 또한 사업주체가 민간 혹은 공공기관 등 지자체 이외의 기관인 경우와 지자체 내의 사업부서와 경관부서가 다른 경우 상호간의 경관 관련 협의가 가능할 수 있도록 사업주체 및 관리 부처간 연계를 고려한다.
경관사업에 대한 재정지원 및 감독	경관사업 재정지원의 정도, 보조금 교부자에 관한 처분, 법적 근거에 관하여 규정할 수 있다.

(4) 경관협정

'경관협정 체결자의 범위', '경관협정의 내용', '경관협정서의 내용', '경관협정운영회의 설립 신고', '경관협정 지원 및 지원 대상 사업계획서' 등으로 구성될 수 있다.

표 5-6 경관자원 조사표 예시

항목	내용
경관협정 체결자의 범위	법 제16조 1항 및 시행령 제9조에 의한 체결자(토지소유자, 건축물소유자, 지상권자 등) 외에도 조례에서 옥외광고물의 소유자 혹은 소유권리자 및 도시를 구성하는 시설물의 소유자 및 권리자를 포함할 수 있다.
경관협정의 내용	법과 시행령에서 정한 내용 외에도 건축물의 대지 및 옥외에 설치되는 건축설비의 위치에 관한 사항, 토지의 형질, 토석류의 채취 및 복원 등이 포함될 수 있다.
경관협정 지원 및 지원 대상 사업계획서	경관협정의 지원과 관련하여 자율적 경관협정을 유도할 수 있도록 민간제안 내용을 검토하여 수용할 수 있는 다양한 방안과 구체적인 협정계획서 작성 지원, 전문가 지원, 사업 지원 등과 지역적 특성을 반영한 지원체계의 근거를 조례로 마련한다.

(5) 경관위원회

경관위원회는 '경관위원회의 기능(심의 및 자문)' 과 '경관위원회의 구성운영' 으로 구성될 수 있다.

표 5-7 경관위원회의 항목 및 내용

항목	내용
경관위원회의 기능 (심의 및 자문)	해당 지자체 조례의 개정에 관한 사항, 경관 관련 개별법에 의한 사업(도시개발법에 의한 도시개발사업, 택지개발촉진법에 의한 택지개발사업, 주택법에 의한 주택건설사업 및 대지조성사업), 계획 및 지역 · 지구 · 단지 지정(도시 및 주거환경정비법에 따른 도시 · 주거환경정비기본계획 및 정비지역의 지정, 도시재정비 촉진을 위한 특별법에 따른 재정비 촉진지구의 지정 및 재정비촉진계획, 관광진흥법에 따른 조성계획 승인, 도시공원 및 녹지 등의 법률에 따른 공원녹지기본계획 승인, 산업입지 및 개발에 관한 법률에 따른 일반산업단지 및 준산업단지 지정, 국토의 계획 및 이용에 관한 법률에 의한 지구단위계획)에 관한 사항을 심의 및 자문 대상으로 조례에 포함할 수 있다.
경관위원회의 구성 · 운영	의회의원, 행정기관의 공무원, 관련 전문가의 구성에 관한 사항과 위원의 임기 및 해촉, 위원장의 직무, 회의 운영, 간사, 자료의 제출 요구, 회의록, 수당과 여비 등을 조례로 정할 수 있다.

5. 경관조례 제정 시의 검토 사항

1 용도지구의 세분화와 운영에 관한 사항

경관법에서는 법 제12조의 규정에 의하여 시 · 도지사 또는 시장 · 군수는 경관지구 및 미관지구를 경관계획에 따라 관리하도록 되어 있다. 조례 제정 시 검토가 필요한 사항은 용도지구의 세분화와 이의 체계적인 운영에 관한 사항이다. 국토의 계획 및 이용에 관한 법률에서는 시행령에서 경관지구를 자연경관지구, 수변경관지구, 시가지경관지구 등으로 구분하고 있고, 미관지구는 중심지미관지구, 역사문화미관지구, 일반미관지구로 구분하고 있으며, 시행령 제31조 제3항의 규정(경관지구 및 미관지구를 지자체의 조례에 의하여 세분화할 수 있도록 되어 있음)에 의하여 많은 지자체에서는 조례에서 경관지구는 전통경관지구와 조망권경관지구를 추가로 세분화하여 지정하고 있다.

우선 논의해야 할 사항은 용도지구(경관지구와 미관지구)의 역할을 분명히 정의할 필요가 있다는 것이다. 첫째는, 세분화된 용도지구 중에서 시가지경관지구와 중심지미관지구 및 일반미관지구의 문제이다. 미관지구(중심지미관지구와 일반미관지구)는 이전의 종구분(제1종부터 제5종까지)을 기준으로 한다면 비교적 역할이 명확하지만 시가지경관지구가 주거지의 양호한 환경을 조성하는 목적이 아닌 시가지의 도시경관을 보호할 목적으로 지정되는 경우는 미관지구와 역할이 중복될 수 있다. 둘째는, 전통경관지구와 역사문화미관지구와의 관계이다. 문화재 주변지역(문화재보호법에 의하여 보호구역 주변은 현상변경 심의를 받음)과 문화적으로 보존가치가 큰 건축물의 미관을 관리하는 경우 역시 두 용도지구 간에 역할이 상충될 가능성이 적지 않다. 셋째는, 경관법에서는 언급하고 있지 않으나 고도지구는 경관과 직접적으로 관련 있는 용도지구로서 특히 조망권경관지구와 역할이 상충될 수 있다.

마지막으로는 각각의 경관지구가 종구분될 때의 종간의 역할에 대한 명확한 구분이 필요하다. 따라서 경관조례에서는 용어의 정의에서 용도지구의 역할을 분명히 하고, 이를 지역의 특성에 맞게 경관계획에서 반영할 수 있도록 구체적으로 규정함으로써 조례(경관조례 혹은 도시계획조례)에서 적절한 행위제한과 밀도규제를 규정할 수 있도록 해야 한다.

한편 현행법의 규정으로는 문제가 없지만 경관지구 및 미관지구의 세분화와 관련하여 유의해야 할 사항은 과도한 세분화에 대한 규정은 토지이용규제심의위원회의 심의에 의하여 제한될 가능성이 많으므로 이를 고려하여 검토할 필요가 있다.

2 타 조례의 내용을 경관조례에 위임

경관지구나 미관지구의 지정은 도시관리계획으로 결정하더라도 도시계획조례에서의 행위제한이나 밀도규제 사항을 경관조례에 위임하는 것이 더욱 바람직할 수 있다. 이는 경관계획이 계획의 위계 상 도시기본계획과 도시관리계획의 중간에 위치하기 때문에 현재는 경관계획에서 경관 관련 용도지구에 대한 내용을 수립하면 도시관리계획에서 이를 반영하여 결정하게 되고, 다시 도시계획조례의 개정을 통하여 실현하게 되는데, 도시계획조례에서 이러한 행위제한이나 밀도규제 사항을 경관조례에 위임하게 되면 도시관리계획 결정 이후 도시계획조례의 개정까지 걸리는 시간을 줄일 수 있게 된다.

국토해양부가 수립한 경관계획수립지침에서는 현재 도시계획조례에서 규정하고 있는 개발행위허가기준(경사도, 절토 및 성토의 처리기준을 포함한 경관에 관한 사항)에 관한 항목들이 구체적으로 언급되지 않아서 경관조례 및 시행규칙에서 이에 대한 규정이 필요할 것으로 생각된다. 경관계획에서 개발행위허가에 관한 기준이 구체적으로 제시된다면 도시관리계획과 관계없이 경관계획의 수립과 경관조례의 내용 반영만으로 시행이 가능하므로 더욱 효율적이라 할 수 있다.

다른 조례의 경우도 마찬가지이지만 옥외광고물의 경우 지자체 조례는 지역의 특성을 반영해야 함에도 불구하고, 인근 지자체와의 형평성 문제로 상당한 민원이 제기될 것을 우려해 행정안전부 표준조례안의 범주에서 크게 벗어나지 못하고 있다. 그러나 경관조례에서 내용을 위임받아 규정할 경우는 경관계획의 내용에 따라 규제사항 및 정도가 결정되므로 지자체의 특성을 반영하기가 용이하고, 더욱이 경관조례에서 실행적인 내용을 규정해야 하기 때문에 경관계획에서 다뤄야 하는 옥외광고물경관지침의 내용이 더욱 구체적으로 수립될 가능성이 높다.

문화재보호구역 주변지역에서의 현상변경에 대한 심의도 그 내용을 지자체나 중앙문화재위원회의 심의(심의의 경우는 위원들의 주관적인 판단에 따라 심의 내용에 차이가 있음)에 의존하기 보다는 주변지역을 역사문화미관지구로 지정하고, 현상변경과 관련된 내용(주로 건축물의 높이나 형태)을 역사문화미관지구에서의 제한이나 규제로 규정하여 시행하는 것이 바람직할 것이다.

3 경관형성과 관리를 위한 유도 및 지원

경관조례에는 경관형성을 위한 경관사업, 경관협정 등의 추진과 실행을 위한 근거를 마련하고, 지방자치단체의 적극적인 유도나 지원이 가능하도록 하는 내용을 담도록 하는 것이 바람직하다. 경관사업의 대상은 조례에서 경관포럼, 강연회, 심포지움, 세미나, 전시회 등과 같은 경관계몽활동을 포함하는 포괄적인 내용이어야 하며, 지자체의 보조금관리조례는 재정지원의 법적 근거로서 조례에 의거하여 소요자금의 전부 또는 일부를 보조할 수 있고, 조례에 의한 감독과 처분의 내용을 규정할 수 있다. 재정적인 지원 외에도 경관자문단(어드바이저) 제도를 도입하여 경관사업 전반에 대한 기술적인 지도를 제공할 수 있도록 규정할 수 있다. 또한 경관협정은 경관형성 및 관리에 시민들의 자발적인 참여를 유도하는 장치인 만큼 협정에 따른 인센티브(세제감면이나 보조금 지급)를 경관조례 반영할 수 있도록 규정함으로써 참여를 적극적으로 유도하는 것이 필요하다.

이러한 경관사업과 협정 등의 행정업무(경관위원회의 운영과 더불어)를 효율적으로 수행하기 위하여 필요하다고 인정될 경우에는 도시경관(디자인) 부서를 두거나, 지자체 상임기획단에 경관전문가를 둘 수 있도록 규정하는 것이 바람직하다.

4 경관권역과 경관축과 같은 거시적 계획내용을 반영하기 위한 시책

권역별 특성이나 경관축의 특성을 살리기 위한 내용을 경관 관련 조례에 반영하거나 신설할 수 있다. 경관권역이나 경관축(산림, 녹지, 수계 등)과 같은 거시적인 경관구조의 계획내용은 일부 용도지구의 지정, 경관사업으로 실현가능하지만 대부분은 계획에서의 기본적인 방향 설정으로 그칠 수 있는 가능성이 크기 때문에 실천할 수 있는 근거가 조례에 마련될 필요성이 있다.

새로 제정된 경관법에 의한 경관계획은 아직 수립되어 있지 않은 실정이다. 따라서 실제 경관계획을 수립하고자 하는 지방자치단체들의 입장에서는 많은 어려움이 있다고 판단되어, 경관법에 의한 계획체계와 내용을 상당 부분 따르고 있는 계획사례를 소개하여 실무적인 도움을 주고자 한다. 본 장에서는 기본경관계획에 해당하는 광주광역시 도시경관기본계획과 특정경관계획이라고 볼 수 있는 송도신도시 경관상세계획, 평택○○지구 경관계획, 남악신도시 경관계획의 내용을 소개한다.

– 신 지 훈/ 김 정 훈/ 김 경 영/ 김 현 선 –

VI. 경관계획 사례

경관계획 사례

Part 06

6.1 기본경관계획 사례: 광주광역시 도시경관기본계획

1. 계획 개요

1 배경 및 목적

지금까지의 도시의 모습은 중심적인 이념을 갖지 못한 채 기능주의, 합리주의, 경제우선의 균질한 도시건설 패러다임의 결과물이며, 이에 대한 반성으로 '인간성 회복'을 전제로 한 '문화', '환경', '경제' 등이 반영된 도시 개발 테마가 급부상하고 있다. '경제우선 개발'은 '환경문제'를 촉발하는 상호 모순적 상황이 연출되는 현 상황의 조정 및 사람들의 정신적 생활과 관련된 '문화'를 반영할 수 있는, 기존 계획과는 다른 새로운 계획의 필요성이 제기되고 있다. 이러한 시대적 요청에 따라 지난 2003년 1월부터 시행된 '국토의계획및이용에관한법률'에 의해 도시관리계획 결정시 경관계획을 의무화하게 되었다.

광주광역시의 도시경관계획은 넓게는 도시계획의 범주에 경관이라는 포괄적이고 문화적인 사고가 포함되기 시작했다는 점, 좁게는 특정 도시경관 과제에 대해 구체적 방안과 제도적 장치의 필요성에 대해 시민의 공감대가 형성될 시대적 기회라는 점을 접근의 근거로 삼아야 한다. 경관계획을 장기적 관점에서 접근하는 이유는 도시경관의 형성이 오랜 시간을 두고 이루어진다는 관점에서도 도시경관을 다루어야 하지만, 또 다른 면에서는 과거로부터 지금에 이르기까지 장기적으로 유지되어 오거나 형성되어온 경관자원이 경관계획의 대상으로 중요함을 말해 준다.

2 계획의 범위

(1) 공간적 범위

- 광주광역시 행정구역(501.44㎢)

(2) 시간적 범위

- 기준년도 : 2004년
- 목표년도 : 2020년(도시기본계획의 목표연도)

(3) 내용적 범위

- 경관현황 조사 및 분석
- 경관계획의 종합 분석 및 과제 추출
- 기본방향 및 기본구상

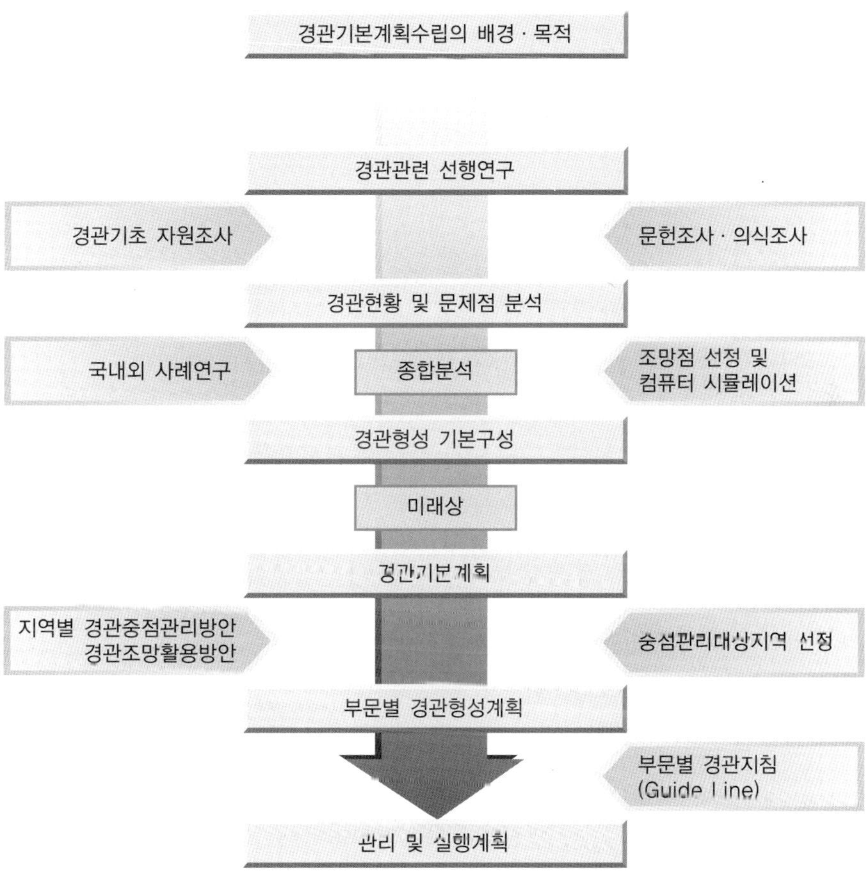

그림 6-1 계획의 수행과정

- 경관조성 기본 방침
- 경관지침 수립
- 관리 및 실행계획

3 계획의 수립방법과 과정

- 지역 내외의 전문가와 시민대표 등을 자문위원으로 적극 활용

4 계획의 추진 내용

(1) 기본계획적 성격

- 광주의 자연경관을 보전한다
- 문화역사경관을 보전한다
- 지역의 정체성을 담아간다
- 주거환경을 보호하고 시가지 경관을 정비 · 유도한다
- 쾌적한 가로경관을 조성한다

(2) 관리계획적 성격

- 경관지구의 지정을 통해 경관훼손방지를 위한 경관규제
- 경관권역의 구분 및 권역별 경관지침 마련을 통한 바람직한 경관형성가이드라인 제시

(3) 실천계획적 성격

- 경관관리행정 조직의 정비
- 경관심의제도개선
- 적극적인 경관형성사업추진
- 시민참여, 민간역할 강화프로그램
- 경관조례 제정 검토

2. 경관자원조사 및 분석

1 경관자원의 조사대상 및 범위

- 광주시 도시경관의 시대적 변천상
- 자연경관자원, 산림경관자원, 농산어촌경관자원, 시가지 및 도시기반시설 경관자원, 역사문화경관자원 등의 현황과 잠재력 조사
- 도시경관의 잠재력과 과제에 대한 전반적인 분석

2 광주시 경관형성 및 변천과정

(1) 도시경관 변천의 시대적 개요

- 일제 강점기인 1939년에 광주시가지계획에서 기존 시가지를 제외한 전 도시계획구역에 대해 토지구획정리지구를 지정하고 도시 전체에 대한 가로망 계획 및 간선 가로망 계획을 실시함
- 1967년에는 도시계획재정비를 통해 가로망계획을 재수립하고, 용도지역 · 지구를 지정하였으며, 제1차 순환도로계획을 수립함
- 1974년 도시계획안을 거쳐 1976년 도시계획재정비, 1984년에는 도시기본계획을 수립함
- 1995년 도시기본계획을 통해 시가화지역의 확장에 따라 현재와 같은 1도심, 3부도심, 5핵의 도시공간구조를 갖춤

(2) 근대 이후 도시 경관의 변천

- 도시가로축, 도시녹지축, 관문으로서의 경관, 랜드마크가 되는 건축물과 구조물, 조망점 및 조망대상으로서의 도시경관, 구릉지 등의 경관에 대한 변천 과정 조사

3 자연경관 현황

(1) 자연 경관자원 분석

- 광주광역시는 표고 100m 이하 지역이 전체면적의 75%를 차지하고 있으며, 500m 이상 지역은 무등산지역으로 전체면적의 약 1.75% 정도임
- 광주광역시는 동쪽 경계부의 무등산(1,187m)을 제외하고는 400m이상의 산지가 없음
- 시가화 구역의 대부분은 해발 100m 이내에 입지하고 있음
- 장기간의 풍화와 침식에 의해 형성된 구릉성 산지가 대부분을 차지함

(2) 도시공간 구조

- 건조녹고(建低綠高)의 도시경관 구조를 가지고 있으며, 특히 무등산은 조망기회가 가장 높은 자연경관 요소로 파악됨
- 그린벨트구역 부분해제에 따른 경관변화가 예상되며, 고층의 주거단지 스카이라인으로 인한 조망 차단이 심화되고 있음

(3) 하천 및 수경권

- 광주광역시의 하천은 크게 영산강과 황룡강이 두 개의 대하천축을

이루고 있으며, 수량이 풍부하고 수질이 양호함

- 우리나라의 전형적인 하천 경관이 형성되어 있으며, 하천 식생이 양호하여 조류 및 어류, 곤충 등의 서식환경을 제공할 뿐만 아니라 수변 레크레이션 공간의 역할도 하고 있음

4 인문경관 현황

- 도시계획 현황, 토지지목별 현황, 도시공원 현황, 주택 현황, 도로 현황, 문화관광지 등 도시계획적 내용과 관련된 현황 조사
- 광주시의 심벌마크, 상징물, 문화재 등 상징적 지역이미지, 행사 및 이벤트 등 비물적 자원에 대한 현황 조사

5 경관의식 조사

(1) 목적

- 광주시의 경관특성에 대한 주민과 방문자들의 의식 파악
- 광주시 도시경관의 잠재력과 방향에 대한 의견 조사

(2) 조사의 개요

- 조사방법 : 면접 설문조사
- 조사대상 : 광주광역시민, 외국인

(3) 표본추출방법

- 광주시내를 행정구역별로 5개 지역으로 구분
- 각 지역별 인구분포에 따라 성별, 연령별 쿼터를 할당
- 표본수 : 일반 시민 1,463명, 외국인 44명

(4) 자료의 처리 및 분석

- 회수 · 수집된 자료는 각 문항별로 전산화한 후 빈도분석을 통해 주민의식의 일반적 경향을 파악함

6 관련법규 및 유사사례 검토

(1) 국내외 관련법규

- 경관계획, 경관관리, 경관평가 등과 관련된 각종 법제도 현황에 대해 조사
- 경관관련 용도지구로서 경관지구(기존의 풍치지구), 미관지구, 고도지구, 보존지구가 있음
- 일본, 미국, 영국, 프랑스, 독일 등의 경관관련법규는 자연경관적 측

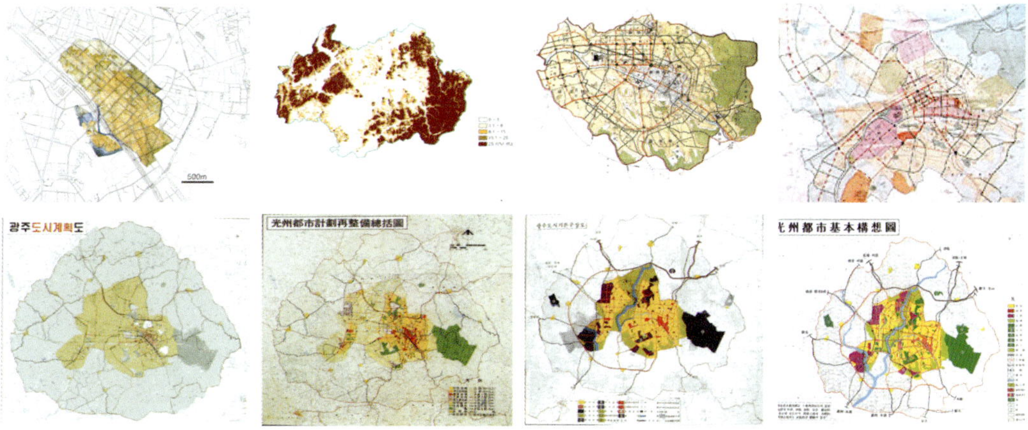

그림 6-2 광주시 도시계획변천 과정

표고분석

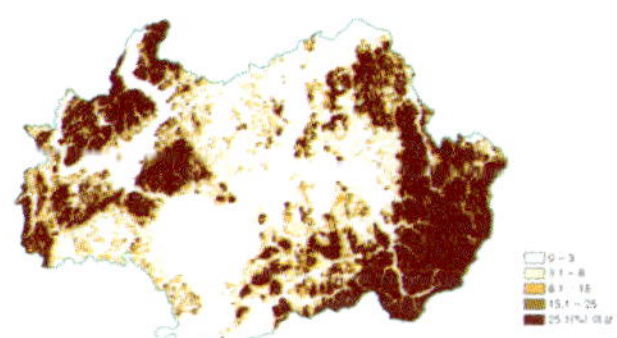

경사분석

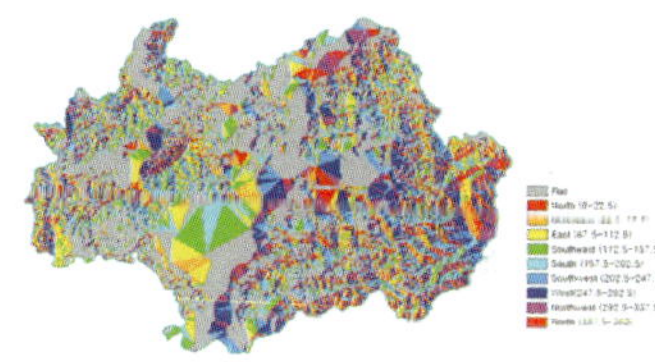

향분석

음영분석

하천 및 저수지 현황

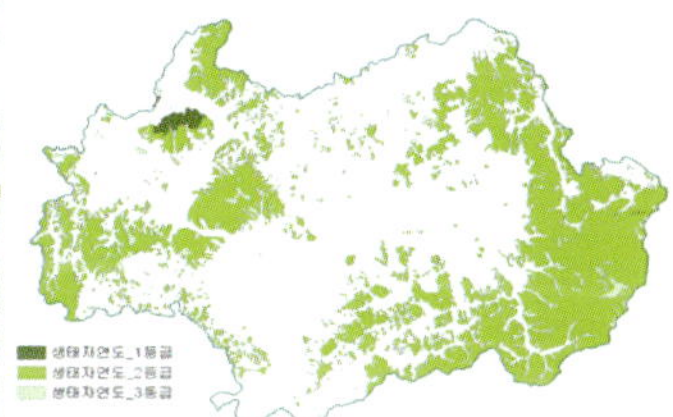

생태자연도

그림 6-3 경관자원 조사

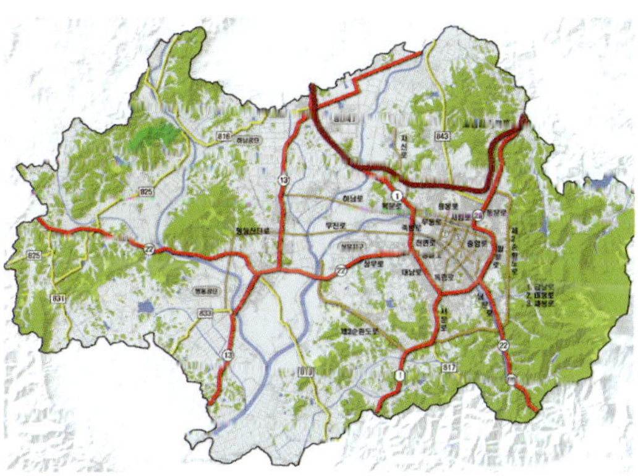

도로 현황

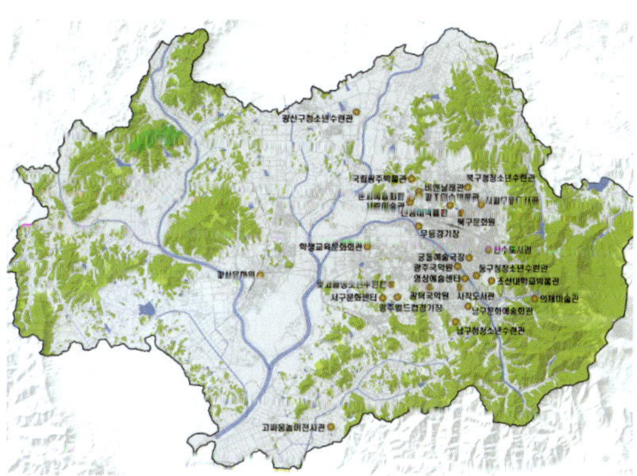

문화시설 현황

그림 6-4 광주시 인문경관 현황

표 6-1 관련법규 검토

법 규	경관관련 법규 내용
국토의계획및이용에 관한법률	• 도시경관기본계획수립 명시 • 미관지구, 경관지구, 고도지구, 보존지구 등 용도지구 지정 • 지구단위계획구역 내 용도지구, 건축물 높이제한 등의 내용 포함 • 주거지역 세분화 및 건폐율, 용적률 제한
건축법	• 건축물의 밀도 및 규모(건폐율, 용적률), 일조권, 건축선 후퇴, 대지안의 공지, 대지안의 조경에 관한 규제
환경영향평가법	• 환경영향평가 대상사업 지정 및 평가 항목 지정(경관영향 검토)
문화재보호법	• 문화재보호 및 보호구역 지정
도시공원법	• 도시공원, 경관 녹지가 도시계획(공공)시설로서 결정
옥외광고물관리법	• 옥외광고물 인허가 및 광고물 정비
자연환경보전법	• 자연경관의 보전
산림법	• 자연경관(녹지)의 보전

면과 역사경관적 측면에서 공통적으로 중점을 두고 실행되고 있음

(2) 관련 계획

- 기존 계획에 제시된 향후 도시개발의 목표, 도시발전 전략 및 과제, 공간구조 및 도입기능 구상 등의 검토를 통해 도시발전 지향점과 정합할 수 있는 경관계획 방향 도출
- 기 수립된 경관관련 주요 부문별 계획 검토를 통해 기본경관계획의 목표상 및 기본방향 수립에 반영

표 6-2 관련계획 검토

관련계획	경관관련 주요 부문별 계획
• 제4차 국토종합계획2000-2020 • 광주 · 목포권 광역개발계획1998-2011 • 광주권 광역도시계획2000-2011 • 도시기본계획1995-2011 • 재정비계획1998. 9 • 광주장기종합발전계획1997-2021 • 2020 도시기본계획	• 도시환경디자인 연구 • 광주도심활성화 종합기본계획 • 환경모범도시 조성을 위한 녹색도시 조성 및 도심녹화 미스터 플랜 • 생태도시 광주 2020 • 광주광역시 야간경관 지역별 기본 및 실행계획

7 경관구조 분석

(1) 광주의 경관구조적 특성

- 경관의 유형은 면, 선, 점적 유형으로 구분되며, 면적인 경관은 도시 스케일에서 지역다움을 인식할 수 있는 단위인 경관역(landscape Zone), 선적인 경관은 녹지축, 수변축, 도시축 등 유기적 공간단위인 경관축(Urbanscape Spine), 점적인 경관은 경관인지의 결정적 지표가 되는 상징적이며, 대표성을 지닌 인공물과 자연물인 경관핵(Townscape landmark) 등으로 구분될 수 있음
- 이러한 경관유형은 조망자의 시점에 따라 조망 대상 중심의 조망형 경관, 조망 대상과 주변과의 관계를 함께 고려하는 환경형 경관으로 구분될 수 있음

그림 6-5 광주의 경관구조적 특성

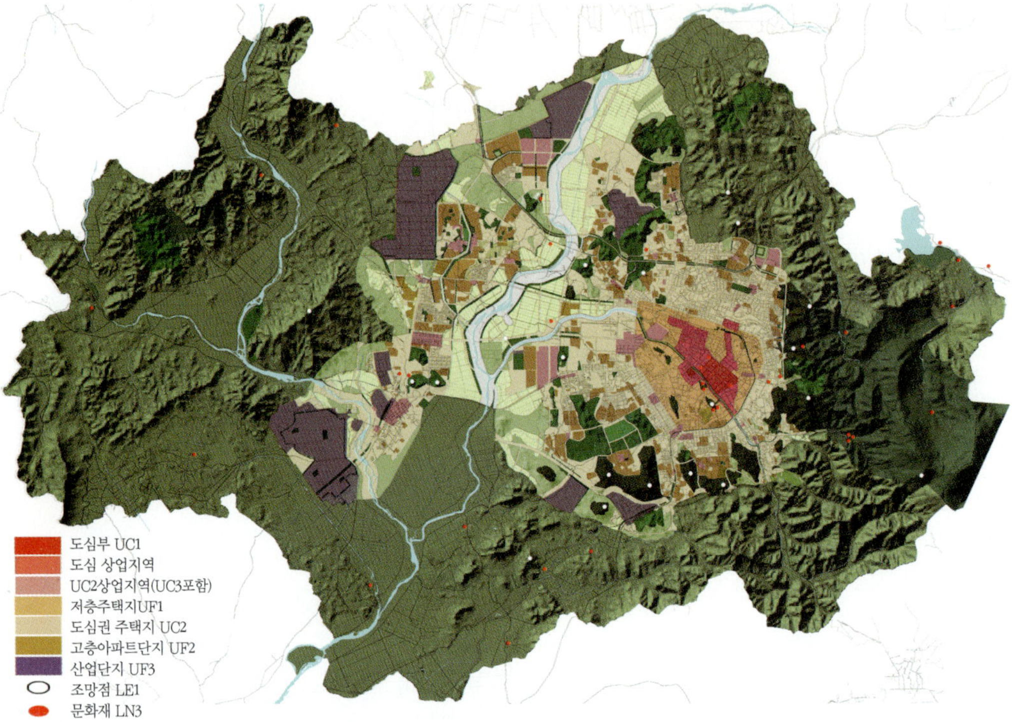

그림 6-6 경관유형의 공간적 분포

(2) 경관구조의 유형화

- 면적 경관유형은 도심부(Urban Core), 주변시가지(Urban Fringe), 배경 경관(Background) 등의 대경관으로 구분되며, 도심부는 다시 도심부, 도심/구릉지, 신도심으로, 주변시가지는 저층주택지, 고층단지, 산업단지로, 배경은 주변산지와 하천 녹지 등의 중경관으로 구분됨
- 선적 경관유형은 경관축(Landscape Corridor), 경관연계(Landscape Network) 등의 대경관으로 구분되며, 경관축은 도로축과 하천축, 경관연계는 스카이라인, 녹지네트워크, 문화네트워크 등으로 구분됨
- 점적 경관유형은 경관거점(Landscape Elements)로 대별될 수 있으며, 여기에는 조망점, 관문, 거점 등의 경관 요소가 포함될 수 있음

(3) 가시지역 분석

- 광주시 전체를 대상으로 하는 거시적 조망분석
- 32개 지점으로부터 광주 전체에 대한 가시지역 분석을 통해 주요 조

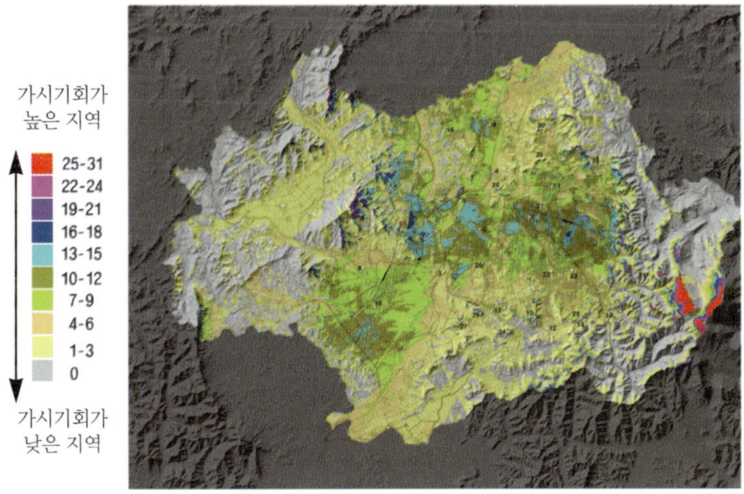

그림 6-7 **가시지역 분석**

망 지점 도출

- 경관평가를 위한 조망점은 도로결절점이나 광장, 공원 등 주변에 비해 개방감 있고 이용량이 큰 지역 및 지형상 높은 장소 등 조망에 유리한 지점 위주로 선정
- 거시적 경관조망점을 위주로 일상적으로 접근이 가능한 주요 장소에서 기반지형에 대한 가시권 분포특성을 분석한 후 조망점의 잠재적 특성(가시비율, 분포의 편차)을 고려하여 대표시점 추출조망관리의 수준과 경관관리 목표에 따라 시점을 유형화하고 경관관리의 잠재적 조망점으로 선정

8 현황분석의 종합

(1) 자연경관구조

- 전반적으로 산에 의해 둘러싸인 도시
- 도시 내부 구릉지가 노심내부지역에 대해 입면적 배경이 되며, 계절감과 녹지가 풍부한 경관을 제공하는 잠재적 경관요소
- 산지와 강 주변 평지간의 연계 · 완충적 공간의 경관확보 부족
- 도시경관이 전반적인 틀의 존재와 원경은 양호
- 경관잠재력을 연출하거나 끌어들이기 위한 중경으로서의 스케일과 근경을 이루는 거점적 요소의 경관정비와 관리가 미약

(2) 도시공간구조

• 구도심부를 제외하면 개성적이며 활력있는 지구경관 특징 부족
• 비엔날레와 김치축제 등 시민들이 즐겨찾는 공공공간의 장소화는 도시경관이 계절과 시간에 따라 연출하는 표정을 즐기고 문화로 정착시킬 수 있는 중요한 맥락이 됨
• 풍부한 자연이 생활공간의 배경이 되는 경관구조를 유지하기 위해서는 도시 내 전원부와 개방적 장소를 위요하며 거점간을 연결하는 녹지경관을 강화

(3) 생활문화적 표정

• 사회의식 변화와 도시화 진전이 도시와 자연의 관계성에 대한 의식을 탈농업적 사고로 변모
• 도시경관에 대한 시대적 정책과 대상도 도시 내의 공간에 대해 주목하는 양상으로 변모
• 도시외곽에서 자연과 전원을 쉽게 접할 수 있으나 공간적으로 도심과 주변지역 환경을 양분
• 급속한 도시의 확대 및 주거패턴의 고밀, 고층화로 도시주거의 정주문화가 정착되지 못함
• 정원이나 관리되는 공원을 중시하는 심미성이 발달하지 못함
• 근린의 자연녹지나 보존녹지가 자연성에 대한 일상적 추구를 충족시키는 역할을 함

3. 기본구상

1 기본방향 및 미래상 설정

(1) 경관계획의 목표

• 개성있는 지구경관 형성
• 생활과 밀착된 일상경관의 형성
• 오감으로 체험되는 실체적 경관을 형성
• 도시의 입지적 특성을 경관형성의 틀로 활용
• 도시문화적 매력의 기반 양성
• 도시경관의 형성에 대한 시민주체의 인식

(2) 도시경관의 미래상

풍토적 정체성 ············무등산 정기 아래
인본도시 ·······················사람과 삶이 문화가 되어
지속가능한 생태도시 ·················건강한 풍경을 만들어가는 도시

1. 매력 있고 개성 있는 품격의 문화도시경관 형성
2. 산과 강, 녹지와 바람이 어우러지는 자연풍경과 도시의 공생
3. 표정과 윤택함이 있어 애착을 갖고 살 수 있는 생활풍경의 창조

2 기본구상

(1) 도시경관축 구상

- 경관유형들의 도시공간 분포 및 도시경관의 구조적 특징을 바탕으로 그들간의 시각적 네트워크 및 문화적 네트워크, 녹지네트워크가 유지되도록 경관축 및 경관형성지구를 도시공간에서 추출

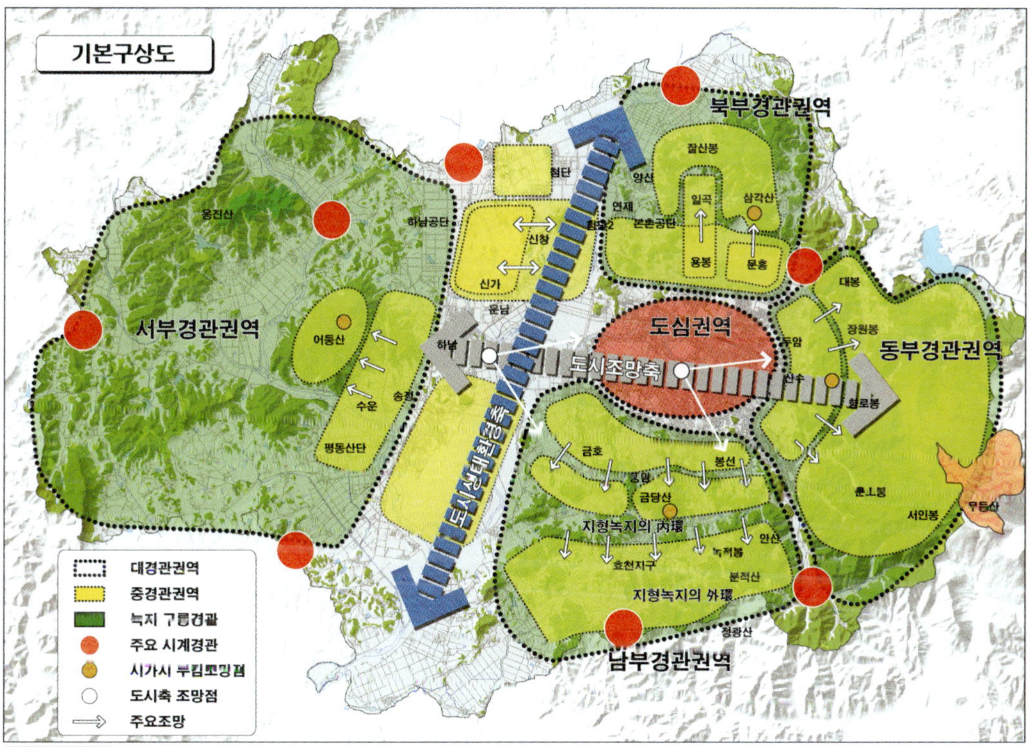

그림 6-8 경관 기본구상도

- 각 경관지구 및 경관축에서 경관현황 및 과제, 경관적 잠재력과 경관 시책에 의해 관리될 수 있는 현실성 등을 감안하여 경관지구 구체화

(2) 경관권역의 설정 방향

- 2개의 대경관축 설정 : 시민의 경관인식 및 자원조사를 통해 나타난 도시생태환경축(영산강하천축)과 도시조망축(어등산–광주천–무등산)
- 내외부 환상체계를 이루고 있는 주변 산의 지형 녹지네트워크와 도시내부 시가지와의 관련성을 중심으로 5개 대경관권역 구분
- 각 경관권역은 시가지의 배후 주변 산을 유효조망권역으로 하는 중생활권과 도로를 중심으로 중경관권역으로 구분
- 1차순환도로 내부를 중심으로 도심 시가지경관 형성 권역으로 설정하고 광주천과 주요도로 및 지구 특징별 경관지구 지정
- 대경관권역과 중경관권역의 접점, 관문이 되는 도로 구간 및 연도지역에 대해 시계경관 관리지구나 관문경관 형성구역 설정

(3) 경관기본구상도

- 경관축은 도시축과 하천축으로 나눌 수 있으며, 무등산의 조망과 수변개발 억제를 통한 환경적 가치 극대화 필요
- 도시배경으로는 동서남북의 구릉권으로 구분될 수 있으며, 시가지와 접한 산자락과 보전녹지가 주된 경관 배경이 되고, 근·중경의 경관형성 및 개방지의 조망확도가 요구됨
- 도심권역은 가로경관, 결절점경관, 공원주변, 도심구릉지구 등으로 구분될 수 있으며, 대표성과 상징성을 가진 도로경관 형성, 건축물간의 경관적 통일감 추구, 도시공원의 시각적 접근성 향상, 구릉지 경관 훼손 저감 등의 경관 형성 방안 필요

4. 기본계획

1 경관권역별 계획

(1) 도심권 경관권역

① 경관형성 목표

- 구도심권

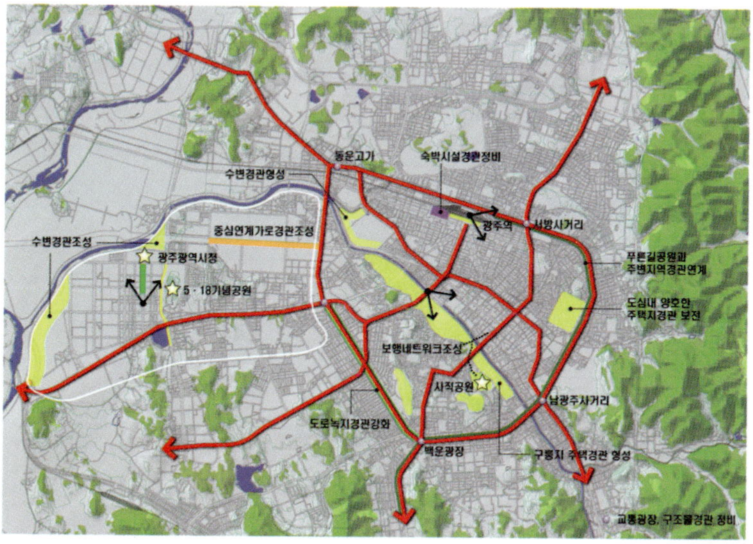

그림 6-9 도심권 경관권역 기본계획

- 개성 있고 매력 있는 문화도시 경관 창출
- 대표적인 상징가로와 광장 조성
- 보행자에게 친숙한 휴먼스케일의 가로경관 형성
- 도심 내의 주거지역의 특성 유지

• 상무권

- 기성시가지와의 경관적 연속성 확보
- 업무지구, 공공시설의 정연한 경관 조성
- 용도지역, 지구간의 경관적 이질감 해소

② **주요 과제**

• 구도심권

- 도심보행네트워크를 위한 희유성이 강조되는 도심보행가로 경관조성
- 금남로의 보행가로 정비 및 공개공지 통합
- 도심가로의 정체성 있는 경관시설(포장, 스트리트퍼니처)
- 도심가로에서 통경을 확보하기 위한 사직로, 금남로의 비스타 정비
- 역사문화시설 주변지역의 경관정비(광주향교 등)
- 교통광장 구조물 경관정비
- 도심 구릉지 주택지 경관 형성
- 푸른길공원과 주변지역의 경관연계

- 광주역 주변 숙박시설의 경관정비

• 상무권

- 공공시설 공개공지 확보
- 숙박시설 집중지구의 건물외관개선 및 광고조명
- 영산강 및 광주천 수변의 접근성 제고 및 경관녹지 조성
- 상무로 및 지구 내 도로의 방향성과 인지성 제고를 위한 가로 경관계획 수립

(2) 동부 경관권역

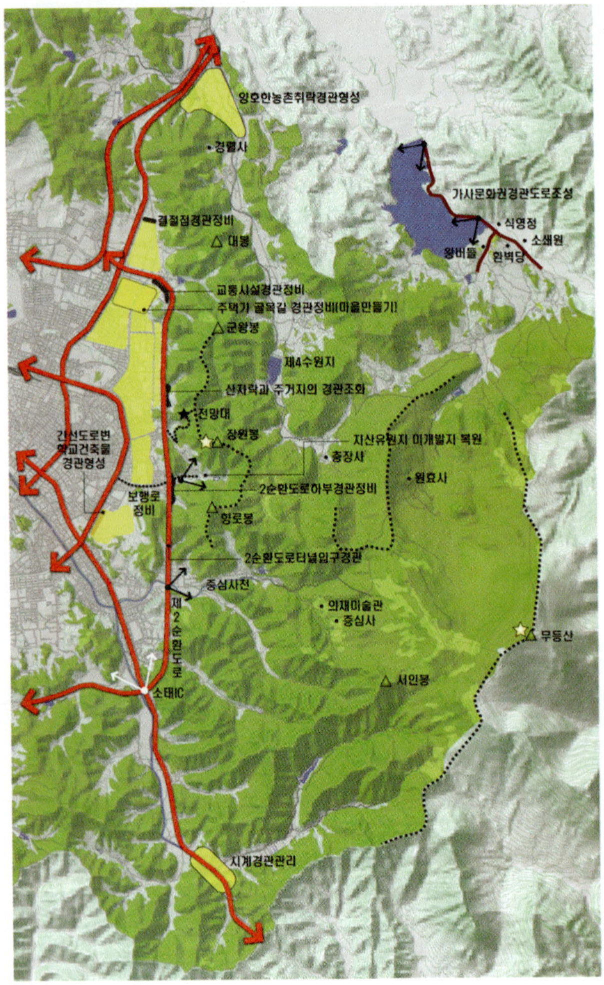

그림 6-10 동부 경관권역 기본계획

① **경관형성 목표**

- 구릉지의 녹지와 인접 시가지의 경관 조화
- 역사문화 관광지 경관 정비

② **주요 과제**

- 무등산의 조망시설 정비(전망대 및 전망구간) 및 접근성 제고
- 2차 순환도로의 구조물 경관정비와 하부공간의 녹지경관 형성
- 장기 방치된 훼손 녹지의 복원(지산유원지 및 아파트건축부지)
- 광주호 주변의 경관도로 정비
- 시가문화권의 전통경관 정비와 가로시설물 경관계획
- 무등산자락과 주거지의 경관조화
- 주택가 골목길 경관정비 및 마을만들기
- 양호한 농촌취락 경관형성

(3) 북부 경관권역

① **경관형성 목표**

- 하천과 자연 구릉지가 조화되는 지구의 특징을 부각
- 지구 내 간선도로의 경관적 골격 역할 제고

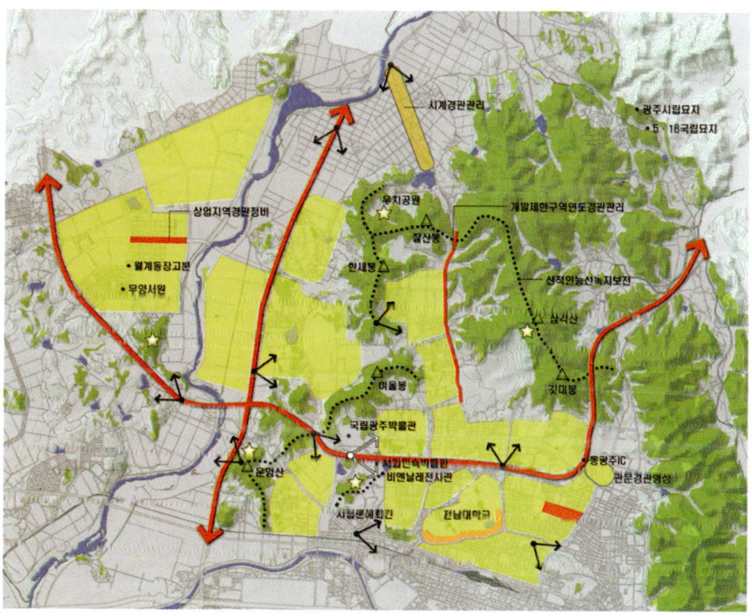

그림 6-11 북부 경관권역 기본계획

② **주요 과제**

- 고속도로 진입로, 제2순환도로의 결절점 등 주요 간선도로 구조물과 주변경관 조화
- 녹지단절구간의 지형복원 및 생태통로 조성
- 첨단지구 해제 지역 및 주변지역의 난개발 방지 및 경관보전
- 시계 지역의 농경지 경관과 주변
- 첨단2지구 택지개발지구 시범사업에 의한 공공시설 경관 형성
- 첨단지구 상업지역 경관정비
- 개발제한구역 연도경관관리

(4) 서부 경관권역

① **경관형성 목표**

- 안정감 있고 차분한 산업단지 경관 정비
- 농촌마을 및 지역개발과 조화되는 농촌경관 형성

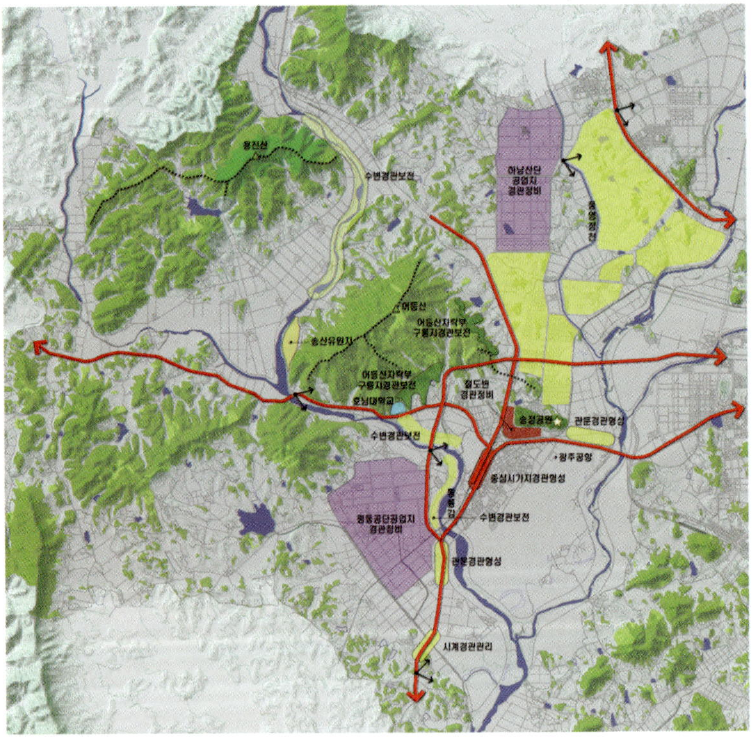

그림 6-12 서부 경관권역 기본계획

② **주요 과제**

- 산업단지 외곽도로 및 호남선 철도로부터 조망되는 어등산 자락부 녹지경관 보전
- 황룡강 수변경관의 보전
- 평동산단 및 하남산단 공업지 경관정비
- 평동산단의 도로녹지경관 정비 : 중앙분리대 녹지, 완충녹지대의 녹량감 증대
- 하남산단의 연도변 경관정비 및 산업단지 내 건축물 색채계획
- 나주-목포로 연결되는 시계지역의 건축물경관 정비 및 용도 검토
- 개발제한구역 해제취락의 시범경관 정비
- 송정 중심시가지 경관정비 및 형성
- 송정공원 주변 철도변 경관정비

(5) 남부 경관권역

① **경관형성 목표**

- 지형녹지와 간선도로의 조화
- 특징적인 지형경관 보전

② **주요 과제**

- 금당산, 화방산 등 독립적인 구릉지 경관보전 및 랜드마크로서 연출

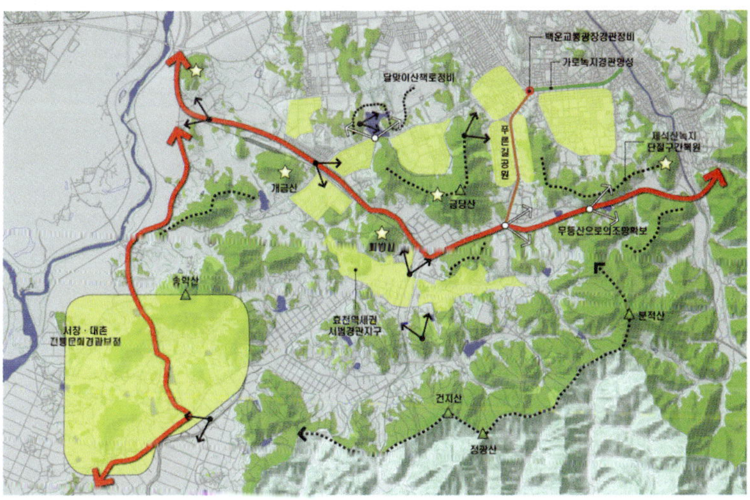

그림 6-13 남부 경관권역 기본계획

- 광주-완도간 고속도로의 친환경 계획 및 주변경관 보전
- 푸른길 공원 가로녹지경관 형성
- 제2순환도로에서 무등산으로의 조망확보
- 녹지 단절구간의 복원
- 서창 · 대촌 전통문화경관 보전

2 주요 경관축 경관계획

(1) 도시 조망축 경관권역

① **경관형성 목표**

- 도시의 방향감을 형성하고 도시의 랜드마크 특징 부각
- 하천과 주변 산 등 자연요소와 시가지의 경관연계성 구축

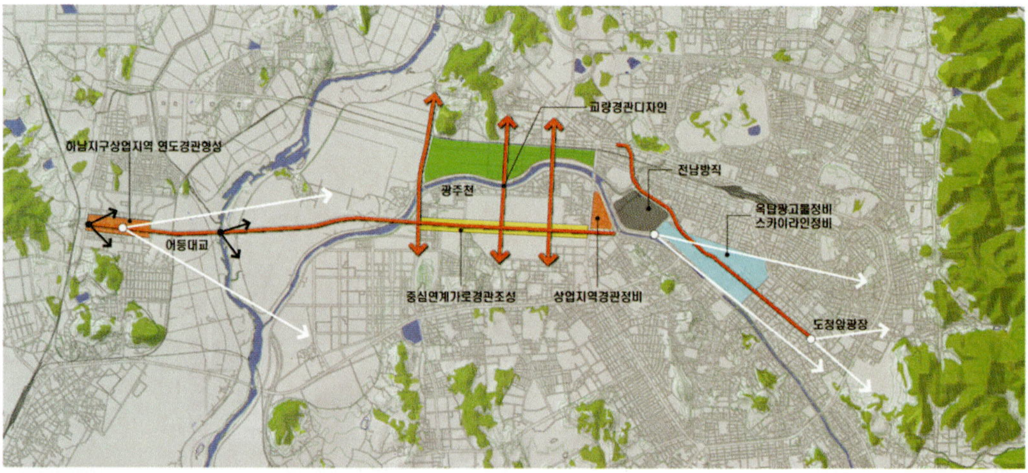

그림 6-14 **도시 조망축 경관권역 기본계획**

② **주요 과제**

- 광주여대-어등대교를 시점장으로 하는 무등산 조망축 보전을 위해 주변이용 검토
- 광주천 중류부의 무등산 조망권의 건축물 파사드, 광고탑, 가로시설물 정비
- 금남로주변 조망권 경관정비사업구역 지정 및 조망권 보전을 위한 주변 정비
- 문화도시관련계획의 중심권역의 경관

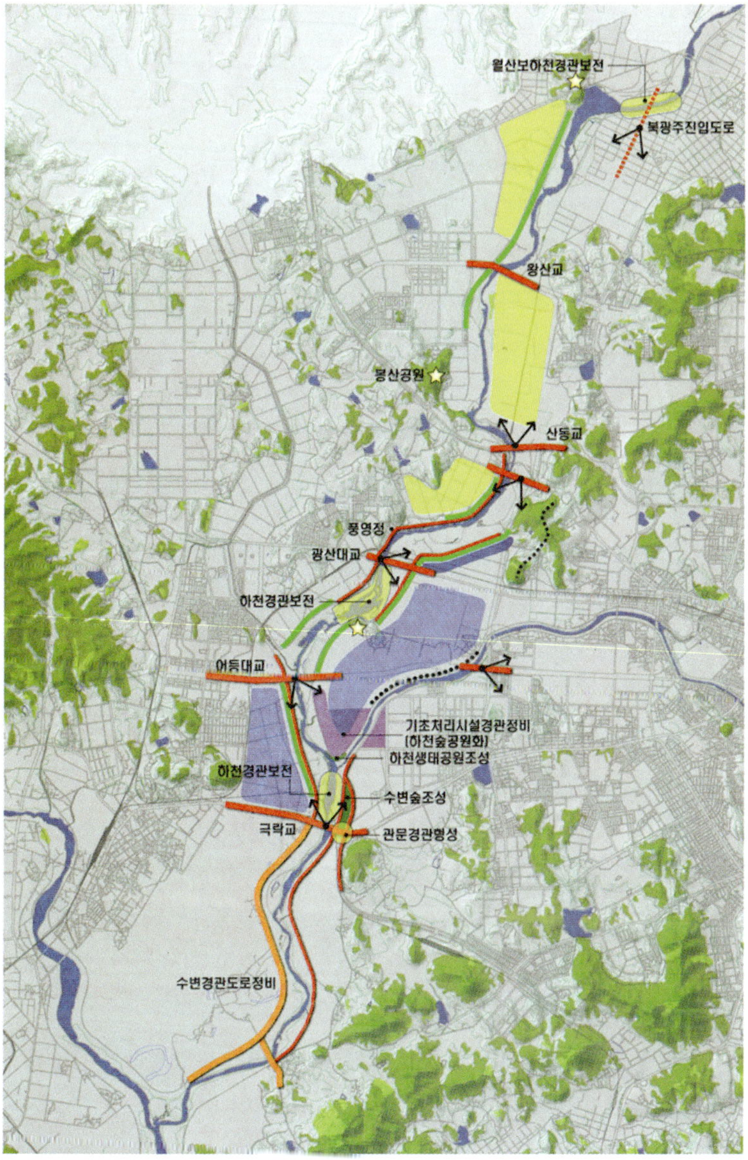

그림 6-15 하천축 경관권역 기본계획

- 하남지구 상업지역 연도경관형성
- 광주천 교량경관디자인
- 상무지구 무진로 중심연계 가로경관 조성
- 광천사거리 주변 상업지역 경관정비

(2) 도시생태환경축 경관권역

① **경관 형성 목표**

• 영산강

– 수변지역과 시가지경관의 조화 도모

– 하천의 수평적 연속성 확보

• 황룡강

– 전원경관과 조화되는 여유있는 수변경관 형성

– 수변의 산업단지의 경관적 이질감 해소

② **주요 과제**

• 영산강

– 영산강 수변의 보행, 친수공간 정비 및 접근성 제고를 위해 환경계획과 연계되는 수변경관계획 수립

– 영산강 교량 디자인 제고 및 경관계획

– 강변 숲 조성 및 하천부지 내 자연경관성 회복

• 황룡강

– 선운택지개발지구 개발시 수변경관 고려

– 평동교로부터 상하류 수변경관 보전

3 경관거점(경관형성 사업구역)계획

• 경관거점(경관형성 사업구역)은 중심시가지 경관형성 사업구역, 시범 경관형성 사업구역, 시가지 문화형성 사업구역, 조망권 정비 사업구역, 경관 리모델링 사업구역 등으로 구분될 수 있음

• 중심시가지 경관형성 사업구역은 시가지 경관의 양호한 환경조성과 광장, 결절점 등의 시각적 초점이 되는 구역임

• 시범 경관형성 사업구역은 대규모 택지개발지구의 아파트 스카이라인, 공공시설물 경관형성이 목표가 됨

• 시가지 문화형성 사업구역은 주거지 및 생활의 문화적 경관 형성이 필요한 구역에 지정

• 조망권 경관정비 사업구역은 주변지역과의 조화를 위하여 도시원경을 보호, 관리하여야 할 필요가 있는 지역

• 경관 리모델링 사업구역은 신도심과 광주역 주변지역등의 숙박시설이 밀집되어 현재의 환경을 유지하면서 정비할 필요가 있는 지역

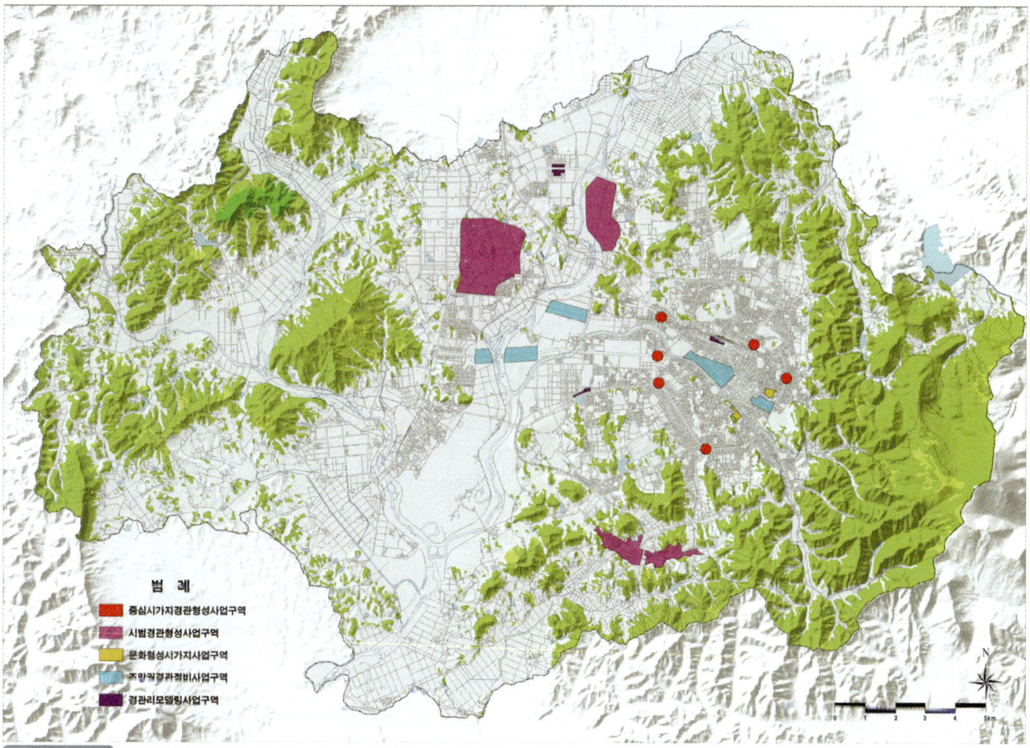

그림 6-16 경관거점(경관형성 사업구역)

4 경관중점지구(경관지구) 관리계획

(1) 자연경관지구

- 1종 : 산지, 구릉지 등 자연경관 자체의 보호 또는 도시의 자연풍치를 유지하기 위해 절대보전이 필요한 지구
- 2종 : 산지, 구릉지 등 자연경관 주변의 시가지 난개발을 방지하기 위해 상대적인 보전이 필요한 지구

(2) 수변경관지구

- 1종 : 하천, 호수 등 지역 내 수계의 하천축 경관과 수변경관이 단절되지 않도록 수변의 개방성을 적극 보호 유지
- 2종 : 하천, 호수 등 수변지역의 제한적 개발을 허용하면서 수변경관 형성

(3) 시가지경관지구

- 주거지역과 시가지의 양호한 환경조성과 경관형성을 위하여 필요한 지역

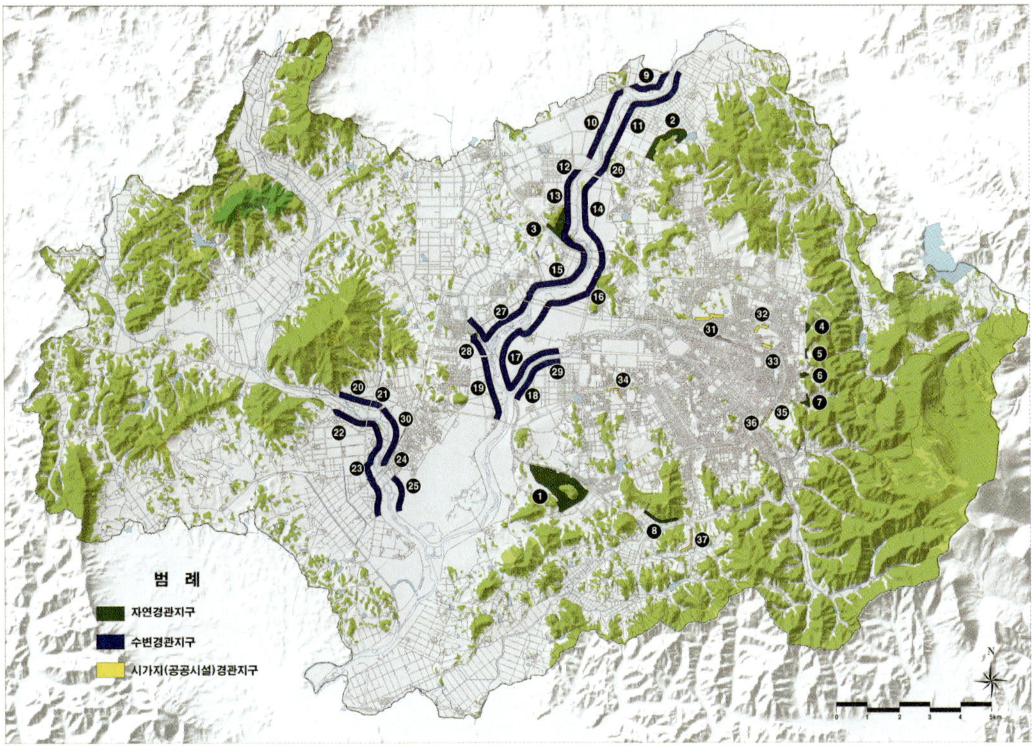

그림 6-17 경관지구 지정(안)

5. 경관디자인 가이드라인

1 자연경관 관리 방안

(1) 자연경관 보전 및 녹지축의 연결

- 조망권이 배려되어야 할 산의 능선을 분단하지 않도록 조망 통경선 확보
- 선녹지 활용을 통한 녹지 상호간의 연계성 증진
- 자연녹지에 대한 충분한 조사 · 분석을 통하여 우수한 자연자원의 보전
- 주요 산지 일정지역에 대한 경관관리 및 보호
- 녹지의 단절을 방지하고 가로공원 등을 조성하여 녹지축 연결
- 자연경관 인접지역은 저밀도 · 자연친화형 개발을 유도
- 자연경관을 훼손하는 개발을 지양하고 이미 훼손된 자연녹지의 복원
- 벽면녹화, 상록형 가로수식재 등으로 도심 내 녹시율 증대
- 자연녹지의 이용성을 고려하여 자연과 조화되는 시설 설치

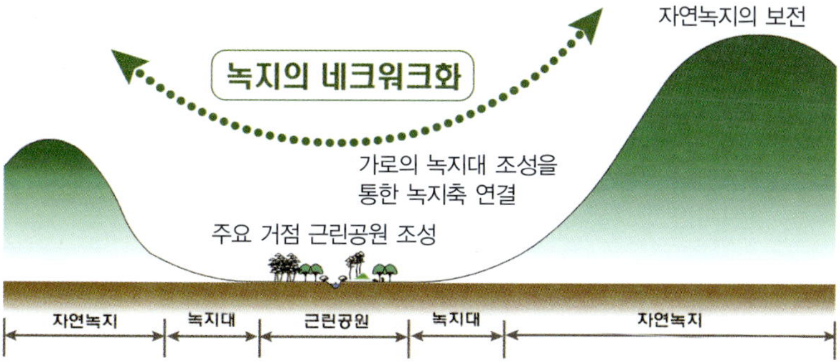

그림 6-18 녹지의 네트워크화

(2) 건축물의 배치 및 규모 등의 관리

- 주요 도로 및 조망지점에서 산지에 대한 조망보호를 위해 시곡면 이하 건축물 높이 관리
- 자연경관으로의 통경축 확보
- 자연경관와 스카이라인을 고려한 건축물 스카이라인 계획
- 산지와 조화를 이룬 주변 건축물의 색채 계획 및 디자인 관리
- 일정 규모 이상의 건축물 개발시 사전 경관시뮬레이션을 통해 사전 경관성 검토

2 수변경관 관리 방안

- 수변부 오픈스페이스 확보 및 건축물 고도제한을 통한 도시스카이라인 형성
- 우수 확보용 저류지 조성
- 주변건물, 도로축 등으로부터 하천으로의 시선확보
- 인공수림대, 습지 등 해안생태환경복원 및 해안형 친수공간조성으로 해안녹지축 형성

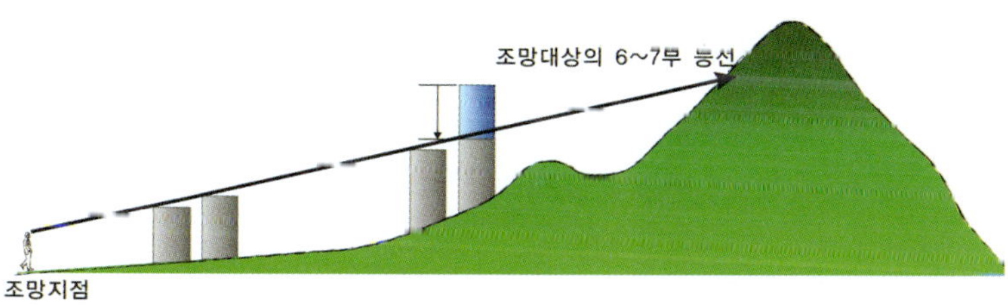

그림 6-19 녹지의 네트워크화

• 자연형 둔치를 조성하여 시민들의 친수공간을 제공
• 해안공원, 수제부공간을 개방하여 다양한 수변공간 조성
• 자연석과 친수성식물을 식재하여 자연형호안 조성
• 하천변 건축물의 리듬감 확보
• 하천이 조망되는 장소(교량 등)나 조망 포인트를 확보
• 하천변으로의 공공접근성 확보
• 하천변 건축물에 대한 건축선 후퇴 및 공공공지 확보
• 하천변을 기준으로 사선에 의한 건축물 높이 제한
• 수변축의 좌우 건축물들에 있어서 저층배치를 유도하며, 필요시 사선제한을 가함으로써, 전면 혹은 측면의 개방감을 확보

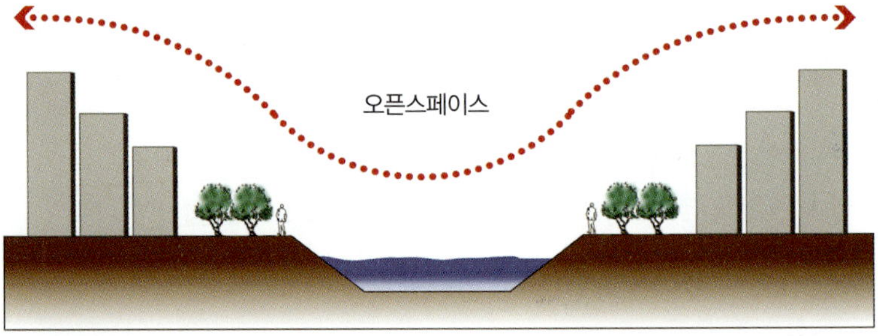

그림 6-20 **수변축에서의 시각회랑 확보**

3 역사문화유적지경관 관리 방안

(1) 제 1 권역 : 광주향교, 사직공원, 양림동 주변
• 역사문화자원(유형문화재와 무형문화재)의 보존, 발굴을 통한 자원 확보
• 자원으로의 용이한 접근동선 확보와 인지성 향상을 위한 홍보전략 마련
• 주변 환경과의 조화 및 경관관리를 위한 지침 마련
• 관광거점 및 관광자원으로서의 활용을 위한 프로그램 개발

(2) 제 2 권역 : 오지호 가옥, 무진 고성지 주변
• 보호구역을 설정하여 역사자원으로부터 일정거리를 확보하는 것과 주변 건축행위에 규제를 가하는 작업을 통해 경관자원은 공공의 것이라는 인식을 갖도록 해야 함
• 무진고성지의 성곽은 방문객들에게는 매우 매력적인 존재이자 머물

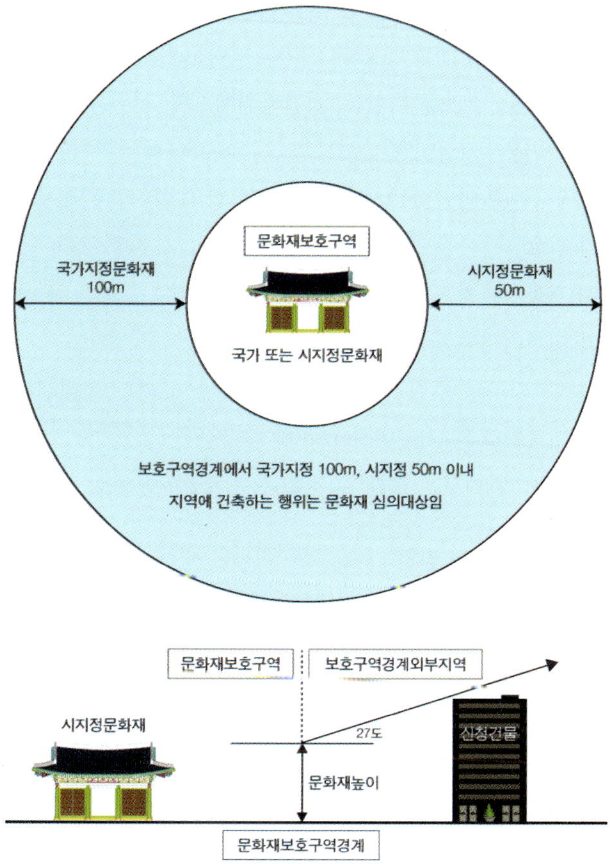

그림 6-21 문화재 보호구역 개념

수 있는 자원의 하나임. 현재는 점, 선적인 역사문화자원으로 존재하고 있으나, 가능한 한 면적자원으로 확대시켜 정비하는 것이 바람직함

- 이상, 제2권역의 경우 역사문화경관자원에 대한 경관관리는 자원자체 및 인근지역에 대한 공간 확보가 비교적 용이하므로 보다 효율적인 이용과 관리를 위해 환경정비를 위한 보호구역을 설정하는 것이 필요
- 또한 자원의 존재 및 홍보차원에서 접근도로의 가로환경을 정비하는 것이 필요하며, 구체적인 방안으로는 자원의 이미지와 연계된 가로시설물 설치와 주변환경과의 조화성을 추구하는 의장 처치가 바람직함
- 무진고성지의 경우, 성곽주변에 산책로를 포함한 휴게시설을 정비하여 점, 선적 자원을 면적 형태로 확대하여 관리하도록 함

(3) 제 3 권역 : 풍영정 주변, 칠석동, 신창동 주변

- 제 2권역에서의 관리지침과 동일한 맥락으로의 정비가 이루어져야 하며, 아울러 추가될 사항은, 경관자원에 대한 접근용이성 및 관광거점으로의 홍보가 요구됨
- 신창지구는 관리지역에 대한 구체적인 범위설정 및 관리계획안의 공개가 필요
- 특히 전통경관지구와 역사문화미관지구는 건축물의 형태 및 높이 규제가 이루어져야 할 것으로 판단됨
- 전통경관지구는 주변건축물과의 조화성을 고려한 형태선정과 건축물 높이 3층 혹은 12m 이하로 규제
- 역사문화미관지구는 형태 및 건축물 높이 2층 이하로 규제

4 시가지경관 관리 방안

- 분산화 되는 경향을 지닌 도시 및 지역 구조를 보다 인지하기 쉽도록 주거지구 레벨에서 경관 구조화 도모 및 정리
- 구획도로 교차점에 대한 특징 부여
- 지구간선가로의 상업업무용 중층 건축은 인센티브 부여 등을 통해 건물의 전 · 후면의 일체화를 도모하여 완성된 인격체와 같은 경관형성
- 현재 확보된 주거지 내의 기 확보된 공공공간이자 오픈스페이스인 도로의 생활 도로화와 이에 의해 주거지의 활력 연출
- 구획도로에서 차도를 제외한 부분이 보도라는 도식에서 탈피, 대담하게 보행자 공간의 확보
- 구릉지에 형성된 주택지의 경우 오랜 세월에 걸친 인간생활의 흔적이라 한다면 자연을 활용하고, 역사를 존중하는 기조 위에 새로운 수법을 가미할 필요가 있음
- 도심을 관통하는 광주천, 사직 · 광주공원과 일대의 구릉지형 등은 주거지 및 도시경관의 질적 향상을 담보하기 위해 적극 보전해야 할 필요가 있음
- 자연발생적으로 형성된 골목길은 애매모호한 다양한 용도로의 공간사용 등에 의해 감추어진 질서를 지니고 있어 공간의 깊이를 느끼게 함
- 가구나 엘레멘트 스케일에서 지구 개성이 표출되면서, 방향성이 명쾌하고 재미를 부여해 줄 수 있는 경관형성

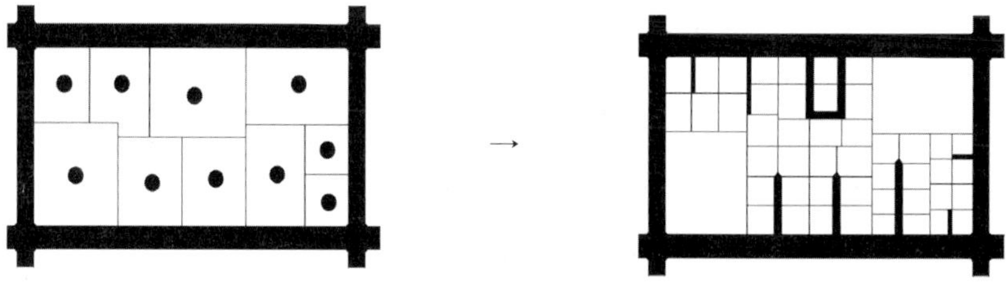

구획정리사업을 통해 비교적 커다란 가구를 건설하고 ●의 마크와 같이 비교적 커다란 토지를 환지. 사업은 여기서 멈추게 된다.

환지된 토지는 구획정리와는 별도로, 토지소유자에 의해 택지로 세분할 되면서 주택의 건설이 이루어진다.

그림 6-22 광주시 구획정리사업의 특징과 공간형성과정

5 가로경관 관리 방안

(1) 가로환경 기획 · 설계 · 조정 정책관리 방안

- 건축, 도시설계, 토목, 조경, 디자인, 행정 등의 통합된 인력으로 구성된 도시디자인실의 조직 필요
- 현 문화정책실을 활용할 경우 관련 전문가 보강 필요
- 도시환경디자인위원회 설치 및 운영 조례 제정 활용 필요

(2) 공공부문 가로환경, 민간부문 건축물, 광고물의 통합관리 방안

- 중점적으로 관리해야 할 대상의 가로공간을 선별하여 지구단위계획을 수립
- 가로의 포장, 가로시설물, 건축물의 형태, 색채, 외관, 지붕, 광고물 등 통합계획
- 해당구역 주민들의 협의체, 시민단체, 전문가단체와 지속적인 협의, 워크샵을 진행하며 주민협정을 유도

(3) 가로경관 관리 방안

- 보행량이 많은 역, 광장은 연도부지를 이용한 보행자 전용데크, 역주변의 자유통로, 교차점 연도건축물의 벽면선후퇴, 도로를 횡단하는 시설을 연도건축물과의 일체형으로 정비
- 민간부문 건축 컨트롤프로그램 운영

(4) 가로시설물 관리 방안

- 도시가로시설물 설치 마스터프로그램(D.V.: Design Vocabulary)을 작성
- 특정지구를 대상으로 시범적으로 간판을 정비한 뒤 단계별로 확대하는 방안 검토

6 옥외광고물 디자인 지침

(1) 기본방향

- 옥외광고물의 관리는 양적 규제와 동시에 디자인을 유도할 수 있는 유도적 제어를 동시에 고려함
- 양적 규제는 광고물의 수량, 면적 등에 대해 총면적 관리, 부수형 간판 규제 등의 내용이 포함됨
- 디자인 유도에는 광고물의 형태 및 규모, 재료 및 색채, 그래픽 요소 등과 같은 디자인 요소들의 창의성을 최대한 발휘할 수 있는 방안을 포함하도록 함

(2) 디자인 지침

① 양적 규제

- 양적 규제에는 수량규제, 부수형 간판의 규제, 불법광고물의 금지, 총면적 규제 등의 내용이 포함되며, 각각의 규제사항에 대한 명확한 기준을 제시하도록 함

② 디자인 유도

- 디자인 유도를 위해서는 광고물의 디자인 요소인 색채 및 재료, 문자 및 그래픽, 형태 및 규모, 위치 등에 대한 기본방향을 제시하도록 함

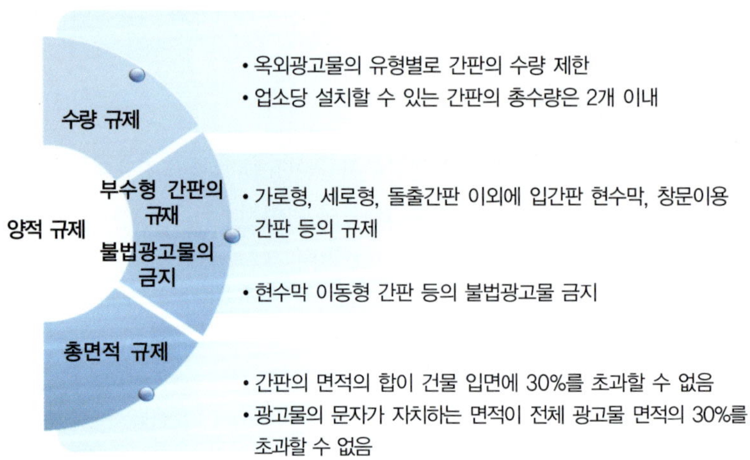

그림 6-23 옥외광고물 양적 규제 기념

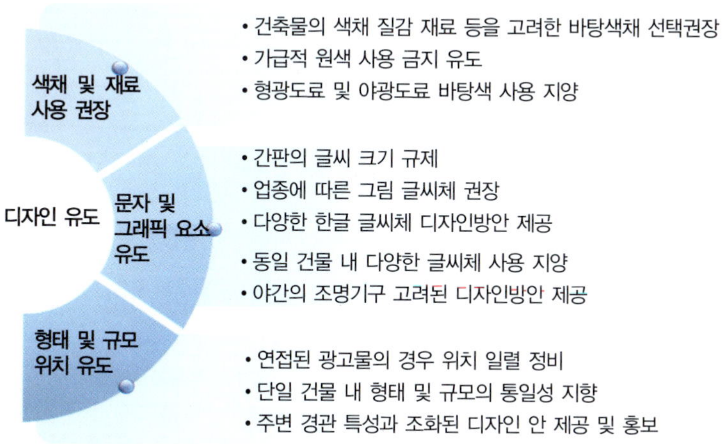

그림 6-24 옥외광고물 디자인 유도 개념

7 경관색채 디자인 지침

(1) 주거전용지역 색채 관리 방안

- 획일적 경관 분위기를 지양하기 위하여 유사조화보다는 저채도의 톤 조화 또는 색상조화 기법을 사용
- 아파트 동별의 조화보다는 단지 전체의 배색조화를 고려
- 세련되고 깔끔한 분위기를 연출
- 원색적이고 복잡한 그래픽보다는 깔끔하고 단순한 그래픽을 사용, 가급적 그래픽은 기능적 요소로서 표현이 되도록 함

(2) 상업전용지역 색채 관리 방안

- 활기 있고 생동감 있는 거리의 분위기를 연출
- 정돈된 화려함과 변화감을 연출
- 노후된 건축물들이 많으므로 색채는 가급적 눈에 띄지 않는 중성색을 사용
- 상업 · 업무시설이 많으므로, 어느 정도 화려하면서 세련된 분위기를 연출
- 깔끔하고 정돈된 분위기를 연출
- 옥외광고물 및 가로시설물은 회색이 도는 흰색 또는 무채색 계열 사용

그림 6-25 야간경관 형성을 위한 빛의 구조

(3) 공업전용지역 색채 관리 방안

- 밝고 화사한 이미지로 연출
- 원색보다는 부드러운 톤의 다양한 색상을 사용함으로써 활기있는 분위기를 연출

8 야간경관 디자인 지침

- 빛의 조닝 : 도시의 정체성 부여를 위해 지역적 야간경관의 특징을 발견하고 어떠한 공간 범위 및 거리에서 연출할 것인가에 따라 경관지구를 도출
- 빛의 루트 : 이용과 활동에 의해 도시공간의 인지성이 확보되도록 하며, 도시경관 구조에 대한 스케일감 전달
- 빛의 거점 : 경관조명 적용대상이 되는 공공시설물 및 민간 건축물
- 시점장 : 야간경관을 파노라믹하게 조망할 수 있거나 핵심요소의 연출을 즐길 수 있는 시점과 시점장 개발

6. 관리 및 실행계획

1 경관형성을 위한 5대 전략 사업 추진

- 광주천 횡단 교량 조형성 강화 사업
- 카풀(Car Pool) 문화공간 경관조성 사업
- 대중교통 시설의 상징화 사업
- 교통관문의 식별성과 이미지 업그레이드 사업
- 재래시장 경관 리모델링 사업

2 법제도의 정비 및 활용방안

(1) 도시계획조례의 개정

- 지역 · 지구 내 행위제한 사항을 조례형태로 제정 · 운용
- 개발행위허가제의 허가기준 개선
- 광주광역시 여건에 적합한 용도지구의 세분

(2) 경관심의기준 마련

- 공동주택 심의기준 마련
- 가로시설물 표준안 작성

(3) 심의제도의 개선

- 경관심의기능 강화
- 사전 예비심사제를 통한 경관심의 절차 및 심의방식의 개선
- 경관영향평가서 심사

6.2 특정경관계획 사례(1): 송도국제업무단지 경관상세계획

1. 계획의 배경

송도신도시개발계획은 기존 시가지 내 개발 가능지 부족과 공유수면매립의 필요성의 증대로, 1979년경 송도지역 공유수면매립기본계획이 수립되면서 본격화되었다.

인천시는 공유수면매립을 통한 토지의 확보를 주택문제 완화라는 소극적인 개념에서 벗어나 영종도 국제공항, 수도권 신항만 조성과 더불어 송도매립지를 인천시 Penta-Port의 한 축을 담당케 함으로써 도시발전의 거점 육성이라는 적극적인 개념으로 전환하였다.

마스터플랜수립을 위해 국제현상을 통하여 해외 3사를 1차 선정하고, 기본구상안 설명회를 거쳐 네덜란드 OMA를 우선 협의대상 선정, 1999년 송도신도시 도시계획이 결정되었으며, 이후 많은 시행착오와 계획을 통해 국제업무단지(1,3공구)의 마스터플랜이 KPF에 의해 수립되었다.

본 사례에서 소개하는 송도국제업무단지 경관상세계획(Detailed Cityscape Plan)은 KPF의 국제업무단지 마스터플랜과 NSIC(송도신도시개발유한회사)의 지구단위계획, 송도신도시 경관기본계획, 그 외 수립되어 있는 여러 계획들을 통합 · 조정하고, 송도신도시만이 가질 수 있는 장소성을 창출하여, 도시를 이루는 다양한 요소들에 대한 상세한 컨트롤을 민관이 협의를 통해 도출하여, 신도시 전체 계획의 근간으로 자리매김한 선도적 경관계획의 사례라 할 수 있겠다.

2. 현황 및 여건분석

1 대상지 개요

- 위치 : 인천광역시 연수구 동춘동 1018-1번지 일원
- 면적 : 약 5,346,951㎡

〈국제업무단지 공간범위〉

〈송도지구 매립지 현황〉

그림 6-26 국가업무단지 공간범위 및 송도지구 매립지 현황

2 계획의 추진경위

1979. 9. : 송도지역 공유수면 매립 기본계획 수립
1984. 8. : 2001 인천도시기본계획 수립
1990. 11 : 송도지역 공유수면 매립 승인(17.7㎢)
1991. 1. : 송도지역 공유수면 매립사업 설계용역(2차) 착수
1991. 7. : 2006 인천도시기본계획 수립
1991. 8. : 송도지역 공유수면 매립사업 기본계획 변경 수립
1992. 7. : 인천도시계획 재정비(용도지역 변경 결정)
1994. 7. : 4공구 매립공사 착공
1994. 7. : 수도권정비 심의위원회(인구영향평가) 심의 완료
1996. 11. : 1, 2 공구 매립공사 착공
1997. 6. : 2011 인천도시기본계획 수립
1997. 10. : 송도 신도시 기본계획 및 사업화계획 수립용역 착수(대우)
1998. 3. : 해외 3사 기본구상안 1차 보고회
- 네덜란드 OMA, 미국 Gruen, 일본 Nikken Sekkei
1998. 5. : 네덜란드 OMA 우선 협의대상 선정
1999. 7. : 송도신도시 도시계획 결정
2004. 11 : 인천경제자유구역 개발계획 변경 승인 및 실시계획 승인
2005. 12 : 인천경제자유구역 송도지구 경관기본계획 수립
2007. 02 : 송도국제업무단지 경관상세계획 수립

3 토지이용계획(2005. NSIC)

- 주택건설용지 : 중앙근린공원을 중심으로 남측과 북측에 공동주택용지를 계획하고 남측에 배치한 체육시설용지에 저밀 고급 단독주택용지 계획
- 국제업무용지 : 부지를 대각선으로 이어주는 상징가로인 Park Avenue를 따라 선형의 국제업무용지를 배치하고, 북측 유보지(인천경제자유구역개발)에도 연접하여 계획
- 공원 · 녹지용지 : 간선도로(Park Avenue)를 따라 가로중앙에 대규모 녹지대(35m)를 계획하고 부지 중심에 중앙공원을 배치하고 수변공원, 체육시설을 연계 배치
- 공공시설용지 : 부지 중심에 녹지 및 행정중심시설을 계획하고 지구중심 및 생활권별로 근린생활용지에 분산배치

〈국제업무지구 토지이용계획〉

〈송도신도시 토지이용계획〉

그림 6-27 국제업무지구 및 송도신도시 토지이용계획

3. 경관기본구상

1 기본개념 : Co-Design

- 송도신도시 경관상세계획(Detailed Cityscape Plan)의 기본 방향
- 통합디자인_ Collaborative Design, 장소디자인_ Contextual Design, 공유디자인_ Communal Design, 소통디자인_ Communicative Design의 4가지 개념을 중심으로 Co-ordination Plan 계획

그림 6-28 Co-Design의 개념

2 통합디자인 : Collaborative Design

- 통합적 유연성 : '통합디자인 collaborative design' 의 관점에서 경관상세계획을 합리적으로 추진할 수 있도록 관련 계획의 상관관계를 분석하고, 계획의 일관성을 유지할 수 있도록 통합적 지침작성의 기준 마련
- 계획대상의 통합 : 기존의 실행주체에 의해 나뉘어졌던 공공부문과 민간부문의 구분을 공간적 영역을 중심으로 하여 재구성하여 통합적 요소로 계획
  - 공공부문 : 도로, 보도, 가로시설물, 가로수, 공원
    민간부문 : 건축물, 공개공지, 옥외광고물, 야간조명, 색채 등
  - Interspace : 건축물 저층부(형태, 용도, 입면), 보도, 공개공지 중심

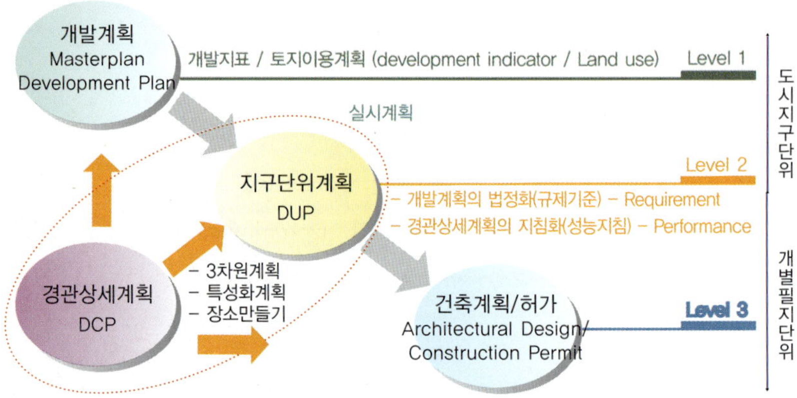

그림 6-29 개발계획 및 지구단위계획과의 연관성

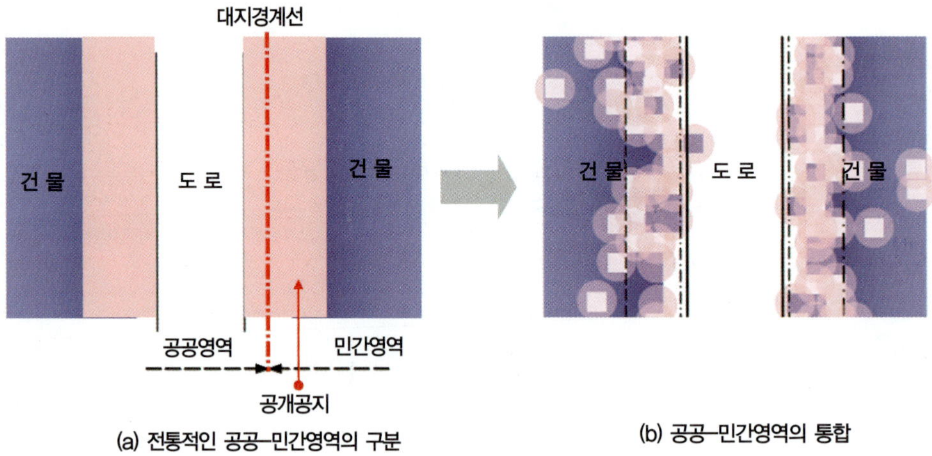

그림 6-30 계획 대상의 통합

- 관련계획의 통합 : 시행기관에 따라 독립적으로 계획됐던 내용들을 검토하여 통합적 계획방향 제시
- 통합적 작성 지침의 기준 마련 : '통합' 의 관점에서 도시디자인을 합리적으로 추진할 수 있도록 관련 계획의 상관관계를 분석하고, 도시디자인의 일관성을 유지할 수 있도록 지침작성의 기준 마련

표 6-3 시행 기관별 계획내용

From NSC	From IFEZA
Masterplan	경관기본계획
Streetscape	1공구/3공구 기반시설실시설계
지구단위계획	통합사인시스템 계획

3 장소디자인 : Contextual Design

• 장소의 계획

– 국제자유경제구역으로서의 도시의 성격과 정체성 형성에 주목하여 송도신도시만의 '장소브랜드' 창출

– 개발계획 및 실시계획을 반영하여 공간의 성격을 부여하고 '장소만들기' 를 통한 특성화계획 및 장소의 이미지 확립

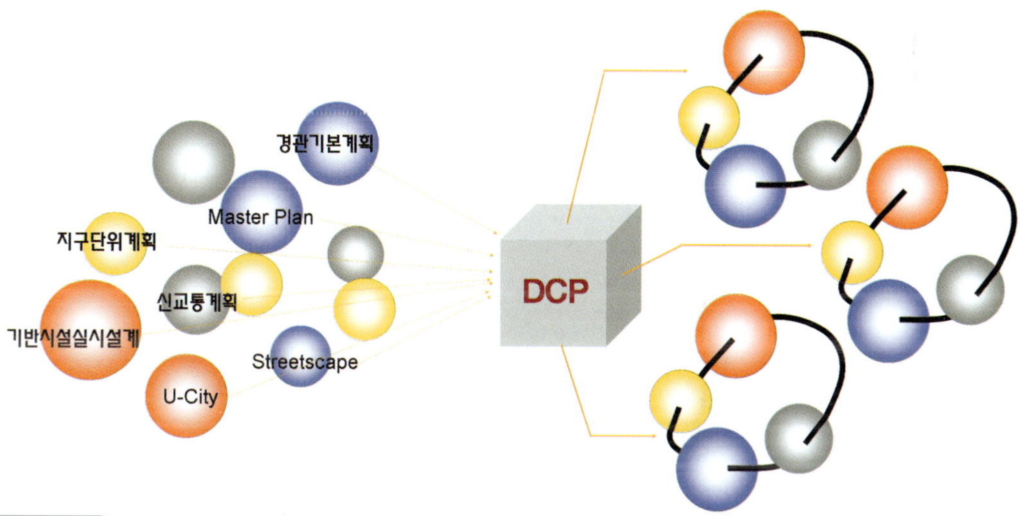

그림 6-31 통합적 지침의 작성

• Symbol

– Landmark & Skyline : 해양도시이자 매립도시로서의 밋밋하고 평이한 대지의 형상을 극복할 수 있는 강력하고 상징적인 스카이라인 조성과 스카이라인 부각을 위한 야간 경관계획 및 초고층 랜드마크 건축물 계획

세계도시	인천경제자유무역 송도국제업무지구	경관상세계획
Global Standard	IFEZA IBD	DCP
Identity Sustainability Integration System Oriented Flexible Legibility	해양도시 매립도시 국제도시 자유도시 선도도시 미래도시	Symbol - 랜드마크 (점) - 스카이라인 - 경관가로 (선) Synerge - 복합화 (면) - 개방화 - 첨단화 (체)

그림 6-32 장소 디자인의 개념

- 경관가로 조성 : 단조로운 자연경관을 보완하기 위해 녹음이 풍부하고 다양한 유형과 스케일의 Streetscape Plan 수립

• Synergy

- 영역의 복합화 : 거리의 경계를 유연하게 하여 민간영역과 공공영역이 통합적으로 활용될 수 있는 중첩의 영역(Interspace)에 집중하여

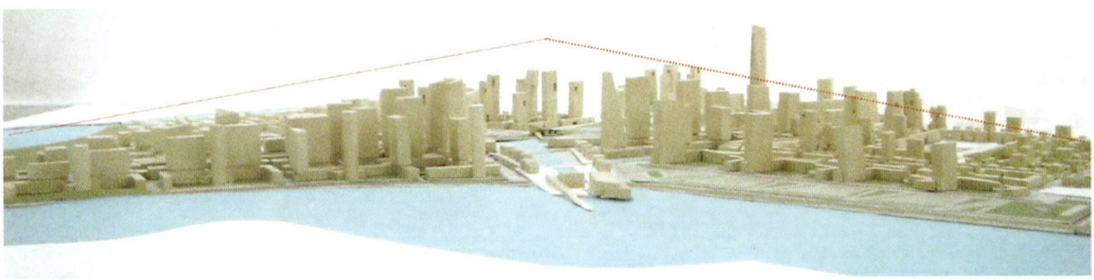

그림 6-33 Tent Skyline의 개념

그림 6-34 야간경관의 빛의 위계

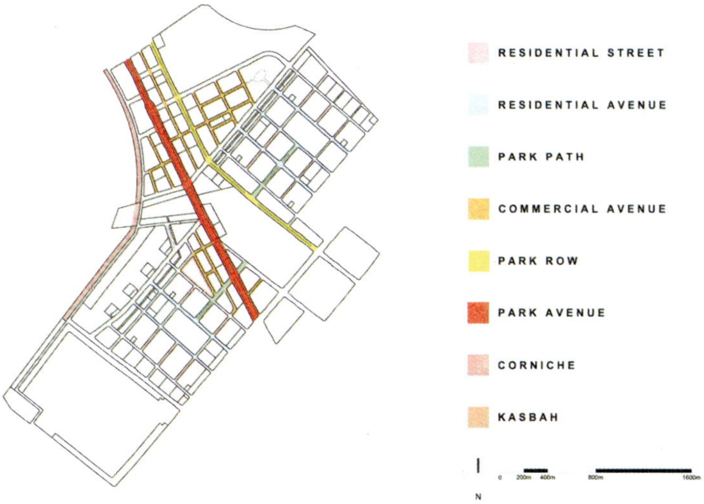

그림 6-35 경관가로의 유형

실행주체에 의한 분리된 가로공간이 아닌 민간과 공공이 복합화된 공간을 조성하여, 보도의 확장 및 풍부한 식재를 노입하여 새로운 도시가로의 유형 창조

- 개방화 : 바다로 면한 대지의 특성을 고려하여 바다로의 개방감이 최대한 확보될 수 있도록 Visual Corridor를 계획하고, 대규모 획지의 장점을 살려 대지 내 공지에 다양한 Open space를 계획

- 보도확장
- 도시광장
- 선큰공원
- 쌈지공원
- 아케이드
- 블록 내 보행통로
- 건물 내 공공공간
(아트리움포함)
- 접지부 공공공간의 활성화

그림 6-36 오픈스페이스의 유형

4 공유디자인 : Communal Design

- 경관구역의 구분 및 가이드라인 작성
  - 국제업무단지를 공간구조, 경관특성에 따라 구획하고 각 zone 및 Block별 가이드라인을 작성함
  - 가이드라인의 구성 : 지침 checklist와 지침도 Map로 구성
- 설계구역 구분의 기준
  - 설계구역의 구분은 도시계획시설 및 관련 용도 · 공간위계 · 개발단계 등을 검토하여 최종적으로 주요부와 일반부로 구분
  - 도시계획시설에 의한 기준
    : 송도국제업무단지 내의 간선가로에 의한 분류
  - 관련 용도에 따른 기준
    : 토지이용계획 상 관련 용도의 기능에 의한 분류
  - 공간위계에 따른 기준
    : 주요부(간선도로 인접부, 해안 인접부, 근린생활축 등)와 일반부에 의한 분류

표 6-4 설계구역 구분의 기준

유형	기 준 근 거	블 록 구 분
#1	• 도시계획시설(간선가로)에 의한 기준	• 간선가로 인접부 • 간선가로 이면부
#2	• 관련용도에 따른 기준	• 공동주택+주상복합+근린생활 • 국제업무+주상복합 등
#3	• 공간위계에 따른 기준	• 주요부 : 간선도로인접부, 해안인접부, 근린생활축 • 일반부

• 가이드라인의 유형

- Bad Design을 막기 위한 규제사항과 Good Design을 만들기 위한 권장, 유도사항으로 구분하여 도시건축(총괄), 색채, 조명, 사인 등의 분야별로 제시

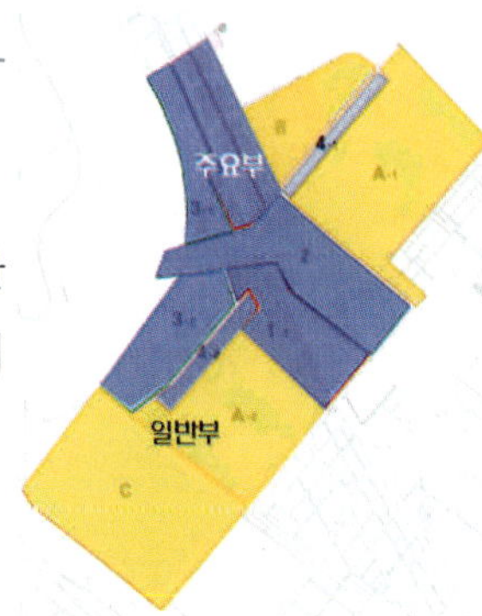

그림 6-38 경관존의 구분

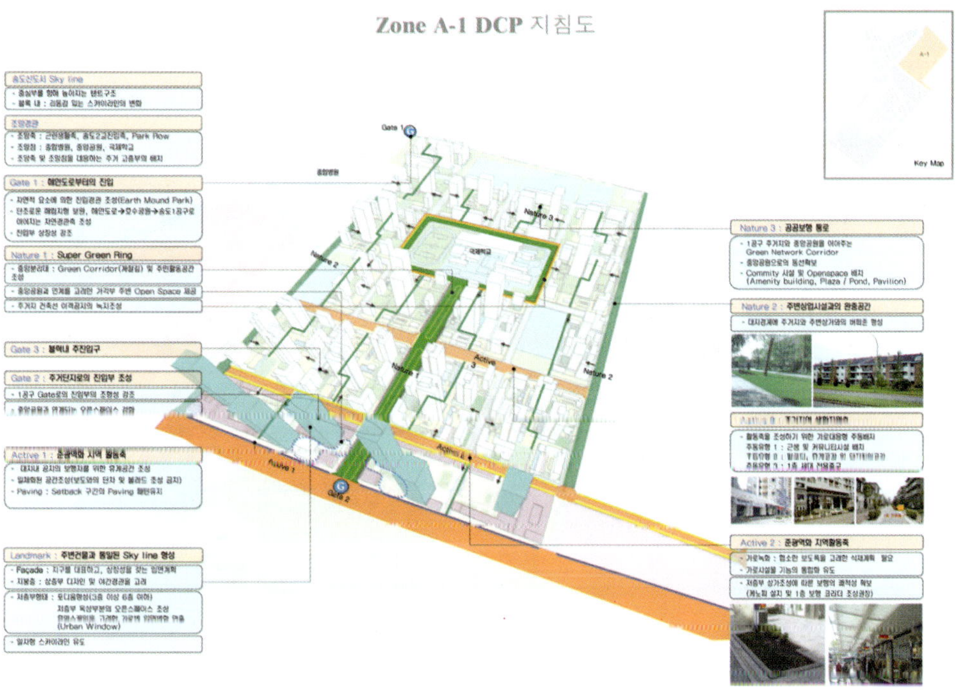

그림 6-37 가이드라인의 작성

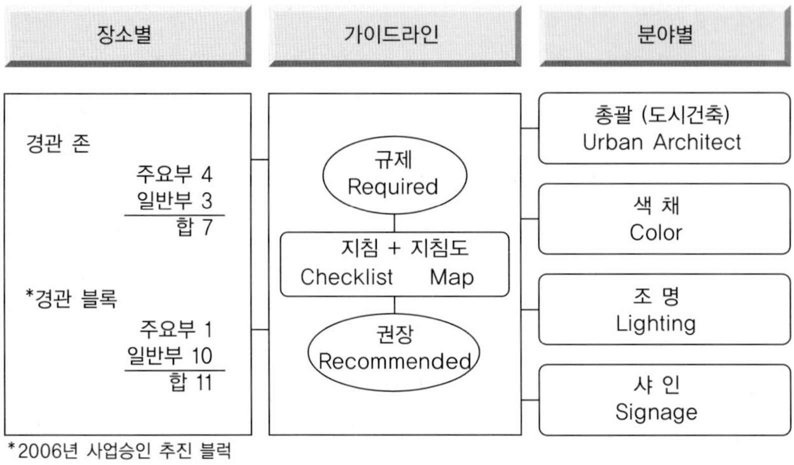

그림 6-39 가이드라인의 유형

5 소통디자인 : Communicative Design

• 협의체계의 구축

– 행정과 개발가와 전문가가 함께 하는 협의체계 구축 : 경관상세계획 협의회(DCPC–Detailed Cityscape Plan Committee)

– 계획체의 구성부터 계획안의 결정까지 워크샵 형태의 계획진행방식을 적용하여 과정에 대한 디자인 구축

– 정례회의 2주에 한번, 주요 사업승인 건축허가일정에 따라 조정

• MA 시스템 도입

– 송도 국제업무단지의 지속적이고 일관성 있는 사업이 진행되도록 "국제업무단지 사업총괄계획"(MA 시스템)을 설치하여 운영

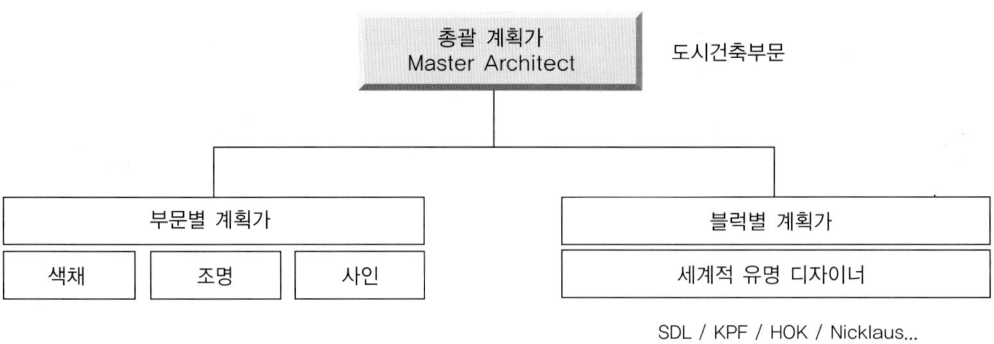

그림 6-40 MA System

4. 경관기본계획

1 ZONE별 장소성 강화

- 주요부
- 공간구조계획 : 조망 및 축, 거점 등의 공간구조 제시
- 획지 및 높이 재조정 : 획지사이즈의 과대함을 검토하고 사선제한에 의한 높이를 검토하여 계획적 높이를 실현하기 위한 최고높이 적용 제안
- 축(Axis) 경관의 성격 부여 : 각 축의 성격을 규정하여 유형별로 구분한 후(상징가로, 생활가로, 해안가로 등), 계획방안 마련
- 거점(Core) : 지하철 정거장, 도로의 결정점, 랜드마크건물 등을 중심으로 건축물 배치 및 형태의 상세한 지침 조성

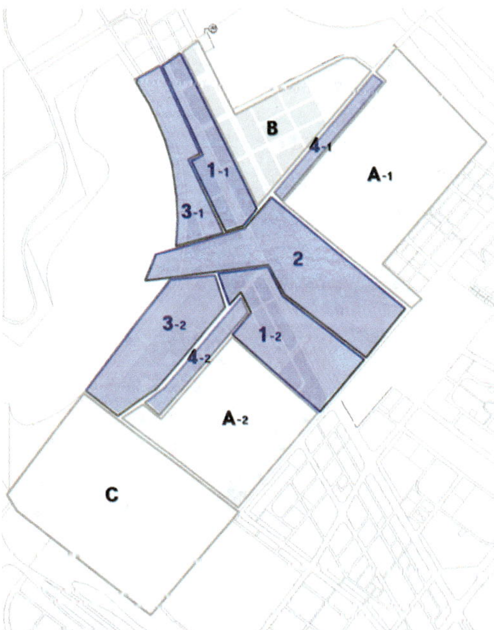

그림 6-41 경관Zone : 주요부

그림 6-42 주요부 장소성 강화(Zone 1, B)

- 일반부
- 유보지(국제업무용도 이면부) 및 주거지역 및 체육시설용지를 대상으로 상대적으로 유연한 지침 제시

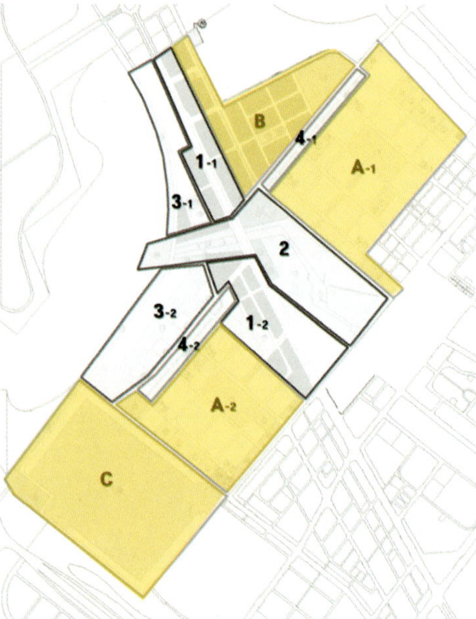

그림 6-43 경관Zone : 일반부

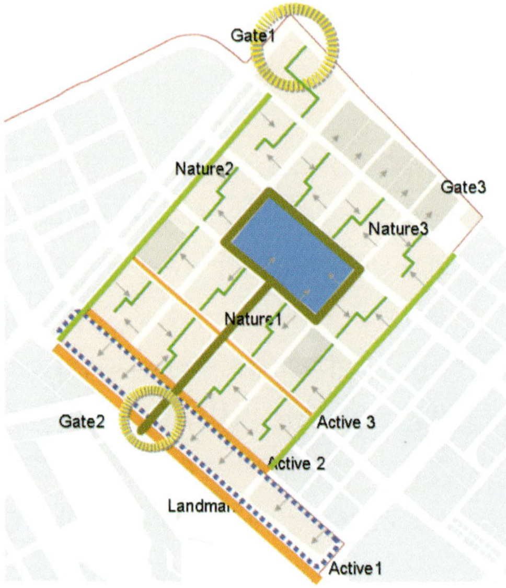

그림 6-44 주요거점 및 축(Zone A-1)

2 부문별 디자인 강화

(1) 옥외광고물

• 기존 송도국제도시 옥외광고물의 현황

– 면적 총량제 적용 : 기존 시행령과 조례가 지닌 절대 기준에 의한 제한을 보완하여 업소의 면적에 따른 상대적 기준마련

업소 당 옥외광고물 면적 총량제

지역구분	건물면적 가로폭	업소당 옥외광고물 등 총면적(㎡)					
		업소면적 30㎡미만	업소면적 30㎡이상 60㎡미만	업소면적 60㎡이상 100㎡미만	업소면적 100㎡이상 200㎡미만	업소면적 200㎡이상 400㎡미만	업소면적 400㎡이상
주거지역 녹지지역	광로 (40m이상)	5(7)	7(9)	9(11)	12(14)	16(18)	22(24)
	대로-중로 (12m이상 40m미만)	4(6)	6(8)	8(10)	11(3)	15(17)	21(23)
	소로 (12m미만)	3(5)	5(7)	7(9)	10(12)	14(16)	20(22)
상업지역 공업지역	광로 (40m이상)	7(9)	9(11)	11(13)	14(16)	18(20)	24(26)
	대로-중로 (12m이상, 40m미만)	6(8)	8(10)	10(12)	13(15)	17(19)	23(25)
	소로 (12m미만)	5(7)	7(9)	9(11)	12(14)	16(18)	22(24)
특수구역 또는 특수건물		제3조제1항제7호나목 규정에 의하여 따로 정하는 바에 의한다					
자율규정에 의한 경우		제4조 규정에 의한 인정을 받은 자율규정이 정하는 바에 의한다					

그림 6-45 면적총량제에 의한 송도2공구 옥외광고물 설치 현황

- 간판의 표현에 있어서의 자율성은 보장하였으나, 간판이 차지하는 면적 산출에 대한 기준이 모호하고, 디자인을 고려한 내용이 부족하여 송도신도시의 차별화된 경관조성에 한계가 있음
- 건축물의 용도 및 가로의 특성에 대한 기준 필요

• 옥외광고물 계획의 기본방향

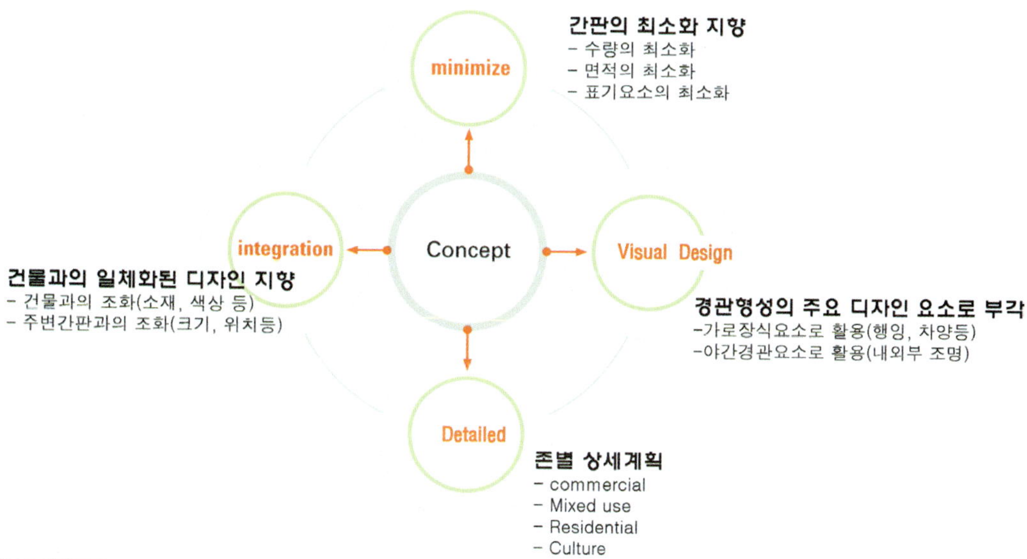

그림 6-46 옥외광고물 계획 기본방향

표 6-5 옥외광고물계획 기본방향 : 최소화(Minimize)

수량의 최소화	
1. 점포당 설치개수의 제한 2. 통합광고물 설치의 유도	• 점포 당 설치 가능 개수 2개로 제한 • 가로형 광고물과 돌출광고물 동시설치 금지 • 2개 이상 돌출광고물 설치 시 통합디자인 권장
광고물 면적의 최소화	
1. 문자중심의 표현 2. 단순화된 도안표시 활용 3. 크기의 최소화	• 광고물의 입체화 권장 / 1층 이상 판형간판 설치 금지 • 상업지구 내 돌출행잉광고물의 도안표시 권장 • 가로형, 돌출형광고물의 크기 제한 강화
표기요소의 최소화	
1. 연락처 및 영업내용 금지 2. 과도한 그래픽의 제한	• 상호 및 상표(로고, 심볼) 이외 표시 금지 • 4가지 이상의 색체 사용 금지

표 6-6 옥외광고물계획 기본방향 : 일체화(Integtation)

건축물 외관과의 일체화	
1. 건축형태 고려 2. 입면장식요소로의 활용	• 저층부(아케이드, 포디움 등)디자인 고려 • 미디어 이용 광고물의 경우 건축물과 일체화된 유형 및 설치 제시

건축물 재료와의 조화	
1. 다양한 재료(금속재, 석재, 유리 등)와의 조화	• 건축물 주재료에 적합한 프로토타입 제안 및 권장사양 제시

입면색채와의 조화	
1. 무채색 간의 조화 2. 인접색 및 유사색의 조화 3. 색상대비에 의한 조화	• 건축입면과 광고물 간의 배색을 고려한 가이드라인 제시 • 지구별 특성을 고려한 배색 지침 (업무지구 무채색 배색 권장)

표 6-7 옥외광고물계획 기본방향 : 디자인화(Visual Design)

가로장식요소로서의 활용	
1. 배너의 활용 2. 차양의 활용 3. 행잉광고물의 활용	• 가로 특성화 요소로서 지정된 구역에 한하여 허용됨 • 가로의 성격에 적합한 프로토타입 제안 및 권장사양 제시

야간경관을 고려한 조명	
1. 외부조명의 활용 2. 내부조명의 활용	• 광공해의 형성을 최소화 하기 위하여 주거지역의 조명 설치 제한 강화

표 6-8 옥외광고물계획 기본방향 : 상세화(Detailed)

Commercial	
1. 국제적 및 상징적인 표기요소 강조 2. 디자인된 간판 활용	• 영문표기의 의무화 • 픽토그램의 적용 • 건축물 및 브랜드 고유의 디자인과 상징성의 활용

Mixed Use	
1. 다양성 지향 2. 정확한 정보전달 중점	• 변화하고 활기찬 경관을 위한 다양한 광고물 디자인의 유도

Residential	
1. 보행자 중심의 사인체계 구성	• 주거지구의 동 호수 표기의 높이 제한 • 아파트 브랜드 및 상호 표기시 저층부 활용 권장

Culture	
1. 자연요소와의 조화 고려	• 문화지구로서의 공공적 이미지 보존 • 문화 및 휴식 환경의 보호를 위한 상업광고의 최소화

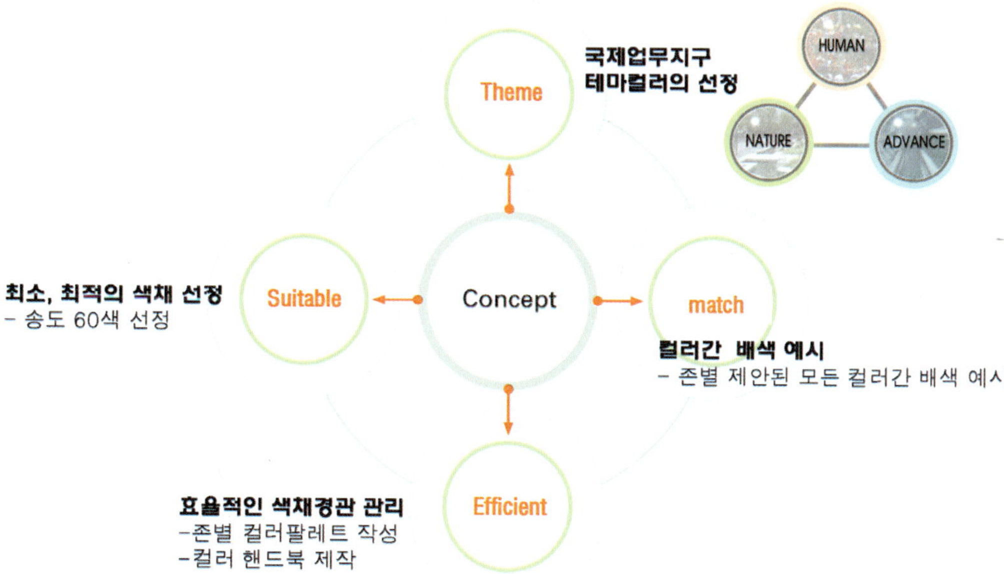

그림 6-47 색채계획 기본방향

(2) 색 채

- 색채계획의 기본방향
- Theme : 국제업무단지 테마컬러의 선정

– 상위관련계획을 분석하여 비교검토한 후, 송도 국제업무단지의 환경 특성에 대한 분석을 현장조사를 통하여 실시

– 색채경관의 지향 이미지에 대한 감성이미지 조사를 송도를 잘 알고 있는 전문가 및 계획관련자 중심으로 경향을 파악

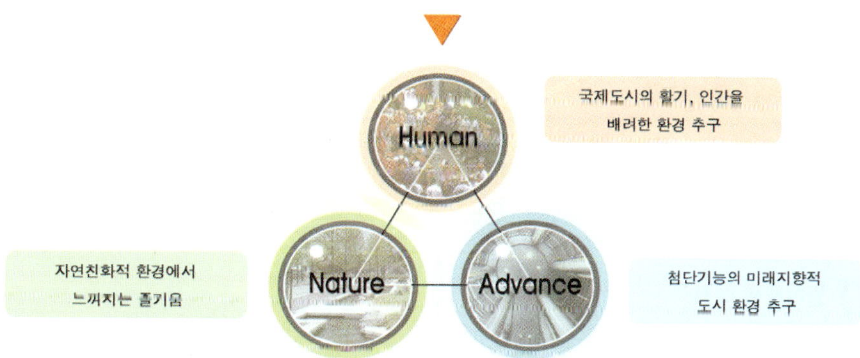

그림 6-48 테마컬러의 선정방법

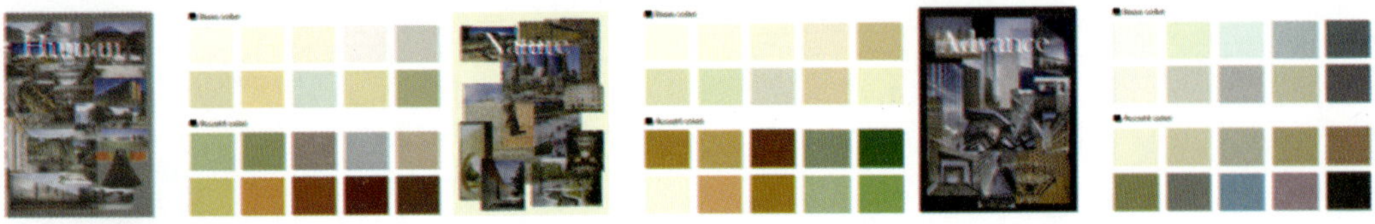

그림 6-49 송도 60색

- 국내외 건축색을 조사 분석하여 환경색 사례분석을 통하여 송도가 지향하고자 하는 테마컬러 선정
- Suitable : 송도국제업무단지 60색 선정
  - 형용사 이미지 스케일 및 이미지 분류를 위한 구조도
  - 기본이미지 배식 등을 기준으로 송도 60색 선정
- Match : 컬러간 배색 예시
  - 주변환경, 건축물의 규모 · 형태 · 용도 등을 고려하여 존별 컬러간 배색 예시
- Efficient : 효율적인 색채경관관리

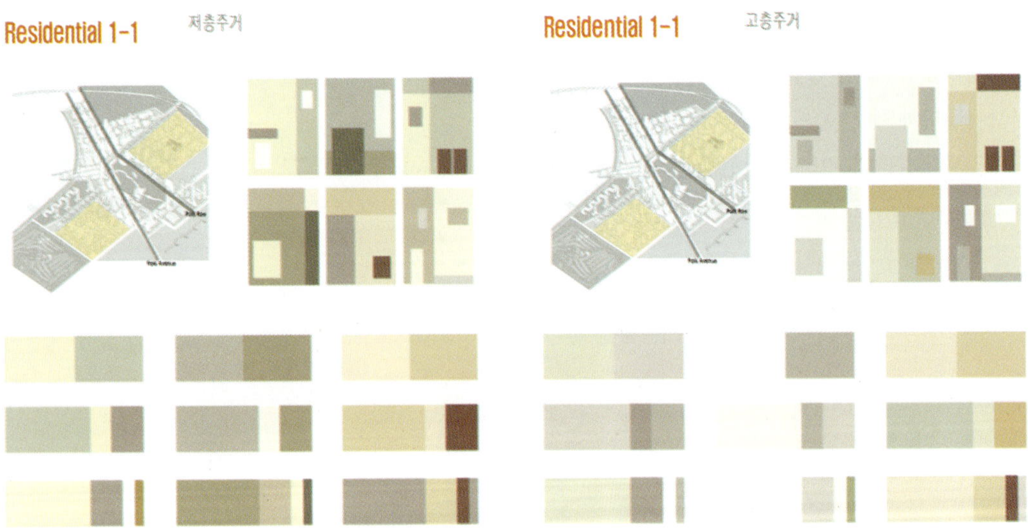

그림 6-50 컬러배색 예시

표 6-9 용도에 따른 색채 경관관리계획

구분	계 획	비고
Commercial	- 블루, 그린계열의 차분한 컬러를 주조색으로 선정 - 고층건물과 하늘이 조화를 이룰수 있는 중명도 이상의 밝은 컬라사용	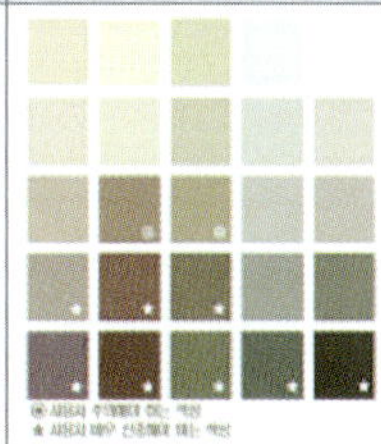
Mixed-use	- Grayish한 컬러를 기본으로 Purple, yellow Red 등 다양한 컬러를 더해 변화감 연출 - 규모의 중압감이 느껴지지 않도록 부드럽고 고급스러운 컬러 사용	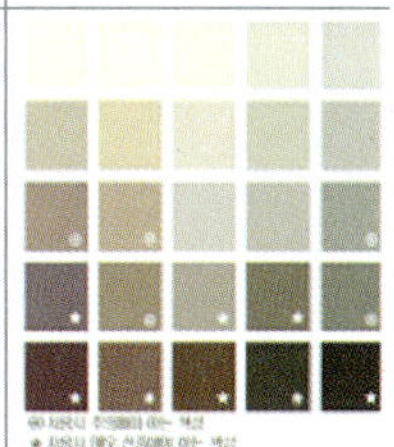
Retail	- 활기차고 동적인 이미지로 개성 강조 - 채도가 높은 컬러 및 다양한 유채색 추출 - 다른 존과 비교하여 적극적으로 컬러 사용 가능	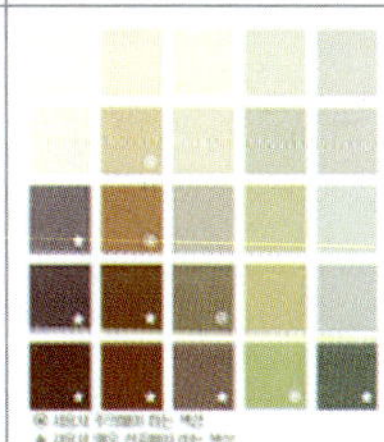
Culture	- 그린 및 브라운 컬러로 편안하고 친근한 자연색 이미지 강조 - 석재, 금속, 나무 등의 자연소재 마감재와 조화로운 컬러 추출	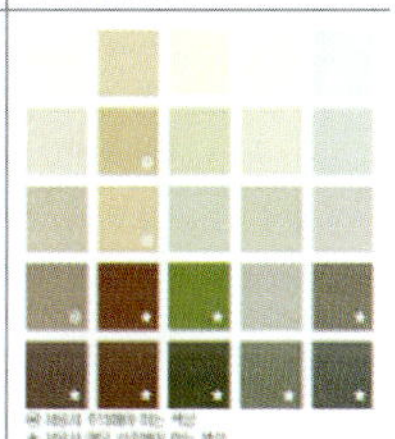
Residential	- 친근감 있으며 안정감이 있는 이미지 조성 - 주변 수목, 꽃의 조화를 이룰 수 있는 주조색 설정	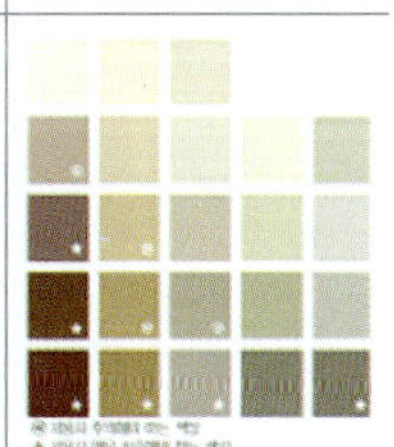

(3) 야간조명

• 야간조명계획의 기본방향

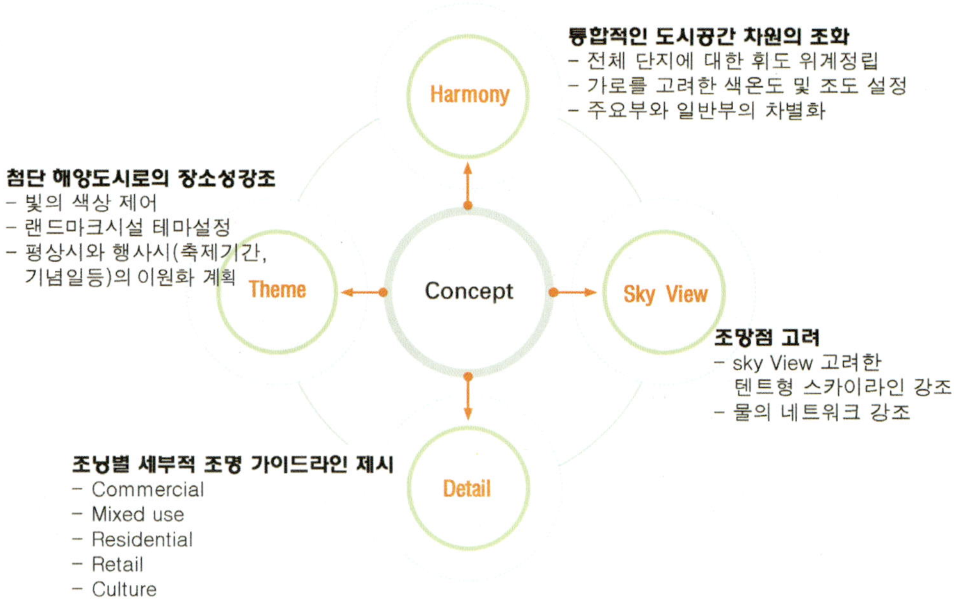

그림 6-51 야간조명의 기본컨셉

• Harmony : 통합적인 도시공간 차원의 조화

- 주요부 : 도시의 도형이 되는 요소로 건축물 입면의 조명 자체를 활

그림 6-52 주요부와 일반부의 차별화

용한 화이트컬러 중심의 화려한 조명 연출

- 일반부 : 도시배경이 되는 요소로 생활조명 외의 빛 연출 지양
- 국제업무단지 전체에 대한 휘도 위계 정립 : 4가지 유형으로 분류하여 도시차원에서의 휘도 발란스 조정
- 가로를 고려한 색온도 및 조도 설정 : 도로의 위계에 따라 가장 중심도로인 Park Avenue를 색온도가 높은 Cool한 컬러로 설정하여 차별화
- 주거지역으로 갈수록 따뜻한 컬러로 설정 조명 색온도로 도로 위계 표현

구 분	평균 휘도 (cd/m^2)	Max. 휘도 (cd/m^2)
GROUP A	25 - 50	200
GROUP B	10 - 25	150
GROUP C	5 - 10	60
특화가로		

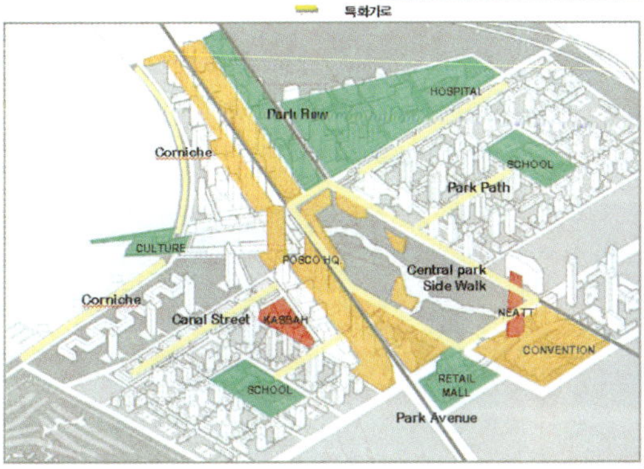

그림 6-53 국제업무단지 전체 위도의 위계 정립

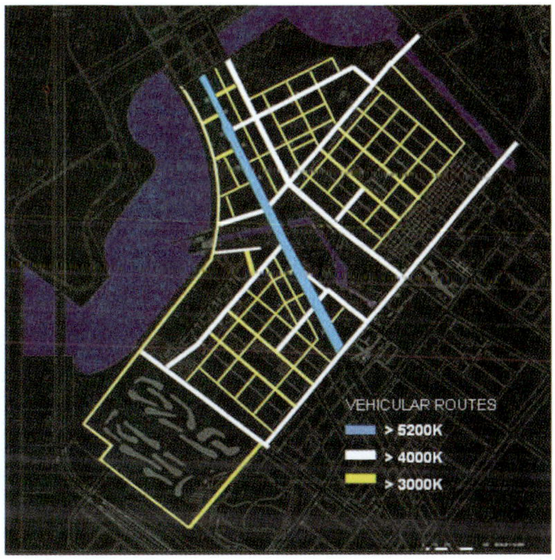

그림 6-54 도로위계에 따른 색온도

- Theme : 매립도시로의 장소성 강조

  바다와 육지를 상징하는 Blue와 Green 두 가지 컬러로 컬러사용 제한

  바다와 이어지는 물의 네트워크를 따라 빛이 연출되며 부지 내 랜드마크 건축물을 중심으로 빛의 확산 계획

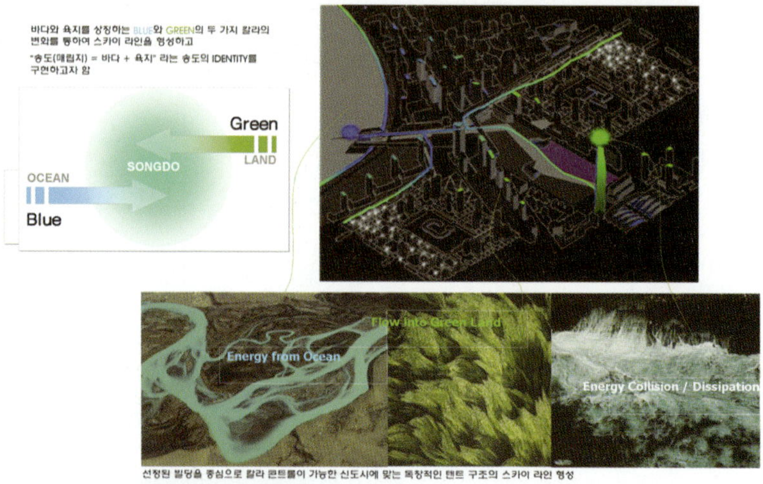

그림 6-55 장소성 강조를 위한 조명계획

- 랜드마크 시설 활용 : 대상지를 대표할 수 있는 도시 랜드마크 시설을 활용, 매립도시로서의 장소적 의미 강조(선도블럭 컨벤션 센터의 야간 조명 컨셉을 도시를 대표하는 등대이미지로 설정)

그림 6-56 랜드마크 시설을 활용한 야간경관 연출

• Sky View : 조망점 고려
- 텐트 스카이라인을 강조하는 빛의 위계
- 시뮬레이션을 통한 주요 조망점에서의 view 체크
• 존별 세부적 조명 가이드라인 제시

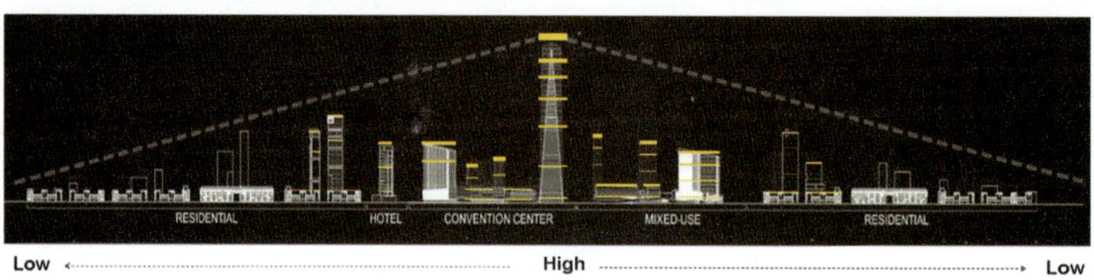

그림 6-57 스카이라인 및 조망점을 고려한 야간경관계획

(4) 가로특화

• 기존 가로경관의 문제점(송도2공구 중심)

– 불편한 보행공간 : 협소한 보도폭 및 과도한 가로시설물, 도로와의 단차 및 상품 · 물건적재로 인해 보행에 지장을 주는 공개공지

그림 6-58 가로현황 : 불편한 보행공간

– 부조화된 가로경관 : 보도와 공개공지의 조화롭지 못한 포장상태 및 통합 디자인 Total Design의 부재

그림 6-59 가로현황 : 부조화된 가로경관

• 관련계획 분석 / 1 · 3공구 기반시설 실시설계

– Park Avenue : 지하철 관련 설비 및 출입구 등의 배치로 계획적인 상징가로 조성 어려움

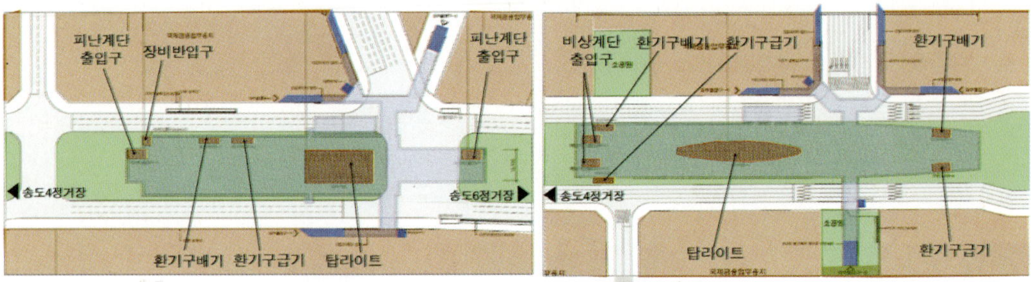

송도5정거장 현황 송도6정거장 현황

그림 6-60 지하철 관련시설 계획현황

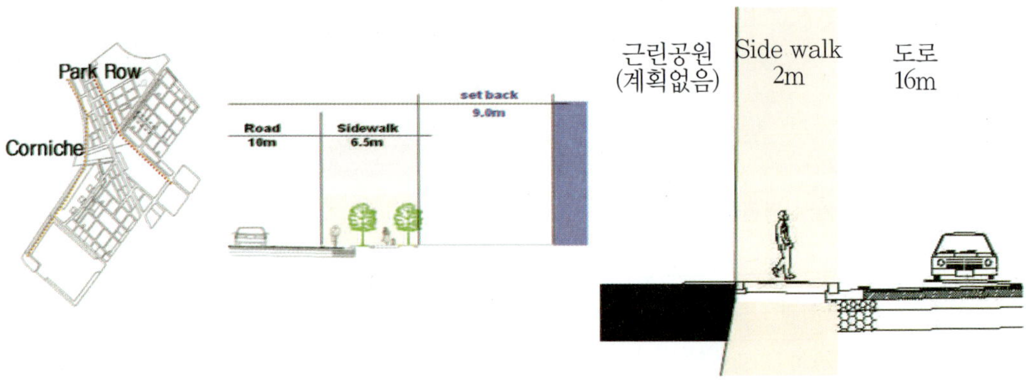

〈Park Row 단면〉 〈Corniche 단면〉

그림 6-61 Park Row 및 Corniche 도로계획 단면

- Park Row : 대지내 공지 setback 공간과 보도의 일체화되지 않은 계획
- Corniche : 인접 공원과 대지 내 공지 setback 공간과 보도의 일체화 되지 않은 계획

• 가로경관 특화방안

- 기본방향 : 가로조성시 보도와 인접한 오픈스페이스(공원, 녹지) 및 건축한계선으로 인해 확보된 setback구간을 함께 고려하여 일체화된 계획 수립
- 보도와 setback구간의 포장재료의 통일 : 500mm×500mm 라이트 그레이 페이버(콘크리트 및 화강석)
- 도시공간구조 및 도로의 구조를 고려하여 가로의 성격부여
- 가로를 유형화하여 모든 가로의 기본설계 수립

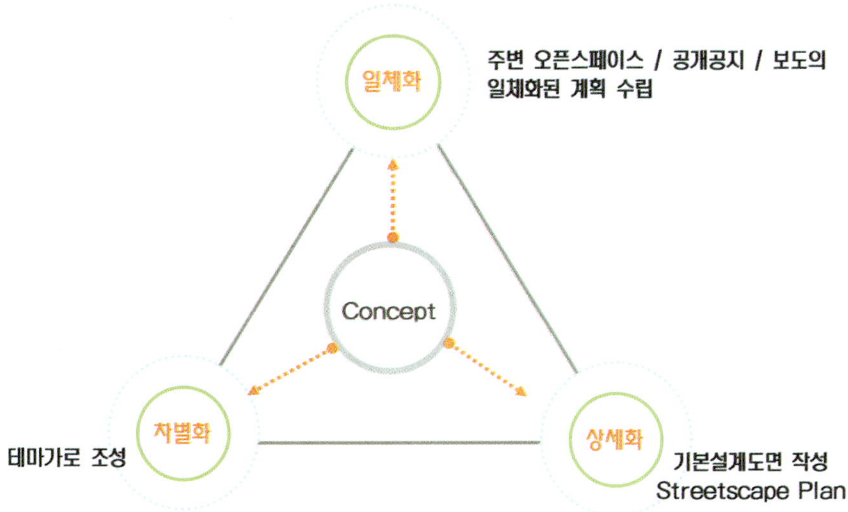

그림 6-62 가로경관 특화방안

• 일체화 : 일체화된 계획

– 공공부문과 민간부문이 서로 나뉘어 계획된 가로를 서로 유기적으로

그림 6-63 Central Park Side Walk

연계 · 조화된 공간으로 조성하기 위해 통합적으로 계획

- Central Park Side Walk 사례 : 공공부문(보도)과 민간부문(대지 내 공지)의 통합적 계획 / 확장된 보도 확폭 및 2열식재 조성으로 가로 터널 형성, 풍성한 녹음 제공

• 차별화 : 차별화된 테마가로의 조성

- 가로공간의 특성, 인접부지의 성격, 위계 등을 종합적으로 검토하여, 각각의 특징을 가진 차별화된 공간으로 조성

• 상세화 : 디테일한 기본설계 작성

- 계획된 가로공간에 대해 기본설계 도면 작성

표 6-10 주요 가로별 계획 방향

<table>
<tr><th>구분</th><th>내 용</th></tr>
<tr><td>중앙공원주변
Sidewalk</td><td>• 공공부분(보도)과 민간부문(대지 내 공지)의 통합적 계획
• 협소한 보도공간을 인접한 중앙공원과 일체화 시켜 풍성한 2열 식재 및 보도 확보
• 중앙공원이 확장되어 연속적인 녹음경관 조성

</td></tr>
<tr><td>Canal Street</td><td>• 수로를 중심으로 양측에 근린생활시설 배치
• 중앙의 pond공간을 활용하여 낭만적 보행가로 조성
• 중앙보행가로를 중심으로 다양하고 활기찬 행위 유도
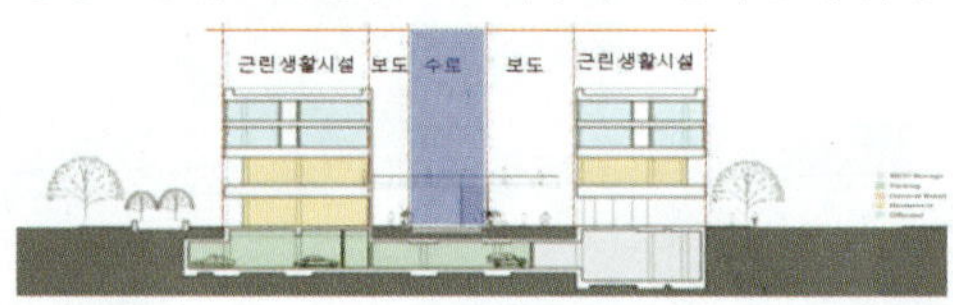
</td></tr>
<tr><td>Kasbah
(Urban Plaza)</td><td>• 국제업무용도 중 뉴욕의 타임즈나 한국의 명동거리와 같이 갤러리, 스튜디오, 뷰티크샵, 소공연장 같은 다양한 용도를 혼합하여 다이나믹한 장소를 조성
• 건축물과 아기자기한 오픈스페이스들을 유기적으로 연계
• 장소의 개성을 부여하기 위해 LED바닥 조명 적극 활용
</td></tr>
</table>

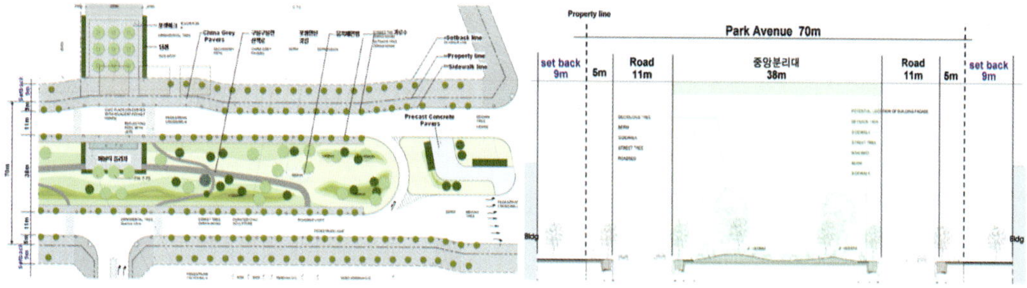

그림 6-64 사례 : Park Avenue 관련 도면

5. 가이드라인

1 가이드라인 작성의 원칙

- 가이드라인 작성 기준
  - 시간 및 여건변화에 따라 조정 가능한 유연한 지침으로 운영
  - 송도국제도시의 계획 개념을 주도적으로 실혀할 수 있는 중요지역 및 물리적 환경은 구체적 지침을 마련하고 기타 일반구역에 대하여는 여건에 따른 계획의도를 제시하는 차등적 · 이원적 지침 마련
- 주요부 및 일반부의 구분에 의한 차등적 접근 필요
  - 주요부 : 간선도로변 중심, 해안인접지역, 근린생활용지는 구체적 지침 마련
  - 일반부 : 계획의도를 제시하는 유도 지침 마련

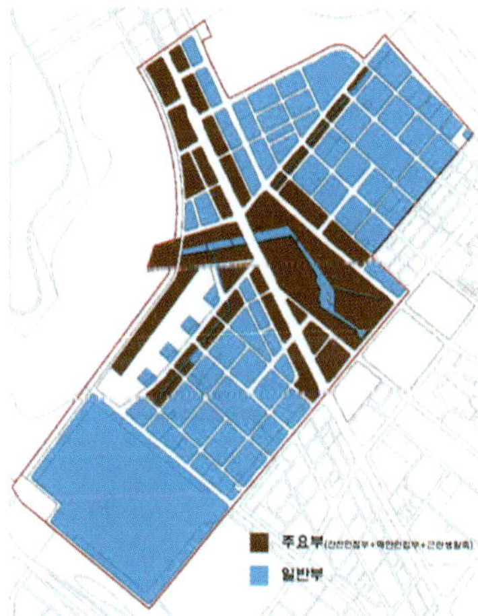

그림 6-65 주요부와 일반부의 구분

표 6-11 가이드라인의 차등적 · 이원적 접근

차등적 · 이원적 지침	• 송도신도시 계획 개념을 주도적으로 실현할 수 있는 중요지역 및 물리적 환경은 구체적인 지침 마련
	• 기타 일반구역에 대하여는 여건에 따른 계획의도를 제시하는 유도지침 작성

- 성능기준의 가이드라인 제시
  - 국제업무단지 경관상세계획은 개념을 설명하고 예시하는 성능기준이 효과적. 단, 필요한 경우 선택적으로 규제기준 적용 가능

표 6-12 성능기준 및 규제기준 가이드라인의 개념

성능기준	• 개념을 설명/예시
규제기준	• 지구단위계획의 지표(용적률, 건폐율 등), 계획(건축선) 규정

• 가이드라인의 계획요소

– 공공부문 : 도로, 보도, 가로시설물, 가로수, 공원

– 민간부문 : 건축물, 공개공지, 옥외광고물, 야간조명, 색채 등

– Interspace 영역 : 건축물 저층부(형태, 용도, 입면), 공개공지, 보도

2 유형별 가이드라인

• 가이드라인 적용 구분

– 가이드라인 작성 시 공간의 위계 및 계획내용에 따라 3가지 유형으로 구분하여 적용

• Zone 가이드라인

– 송도국제업무단지 전체의 공간구조에 대한 상대적으로 거시적인 요소들의 성격을 정의하고 규정하는 계획에 중점

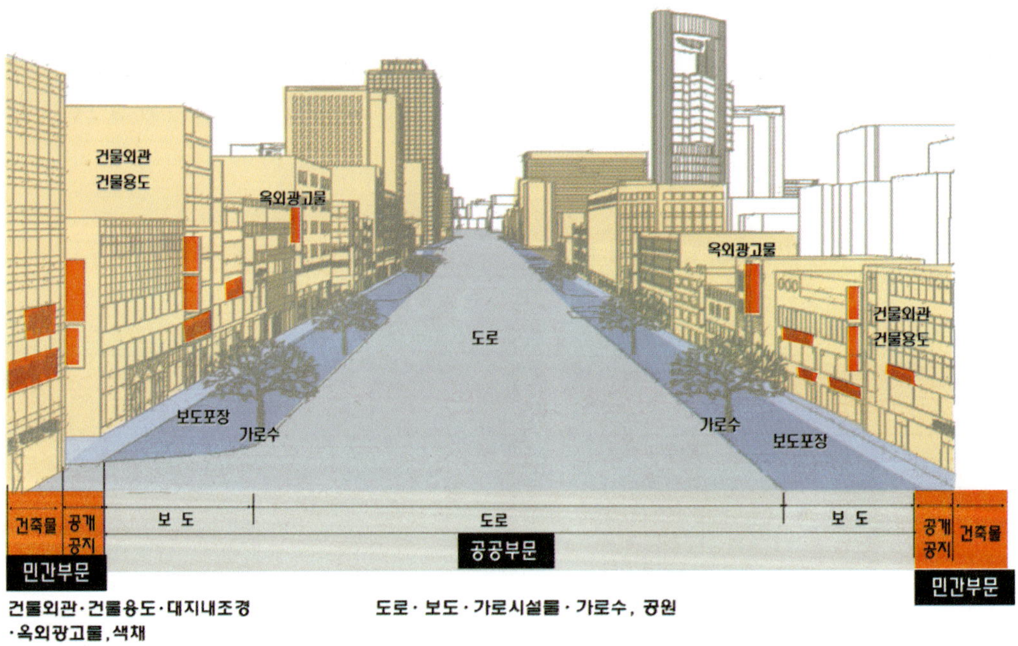

그림 6-66 가이드라인 계획요소

- 조망경관 및 거점경관, 축경관으로 구분
- Block 가이드라인
- 필지를 구성하는 가로 및 건축물 외부공간 등에 대한 지침 제시
- 부문별 가이드라인
- 도시 및 건축, 옥외광고물, 야간조명, 색채 등 부분별 가이드라인별 도 작성

3 Zone 가이드라인

- 구체적 지침내용 및 작성된 가이드라인의 적용을 알아보기 쉽게 3차원적 예시도에 표시

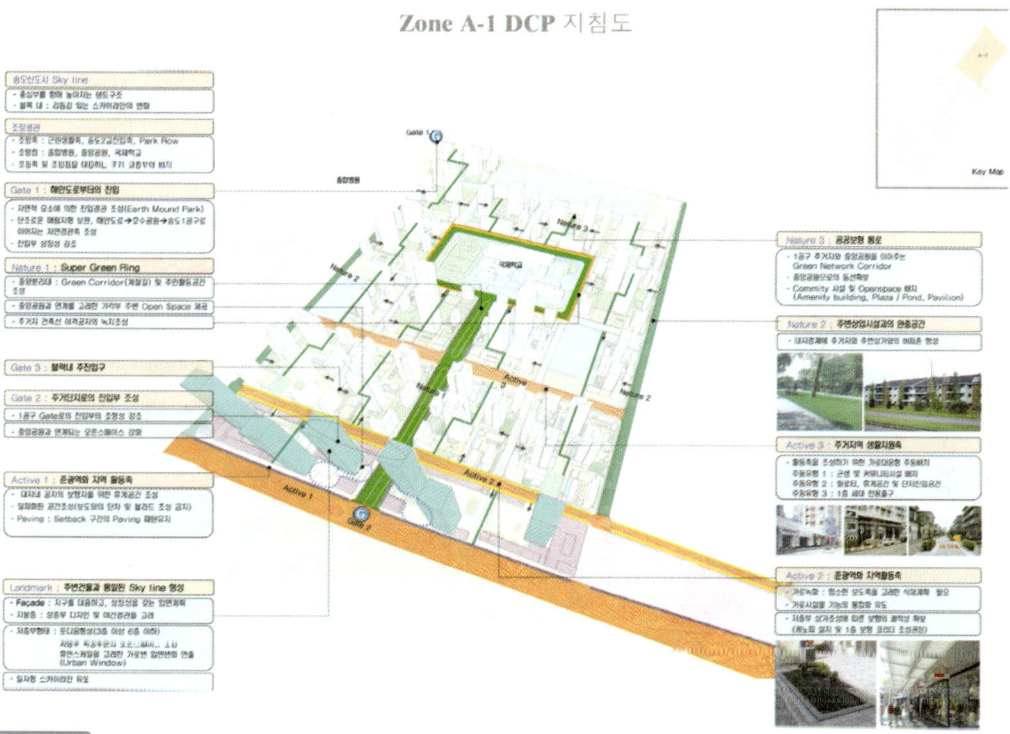

그림 6-67 Zone 가이드라인 예시

표 6-13 Zone 가이드라인의 계획대상

구분	계획대상	세부항목
Zone 가이드라인	조망경관	스카이라인 및 공간구조
	거점경관	게이트, 랜드마크, 공원 및 광장 등 도시 오픈 스페이스, 지하철 정류장
	축경관	가로의 성격 규정, 특화가로 설정, 뷰코리더

4 Block 가이드라인

- 블록 내 주요 경관요소들에 대한 공간조성 원칙 및 세부 가이드라인 제시

표 6-14 Block 가이드라인의 계획대상

구분	계획대상	세부항목
Block 가이드라인	가로	보도포장, 가로시설물, 가로성격, 가로수 및 식재
	건축물	건축물 배치, 건축물 외관(파사드, 형태, 최상층부), 저층부 용도 및 형태
	외부공간	대지 내 공지

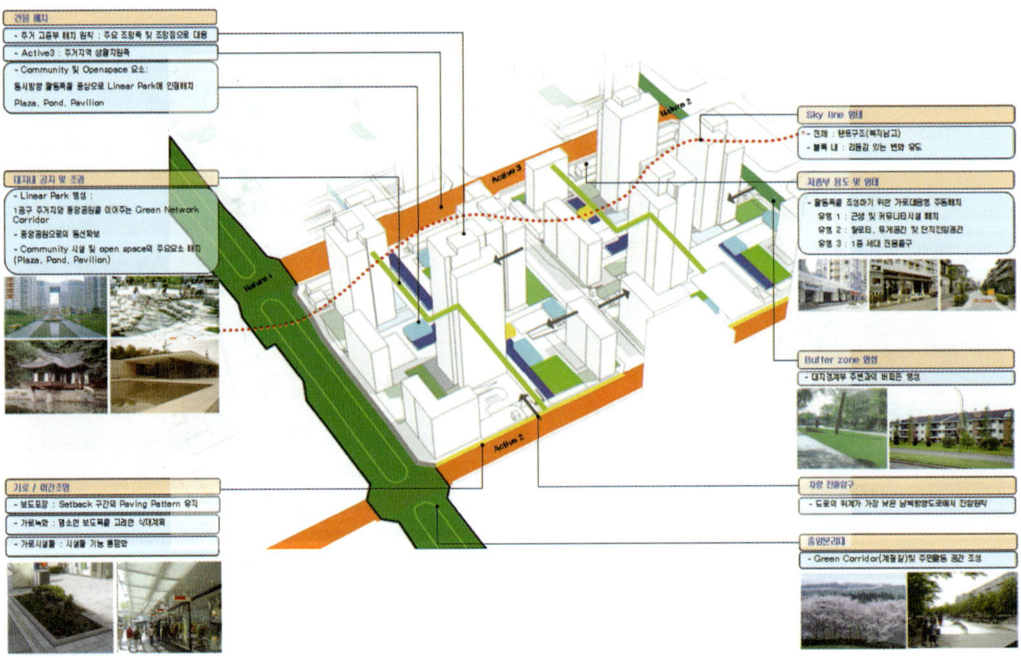

그림 6-68 Block 가이드라인 예시

5 부문별 가이드라인

• 색 채

- 기본방향, 컬러 파레트에 의한 색 제시 및 주조색 제시
- 배색, 저층부 고층부에 따른 색사용, 색채심의내용, 유리색, 외장색 수위조절 등에 대한 지침 작성

표 6-15 부문별 가이드라인 주요계획 항목 : 색채

구분	계획대상	세부항목
부문별 가이드라인	색채	송도국제업무단지 60색, 존별 테마색, 건축물 배색

그림 6-69 부문별 가이드라인(색채) 예시

• 조 명

- 건축물에 설치하는 조명의 휘도, 휘도대비, 색온도대비 제시
- 도로의 색온도, 조도, 연색성, 등기구 높이, 도로 휘도 등에 대한 내용 제시

표 6-16 부문별 가이드라인 주요계획 항목 : 조명

구분	계획대상	세부항목
부문별 가이드라인	조명	조망뷰, 가로조명, 건축물 경관조명

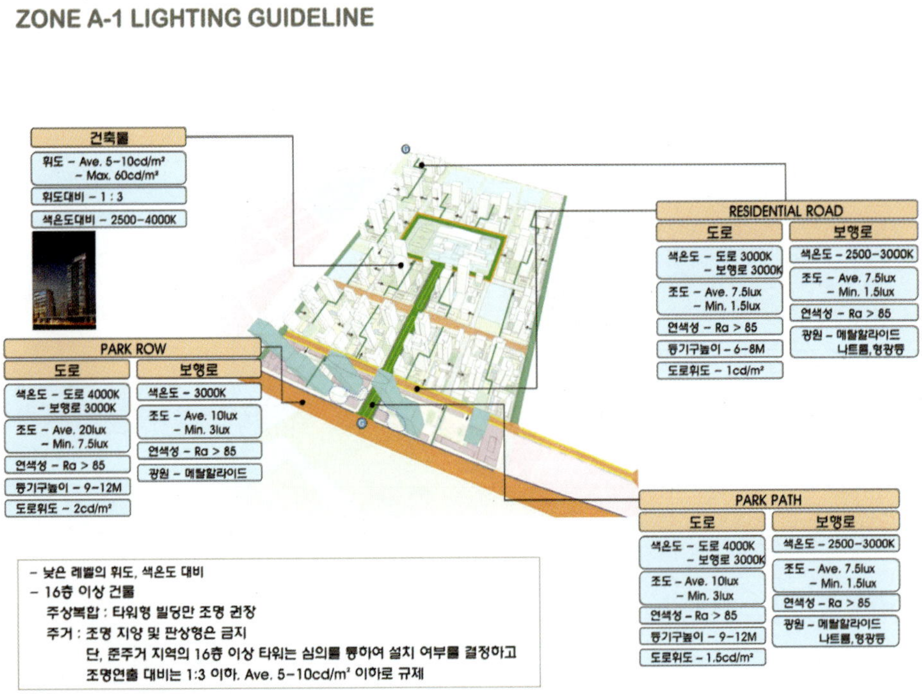

그림 6-70 부문별 가이드라인(조명) 예시

- 옥외광고물
  - 존의 경관적 특성, 옥외광고물 계획방향 등
  - 존의 규제사항 : 건축물, 옥외광고물 규제에 관한 사항
  - 존의 권장사항 : 건물입면, 광고물, 정보체계 등 권장 사항 제시

표 6-17 부문별 가이드라인 주요계획 항목 : 옥외광고물

구분	계획대상	세부항목
부문별 가이드라인	옥외광고물	송도 전체 가이드라인, 존 및 블록별 가이드라인

그림 6-71 부문별 가이드라인(옥외광고물) 예시

6. 실행계획

1 경관협의체의 구성 및 운영

- 계획초기부터 인천경제자유구역청, 시행사, 전문용역업체(도시건축, 색채, 사인, 조명)가 함께 참여하여 경관협의체를 구성 및 운영
- 개발단계와 범위를 고려하여 계획의 범위를 블록화하고 블록별 경관 가이드라인에 의한 건축실시
- 경관의 다양한 분야를 고려하여 건축 · 도시, 색채, 조명, 사인 분야의 기준을 제시토록 전문업체 참여

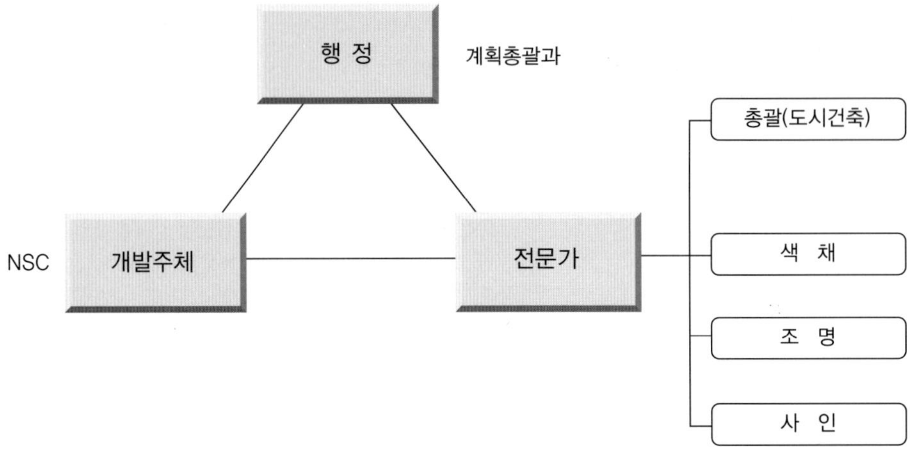

그림 6-72 **경관협의체 구성도**

2 사전 경관협의 실시

- 건축 심의 전 경관상세계획에 의거 경관제어
- 공공과 민간부분의 요소를 통합적으로 검토하고 주변과의 조화에 초점
- 필지별로 계획초기부터 준공까지 지속적 관리

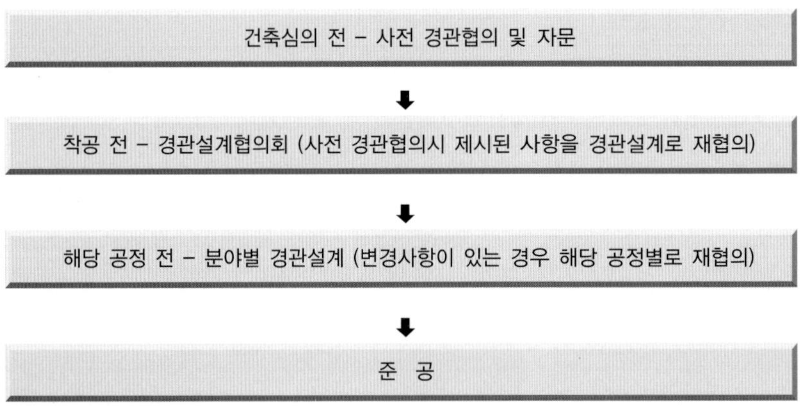

그림 6-73 **공정별 경관협의**

7. 소결 및 제안사항

1 과업의 성과

- 통합디자인
- 계획의 집대성
- 시행기관 및 부서에 따라 독립적으로 계획됐던 내용을 통합적으로 검토하여 총괄계획적 수행
- 장소디자인 – 최초 신도시 경관상세계획
- 송도만이 가지고 있는 상징성, 다양성, 첨단성에 대한 차별화된 공간을 조성한 최초의 경관상세계획
- 공유디자인 – 종합 경관가이드라인
- 구체적이며 종합적인 국내 최초의 가이드라인 작성
- 소통디자인 – 민관 합동 경관협의체
- 경제자유구역청 기획총괄과와의 24차의 공식적 협의 및 20여 차례의 실무자 협의를 통하여 경관계획분야의 새로운 방법 적용

2 과업의 한계 및 시사점

- 지침 적용 및 실행의 체계화, 통합화 필요
- 경관지침 Guideline Vs 경관실시설계 design/Construction Documents
- 계획대상과 집행수단의 조율 필요
- 각 부문별 계획대상의 다양한 집행 수단 조율 및 체계화 필요

표 6-18 부문별 계획대상 및 집행수단

구분	계획대상		집행수단
공공 부문	도로 (성격, 구조, 포장)		기반시설 실시설계
	가 로 수		기반시설 실시설계
	가로시설물		기반시설 실시설계
	공 원		공원소성 실시설계
	지하철 출입구		지하철실시설계
민간 부문	건축물	규모(용적률)	DUP(지구단위계획)
		높이	인천시조례, DUP(지구단위계획)
	획 지		DUP(지구단위계획)
	공개공지 및 대지 내 공지		DCP(경관상세계획)
	색채, 조명, 옥외광고물		DCP(경관상세계획)

6.3 특정경관계획 사례(2): 평택○○택지개발사업 경관계획

1. 계획의 개요

1 계획의 배경

- 1980년대까지는 주택난 해소를 위해 물량공급 위주의 택지개발이 이루어졌으나 90년대의 부동산침체기에 이르면서 기능성 개발보다는 보다 나은 주거환경의 쾌적성과 전원도시를 표방하게 되는 계기가 되었다.
- 그 동안 평택시에서도 많은 신시가지가 들어서고 있으나 도시개발의 성격이 기능성 위주의 획일성을 벗어나지 못하는 도시개발이 이루어졌으며, 수많은 아파트가 밀집된 똑같은 유형의 주거단지가 양산되어 왔다.
- 이러한 개발방식은 경쟁적으로 신도시를 개발하면서 개발방식의 한계를 드러내고 있고 새로운 소비자 요구패턴에 부응하기에는 미흡한 점이 많아 2000년대에 오면서 건설업체간의 차별화된 개념이 도입된 주거단지 건설이 시작되면서 새로운 라이프스타일에 맞추어 주택공급이 이루어지게 되었다.
- 본 계획은 이러한 면에서 보다 쾌적한 주거환경의 창출과 지역의 정체성을 높이기 위한 대안으로써 미래에 형성될 도시경관을 위한 기본계획을 하도록 한 것이다.

2 계획의 목적

- 사업지구의 역사, 지리, 환경, 문화, 풍토적 특성 등을 살린 경관주제를 설정하고, 개성 있는 도시이미지 제시 및 정체성 확립
- 단지조성과 건축행위를 일체형으로 관리, 유도하여 건설완료 후 지구내부 또는 주변경관과 조화를 이루도록 계획 초기단계부터 제어될 수 있는 지침서 작성
- 경관계획에서 검토 · 연구된 내용들이 기본계획, 지구단위계획, 기본 및 실시설계 및 단지조성시 반영되도록 하여 사업지구 전체에 일체감 있는 경관이 형성되도록 함
- 경관계획은 경관보전적인 측면과 경관형성적인 측면으로 나누어 검토함

(1) 경관보전

- ○○경계선에서 가시거리에 있는 주변을 포함하여 자연 · 생태경관의 보전을 통하여 원풍경 유지를 위한 노력
- 주변의 양호한 경관, 커뮤니티의 공동체적 삶의 분위기를 잔존시키고 최대한 지역의 정체성을 구현하는 방법을 강구함
- 지역이 가진 자연생태를 최대한 새로운 도시구조에 살려넣는 방법 구현

(2) 경관형성

- 인공구조물경관(건축물, 옥외광고물, 가로시설물, 보행경관, 조망경관 등)의 Amenity, 이미지특성 부여
- 지역의 개성과 분위기를 모티브로 한 건축물을 도입하여 원풍경과의 조화를 도모하도록 함
- 운전자와 보행자의 움직이는 경관을 고려한 변화감 있는 시각회랑을 형성하여 쾌적한 가로경관을 제공함
- 인공구조물의 체계적이고 계획적인 유도를 통하여 자연풍경으로의 조망권을 확보
- ○○지구만의 공공건축물 등에 랜드마크성을 부여하여 지역의 새로운 경관이미지를 형성하도록 함
- ○○지구 내의 개발계획으로 인하여 발생되는 산림녹지의 훼손과 위압감을 주는 대규모시설 등의 위해경관의 제거 또는 차폐와 완화감을 제공함

3 계획의 범위

(1) 공간적 범위

- 과업명 : 평택○○택지개발사업 조사설계용역
- 위　치 : 경기도 평택시 비전동 등 일원
- 면　적 : 3,022천㎡ (914천평)

(2) 내용적 범위

- 도시미래 이미지 구상을 위한 현황조사 및 분석
- 도시경관형성 기본목표 설정 및 구상
- 부문별 경관구상

(3) 과업의 접근방법

① **보전적지 선정**

- 환경성평가에 의한 보전적지 선정
- 녹지체계에 의한 보전적지 선정
- 지형분석을 통한 보전적지 선정

② **개발가용지 선정**

- 표고분석에 의한 개발가용지 선정
- 경사분석에 의한 개발가용지 선정
- GIS분석에 의한 개발가용지 선정
- 조망분석에 의한 개발가용지 선정

(4) 시간적 범위

- 착수일로부터 11개월

4 계획의 위계

- 본 경관계획은 평택시 ○○의 개발계획부터 지구단위계획에 이르기까지 도시의 이미지 조사, 분석을 통하여 도시의 테마를 설정하며 바람직한 토지이용계획의 방향을 설정하였음
- ○○지구만의 개성 있는 지역이미지를 제시하기 위하여 테마에 따른 경관계획을 수립하고 현실성 있는 경관계획이 구현되기 위하여 지구단위계획에 반영하도록 함
- 보다 체계적이며 객관성 있는 평택○○계획이 수립되도록 전문가의 의견을 수렴하고 올바른 방향으로 경관계획이 유도되도록 하였음

5 기대효과

- 도시기본계획, 도시관리계획 그리고 도시설계과정에 있어서 경관개념의 테마와 동기를 부여할 수 있으며, 신도시개발계획 단계에서 택지개발계획의 타 부문계획과 긴밀하게 연계하여 계획간의 관계성을 유형화할 수 있으므로 일관된 흐름을 지닐 수 있음
- 도시에 관련된 모든 개발계획의 내용에 경관계획을 접목시킴으로써 경관적인 측면에서 바라볼 때, 미래의 도시계획 및 관련계획에 대한 효율성과 타당성을 제시하여 바람직한 가이드라인이 될 수 있음
- 모든 도시계획시설 내의 공작물은 사람이 느끼는 부분의 부족함을

채우고, 심미성을 향상시키는 효과를 얻을 수 있을 것임

- 경관계획은 개별시설물에 국한하여 바라보는 것이 아니라 대상(시)을 전체적인 시각에서 바라보는 미래상을 제시하여 지구를 하나의 유기체로 볼 수 있는 구심적인 역할을 할 것임

6 계획의 수립과정

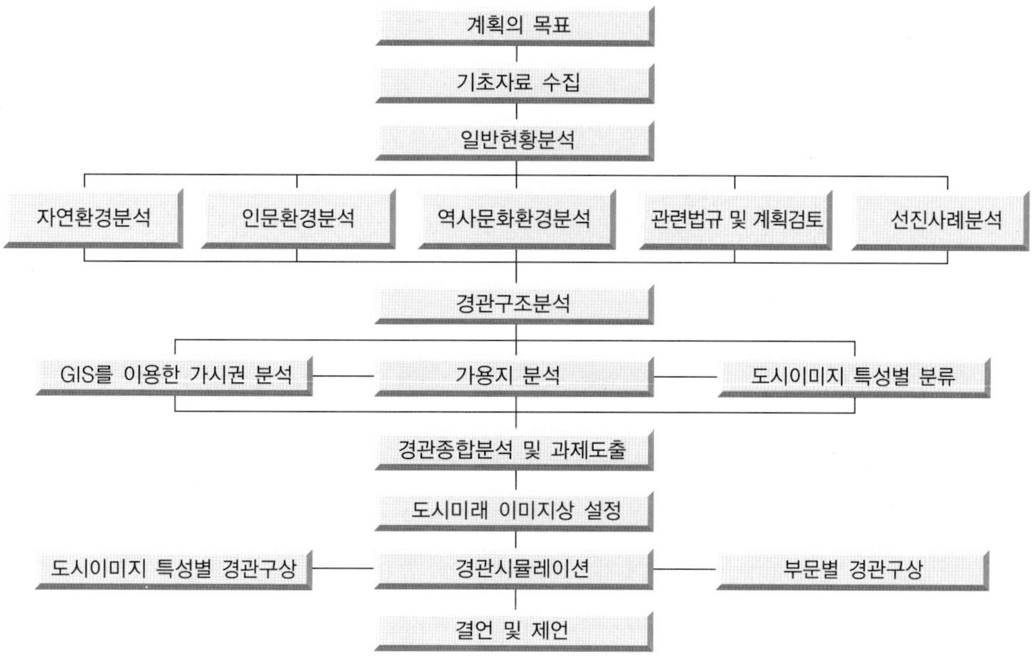

그림 6-74 과업수행과정

2. 현황분석

각종 현황분석, 법률적 검토, 해외사례, 분야별 자문 등을 기초로 하여 경관기본구상을 할 수 있는 과제와 기틀을 제시함(구체적 내용은 생략)

3. 경관기본구상

1 계획의 구상

(1) 자연 · 생태경관의 보전

- ㅇㅇ저수지와 낮은 구릉지 등의 산림녹지와 원풍경을 보전함
- 대상지 내의 ㅇㅇ저수지와 하천은 환경적 기능을 유지하고 회복하여

동 · 식물의 서식처 역할의 연속성을 유지하도록 함

(2) 지역커뮤니티의 유지 및 활성화

- 삶을 즐길 수 있는 문화 및 휴식공간의 창출과 공공시설로의 접근성 향상을 통하여 지역 주민들간의 교류의 장을 마련함
- 대규모 옥외공간을 확보하고 단지 내에 테마광장 개념을 도입하여 주민간의 만남의 장을 제공함

(3) 인공구조물의 바람직한 경관형성 유도

- ㅇㅇ지구의 경관적 이미지 창출을 위한 건축물의 외관, 형태, 높이, 색채 등의 경관가이드라인을 제시함
- 도로의 위계와 성격을 파악하고 테마가 있는 도로경관과 주요 결절부와 진입부에 상징성과 장소성을 연출함
- 지역의 테마를 도입한 공원녹지경관을 창출하여 지역주민에게 개성있고 편안한 공간을 제공함
- 특수구조물, 공공건축물 등에 랜드마크적인 성격을 부여하여 ㅇㅇ지구만의 상징공간을 창출함
- 간결하고 쾌적한 신도시 이미지 제고와 화려함 보다는 친근함을 주고, 건강하고 쾌적한 생활환경의 조성을 위한 간판 디자인 기법을 제시하여 가로변 도시미관의 증진과 건축물의 제모습을 유지하고 가꾸도록 함
- 조망경관을 고려한 통경축 확보와 스카이라인 형성
- 주민들이 많이 모이는 곳이나 주요 통행로, 도로의 결절부 등에서 근경, 중경, 원경의 조망대상으로의 조망이 차폐되지 않도록 하고 인공구조물들에 대해 배후산악 스카이라인과 조화되는 메스형성의 바람직한 방향을 제시, 유도함
- 조망대상으로의 양호한 경관을 형성하기 위한 건축물 배치와 높이유도 계획

(4) 지역의 상징성 부여, 도시색채, 그리고 야경연출을 통한 새로운 형태의 시각적 효과 창출

- 지역의 테마나 이미지가 부각되도록 건축물의 외관에 특정의 디자인을 도입하여 상징성을 부여함
- 지역의 성격이나 시설의 종류를 감안하여 주변 환경과 어울리면서 각

각의 특성에 맞는 도시색채를 도입하여 통일감과 개성미를 표현함

• 주요 지점을 선별하여 광장이나 오픈스페이스를 배려하도록 하고 지역의 이미지부각을 위한 상징조형물을 설치

• 또한, 야간에는 주간경관과는 다른 시각적인 효과를 연출하도록 하고 상징거리 혹은 랜드마크적인 건축물에 대해 야경연출로 도시의 특색 있는 풍경이 되도록 함

(5) 지구 내 · 외의 위해경관에 대한 경관적 배려

• 도로의 개설로 인한 산림녹지 훼손의 최소화, 건축물의 입지로 인한 자연지형의 기복의 존중, 그리고 대규모 공급시설의 위압감 해소를 위한 경관적 처리방안을 제시함

• ○○지구를 남 · 북으로 관통하는 국도 48호선의 경관적 배려와 향후 ○○지구의 2단계, 3단계 개발계획과의 연계성을 도모하여 지구 전체의 통일감 있는 경관형성이 되도록 함

(6) 경관의 계획적 · 체계적 관리

• 자연환경보전법에 따른 자연환경의 보존 및 지속가능한 개발 도모

• 신도시 옥외광고물 설치 지침, 그리고 신도시 계획 기준 등을 적극적으로 반영하여 운영, 관리함

• 경관계획 실천을 위한 제도적 개선방안 제시
경관계획이 시공시까지 연결될 수 있도록 하는 일관성 있는 흐름을 갖는 프로그램 제시

(7) 풍경만들기 비전 : 풍성함과 숲이 함께 하는 거리

• 맑게 비쳐 보이는 넓은 하늘과 하천변에 펼쳐지는 경관이 개방감을 제공함

• 서측에서 차도 진입시 왼쪽에는 넓은 농경지 풍경이 연출되고 오른쪽에는 기성 시가지 풍경이 시나치 기다가 ○○천의 개성넘치는 교량, 정비된 간판, 그리고 통일감 있는 건축물 외관이나 형태를 밝혀 히며 개방감넘치는 상징광장이 눈에 들어옴

• 밀도가 낮은 공동주택이 배경이 되고, 국도 1호선 주변으로 초록의 길이 형성되어 누구라도 지금까지 보지 못한 매력있는 마을을 느끼게 될 것임

• 조망이 좋은 다리를 건너면 초록과 활력광장이 마을의 입구를 지키

고 있고, 옆쪽에는 나무가 즐비한 빌딩의 사이에 풍부한 가로수와 풍성함이 연속하고 있음

- 더욱 차를 달리다 보면 가로수의 저쪽에 화려한 상점이 보일듯 말듯 하고, 마을의 번화함을 느낄 수 있음
- 상업지역과 하천이 만나는 중심에 큰 타운센터와 넓은 수변이 극적인 공간으로서 개방감을 연출하며 우리들을 맞이해 줌

그림 6-75 초록의 풍성함이 넘치는 거리 만들기

(8) 경관계획의 개념

- 자연풍경(생태계)을 살리는 ○○산에서의 전망, 하천의 경관, 파노라믹하게 겹쳐보이는 녹지가 느껴지는 옥외환경조성
- 생태回廊에 의한 인간, 도시, 자연을 연결
- 초록, 물, 빛으로 도시의 골격 형성
- 광장과 스트리트퍼니쳐에 의해 생활의 장소 조성

2 경관테마구상

(1) 테마설정

- 지구 내 배나무는 20년 이상 재배되어 온 작물이며 널리 분포되어 있음
- 지구의 옛 풍경과 분위기를 이어갈 수 있는 배나무를 지역의 테마에 도입하였음

- 이러한 향토적 사실이 자연스럽게 스며들고 은은하게 베어나올 수 있도록 배나무 이미지를 형상화하고 뿌리가 든든한 지역이 되도록 하고자 함
- 신개념의 도시구상이 지역에 깊게 배어 나오도록 개발 이후에도 뿌리 깊게 자리할 수 있는 상징으로서 "뿌리 깊은 나무"로 부각시킴
- 용비어천가 제2장에 다음과 같은 내용이 있음

불휘 기픈 남간 바라매 아니 뮐쌔, 곶 됴코 여름 하나니.
새미 기픈 므른 가마래 아니 그츨쌔, 내히 이러 바라래 가나니.
[뿌리가 깊은 마무는 바람에 흔들리지 아니하므로, 꽃이 좋고 열매가 많이 열린다. 원천이 깊은 물은 가뭄에 끊이지 아니하므로, 시내를 이루어 바다로 흘러간다.] ⇒ ○○지구의 영원한 발전 기원

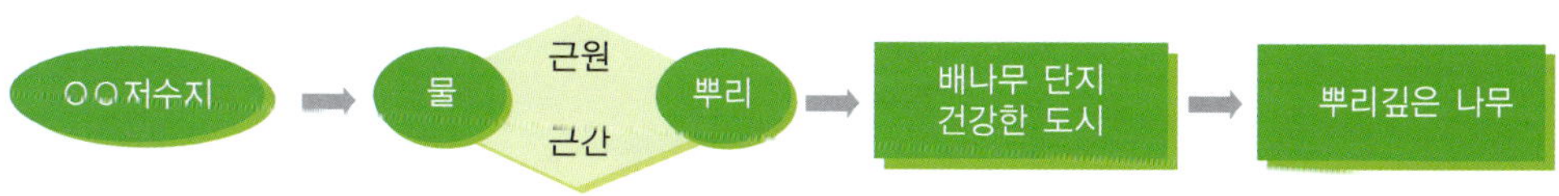

그림 6-76 경관테마의 설립

(2) 테마전개

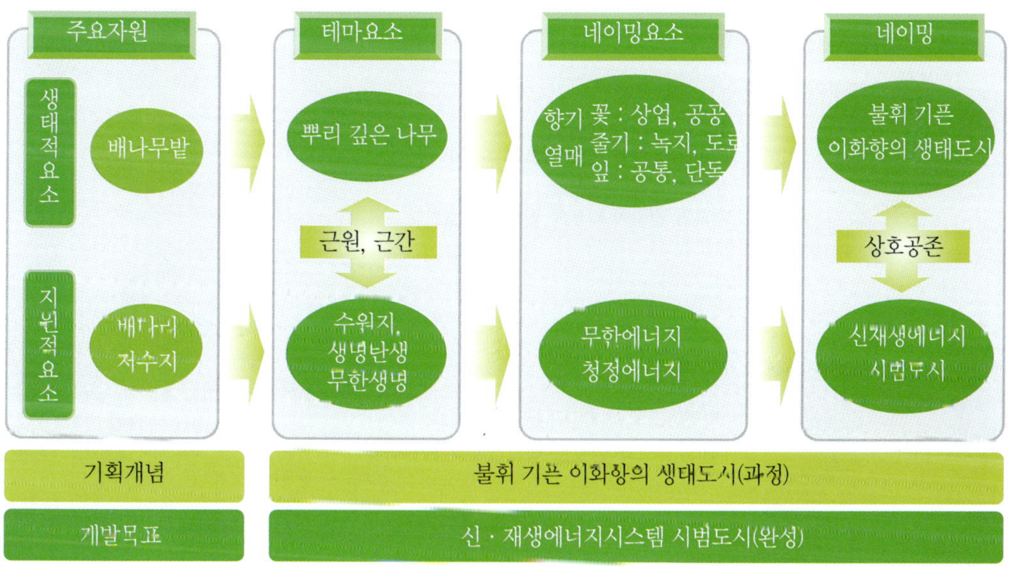

그림 6-77 테마의 전개과정

그림 6-78 테마 전개에 의한 도시경관 구상도

3 "불휘 기픈 이화향의 도시"○○지구의 디자인 모티브의 추출과 전개

불휘기픈나무

뿌리는 보이지 않는다.
그러나 보이지 않는 뿌리의 건강이 나무의 미래를 결정한다.
뿌리의 건강이 나무의 열매를 결정한다.

피라미드

피라미드의 건축형태는 세계 최고, 최대 규모의 정밀한 석조건물의 상징이다.

피라미드의 형태는 흔들리지 않는 불휘깊은 나무와 같이 안정된 이미지를 가지고 있다. 이를 발전시켜 위로 죽죽 뻗어나는 형태로 전개하여 불휘기픈 이화향의 도시를 나타내는 디자인 모티브로 활용하고자 함.

그림 6-79 디자인 모티브의 추출과 전개

4 경관계획의 관리방안 구상

- 경관실천을 위한 법제도 장치 마련
- 경관시책의 전개와 역할 분담
- 경관계획의 실행방안

4. 부문별 경관계획

1 풍수지리 경관계획

- 지맥의 흐름에 맞는 택지개발
- 〈평택 ○○지구〉 간룡(幹龍)의 보전
- 목마른 용을 위한 연못을 조성

2 조망경관 연출계획

(1) 기본방향

- 도시차원에서의 보전가치가 있고 중요한 의미를 지니며, 광역적 특성을 살린 주요 조망경관을 보전하고자 함
- 본 지구주변의 양호한 자연자원을 고려하여 지역의 조망경관 대상으로 선정함
- 지구가 지니고 있는 양호한 자연경관과 개발계획으로 인하여 입지하게 될 인공경관과의 조화를 도모하고 리듬감 있는 조망경관을 확보함

(2) 기본구상

- 주관적인 성격의 조망경관을 최대한 객관적이고 명확한 근거자료로 활용하기 위하여 가시권분석 항목, 분석의 틀, 선정기준 등 다양한 조사항목과 분석방법을 통하여 객관적 지표를 설정함
- 객관화된 조사 자료를 바탕으로 조망대상과 조망점을 선정하고 두 요소(조망대상, 조망점)간의 관계성을 파악한 후, 가장 효율적인 조망경관 연출방안을 모색함
- 단지 내 주민, 탐방객 등 지구 내·외부에서 보여지는 주요 경관에 대한 지역적 특성을 연출할 수 있도록 함

(3) 기본계획

① 조망점과 조망대상 선정도 작성

- ○○지구의 광역적인 경관을 조망할 수 있는 시점 선정, 주요 조망경관이 연출되는 지점, 인공구조물에 의한 새로운 조망경관형성 조망

지점 등의 체계적인 경관형성을 유도하기 위하여 조망점과 조망대상 선정도를 작성함

② **양호 경관 유도 방안**

- 조망대상은 선정된 주요 조망점에 따라 보여지는 경관이 다양하며 주변의 토지이용계획에 따라 다양한 경관이 연출되도록 해야 함
- 기 지정된 도로망과 주요 결절부에서 주요 산정이나 하천이 조망되도록 함
- 본 ○○지구 경관계획에서는 주요 조망점에서 보여지는 조망대상에 대해서 차별화되고 효율적인 경관형성이 되도록 다양한 경관형성방법을 제시하고자 함

3 스카이라인 형성계획

(1) 기본방향

- 양호한 산림과 녹지축이 연결되는 공원 등으로의 조망확보를 위해 위치에 따라 건축물의 적정 용적률과 높이 설정
- 공원, 상업지구, 고 · 중 · 저밀도로 이어지는 리드미컬한 스카이라인 및 변화감이 풍부한 도시의 실루엣 형성

(2) 기본구상

- 종합적인 분석결과를 검토하여 조망점과 조망대상과의 관계성을 파악하고, 용적률 세분화 및 대안 검토를 통하여 건축물 높이를 다양하게 설정하고 배경이 되는 산림스카이라인과 조화될 수 있는 바람직한 방향을 모색함
- 건축물 스카이라인 연출 방안
- 구릉지의 능선이나 봉우리가 주요지점에서 차폐되지 않도록 배려
- 외연부에서는 낮은 동으로 시작하여 단지 중심부에서는 높아지는 방법으로 조성
- 외부에서의 조망시 아파트군이 낮은 층에서 높은 층으로 중첩되어 보이면서 입체감을 느낄 수 있도록 조성

4 축 경관계획

(1) 공원녹지 네트워크

① 기본방향

- 양호한 구릉지경관의 보전과 조망권을 확보
- 하천, 저수지 등의 수계축과 공원녹지의 유기적인 녹지네트워크화
- ○○지구만의 경관특성을 반영하고 최대한 원지형 보존
- 동물의 서식공간을 고려한 생태적으로 건전한 녹지계획 수립
- 향토수종의 식재를 통한 종의 보전과 생태계 복원
- 양호한 산림녹지, 기존의 구릉지, 공원, 그리고 가로녹지 등의 유기적인 녹지네트워크 구축

② 기본구상

- 공원녹지경관(景觀)은 눈에 보이지 않는 생태를 포함한, '지표 위의 녹지풍경을 특징짓는 여러 요소를 종합한 것' 으로 숲, 초원, 산맥 등의 자연경관과 인공경관 모두를 의미하므로 종합적인 계획이 되도록 함
- 거대한 자연생태계로부터 작은 주택정원에 이르기까지 가능한 한 많은 녹지공간을 확보하여 녹지네트워크를 구축, 인간이 자연과 조화를 이루며 생태계를 보전 · 유지하도록 함
- 즉, 인간생활공간의 한 부분으로서 녹지경관은 자연의 훼손을 최대한 자제하고 자연성을 적극 살려 보전함으로써 인간생활에 조화되는 경관을 형성하는 것이라 할 수 있음
- 평택 ○○지구의 녹지축 형성요소(공원, 구릉지, 하천, 저수지)를 적극 활용하여 시가지와 주택지로 녹지축이 이어질 수 있도록 녹지의 흐름과 방향을 설정함
- 도로의 개설, 택지개발 등 대규모 개발계획과 함께 녹지축 연계방안을 도입하여 녹지흐름을 강화하고자 함
- 녹지네트워크의 구성요소로는 핵(核), 거점(據點), 점(点) 그리고 생태통로가 있음
- 이러한 녹지축의 요소를 강화시키기 위한 방법론을 제시함

③ 공원녹지 경관계획

- ○○지구의 테마를 부각시킨 특색 있는 공원
- 자연의 에너지를 활용한 신 · 재생 에너지 공원조성

- 동물의 서식공간을 반영한 건전한 녹지네트워크 구축

④ 공원녹지 네트워크 구축방안

- 자전거도로 계획
- 기존 구릉녹지의 활용
- 생태통로(Eco-Corridor)와 녹지연결육교의 설치
- 가로수의 생태적 정비 대안제시
- 옥상녹화방안 제시
- 주택지의 녹화
- 주차장 녹화 등
- 녹지연결육교의 설치

(2) 수계축

① 기본방향

- 하천과 저수지의 자연성 회복을 통한 아름다운 자연하천경관 창출
- 대상지 내 오픈스페이스로서 자연의 접촉 장소에 대한 보전과 재생
- 생태적 기반의 복구, 환경공생을 위한 조류 및 생물서식환경의 정비를 통하여 도시민과 탐방객에게 도심 속의 자연을 느낄 수 있도록 함
- 하천의 환경기능과 이수, 치수 기능 등이 원활하게 발휘될 수 있는 종합적인 하천정비계획 추진
- 수경관, 공원녹지, 문화생활 공간의 경관 등을 네트워크화 하여 일체화된 생활문화교류의 축으로 형성함

② 기본구상

- 공원녹지, 도로 등과 유기적으로 통합적인 네트워크화 하도록 하며 하천의 생태적 환경기능을 강조하도록 함
- 하천 주변의 충분한 녹지공간을 확보하여 푸르름이 넘치는 하천경관 연출
- 하천 및 저수지 내의 자연생태공간을 확보하여 동·식물의 서식공간을 조성함
- 주변 환경과 토지이용 패턴 등을 고려하여 차별화된 친수활동공간을 마련하여 주민들에게 하천으로의 접근성을 향상시킴
- 주변의 산림녹지, 교량, 저수지 등으로의 개방감 넘치는 하천경관을 연출하기 위하여 적절한 시설물을 최소한으로 도입하도록 함

• 저수로, 둔치, 제방부지 등 하천경관을 구성하고 요소를 구체화하여 바람직한 경관연출방안을 제시하고 공간별 특화하여 도시민에게 다양한 수환경을 제공함

③ **생태환경축 조성방안 제시**

• 실개천

• 기타 하도정비의 다양한 사례를 제시

(3) 도로축 경관계획

① **기본방향**

• 개성 있는 지역성의 표현

• 통경축 확보를 위한 도로선형 고려

• 쾌적한 가로환경 조성

• 지역의 활기 부여

• 테마수 식재를 통한 특색 있는 도로경관 연출

② **기본구상**

• 신설되는 도로나 확장도로의 규모와 특징을 명확히 구분하여 특색 있는 도로경관이 되도록 함

• 또한, 경관적인 측면에서 도로의 구성요소를 구분하고, 도로의 성격에 따라 다루어야 할 항목들을 명확히 하여 뚜렷한 도로의 개성이 연출되도록 함

• 특히 지구 내 도로축은 인공적인 측면이 가장 강한 축선인 공원녹지축과 수계축과의 연계성을 고려하고 도로축으로 인하여 중요한 경관축이 단절되거나 파괴되지 않도록 하며 경관회랑으로써의 이미지제고와 매력을 부여함

• 도로의 크기와 기능, 토지이용 패턴 등을 고려하여 도시생활형도로와 자연체험형도로로 분류하였음

• 도시생활형도로에는 도로 주변의 토지이용에 따라 지구상징형도로, 주거중심형도로로 구분하여 유형에 부합하는 경관이미지를 연출하도록 하였으며, 자연체험형도로는 늘푸른도로와 수변형도로로 구분하여 ○○지구의 자연스러운 경관을 연출하도록 하였음

③ **도로축계획**

• 평택 ○○지구의 개성 있는 도로경관을 연출하고 지역성을 반영하기

위하여 도로 주변의 토지이용계획에 맞게 도시생활형도로와 자연체험형도로로 구분하였음

- 도시생활형도로에는 도로 주변의 토지이용에 따라 지구중심도로, 주거중심형도로로로 구분하여 유형에 부합하는 경관이미지를 연출하도록 하였으며, 자연체험형도로는 늘푸른도로와 수변형도로로 구분하여 ㅇㅇ지구의 자연스러운 경관을 연출하도록 하였음
- ㅇㅇ지구만의 개성 넘치는 도로경관을 창출하기 위하여 테마수를 선정하여 타지역 도로와의 차별성을 부각시키도록 하였음

5 건축물 계획

(1) 건축물 디자인 구상

- 건축에서 주택은 "인간의 생활을 담는 그릇"임
- "불휘 기픈 이화향의 도시" 테마에 맞도록 배꽃과 친환경적 재생에너지를 이 지역의 "디자인 모티브(Motive)"로 설정함
- 그리고 당해 개발지역과 어울릴 수 있는 주택의 유형을 분석하여 건축물 외관 디자인을 전개함

(2) 공동주택 경관가이드라인

① 상징성 부여

② 신재생에너지 도입

- "불휘 기픈 이화향의 도시" 라는 테마에 맞도록 이화 꽃잎이 흩날려서 공동주택 위에 내려앉은 듯한 모습을 나타낼 수 있도록 디자인하도록 함
- 건축물에 자연 친화적인 에너지시설 도입으로 필요 에너지확보 뿐만 아니라 미관상으로도 아름다움이 표출될 수 있도록 함
- 태양열 집열판 설치를 계기로 획일적으로 모든 주택을 남향으로 배치, 개성과 변화감 없는 단조로운 주거 공간이 형성될 수 있으므로 디자인 계획개념을 충분히 인지하여 공동주택의 형태와 색채, 디자인에 있어서 도시의 테마 설정과 테마 적용방안에 맞는 계획을 구상하여 설치하도록 함

③ 동선계획

- 보행동선

– 보행자의 심리적, 시각적인 측면을 고려한 단지 내 오픈스페이스를

그림 6-80 공동주택 집열판 설치계획

그림 6-81 태양열 집열판 디자인

조성하고 접근성을 향상시킴

- 보행자의 안전과 지상조경면적 확보를 위해 차량동선은 가급적 지하화 하도록 하고 20% 이하만 지상주차를 계획하도록 하며 교차하는 부분은 보행자의 안전을 위한 시설을 설치하도록 함
- 장애우 통행에 방해가 되지 않도록 단차를 없애고 완만한 성사지를 조성하도록 함
- 인접 동과의 보행동선이 가급적 십자형으로 교차될 수 있도록 하며 통경축 확보를 위한 동선을 계획함
- 학교, 공원녹지, 대중교통 이용시설, 상가 등 이용빈도가 높은 시설과의 접근성을 증진, 통학아동에 대한 안전하고 쾌적한 보행동선이 확보되도록 함
- 보행동선에 상응하는 구조 및 포장과 편의시설물을 설치하고 가로공원의 분위기를 연출하도록 함

④ **통경축과 바람길 확보**

• 통경축을 고려한 단지배치(주요 통경축은 최소한 20m 이상 확보함)
- 통경축과 건축물 스카이라인을 리듬감 있게 조정하기 위하여 동 자체 뿐만 아니라 동과 동간의 층고를 3층 이상 차이가 나게 조성
- 건축물 스카이라인을 고려한 단지배치
- 시각회랑을 고려한 단지배치

• 동배치에 의한 밀폐된 공간이 형성되어 생활소음이나 공명현상이 발생되지 않도록 도로의 위치, 방위, 고저차를 감안, 주동사이에 최대

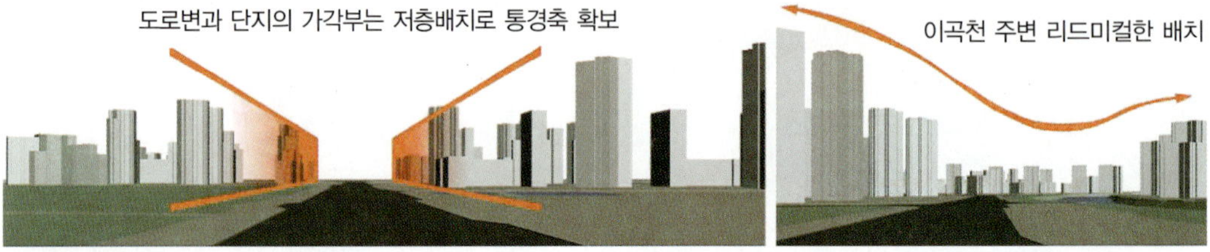

그림 6-82 자연경관을 고려한 단지배치 예시도

한 바람길이 확보될 수 있도록 함

- 생태적으로 건전한 단지가 조성되도록 다양한 방법론을 제시함
- 단지 내의 통경축을 확보하고자 할 때에는 조망점(중심광장)에서 주변의 조망대상이 가시될 수 있도록 통경축을 확보하도록 함
- 통경축선상에는 건축물 · 시설물 입지를 제한하되, 공원 · 어린이놀이터 · 주차장 등의 오픈스페이스 배치는 허용
- 자연지형을 최대한 활용하고 바람의 원활한 흐름을 위하여 가급적 아파트의 배치는 바람길을 존중하도록 배치함
- 기타 여러 가지 배치방안을 제시
- 공동주택 높이와 폭, 외관 형태 등 경관요소에 대한 계획방향제시

그림 6-83 공동주택 층수변화를 통한 스카이라인 형성 사례

(3) 단독주택(단독형, 블록형) 경관가이드라인

- 블록형 단독주택 배치계획안 변경안 제시
- 이웃하는 단독주택과의 합벽개발
- 경사지붕 태양광 집열판 설치 예시안 제시

(4) 공공 · 상업 · 업무 경관가이드라인

공공 · 상업 · 업무 건축물에 대해서 배치, 가각, 외벽 재질 및 형태 등의 경관가이드라인 제시

6 옥외광고물 계획

(1) 기본방향

- 자연 속에서 인공성이 절제된 옥외광고물 디자인 가이드라인 수립
- 주변환경과 조화되는 옥외광고물 정비
- 독창적이고 통일감 있는 옥외광고물 디자인계획 수립
- 광고의 특성상 경쟁적으로 크게 하고자 하는 욕구가 있으므로 ○○ 지구에서는 전체적으로 광고주들간의 합의형성으로 상호견제할 수 있는 협정을 맺도록 함

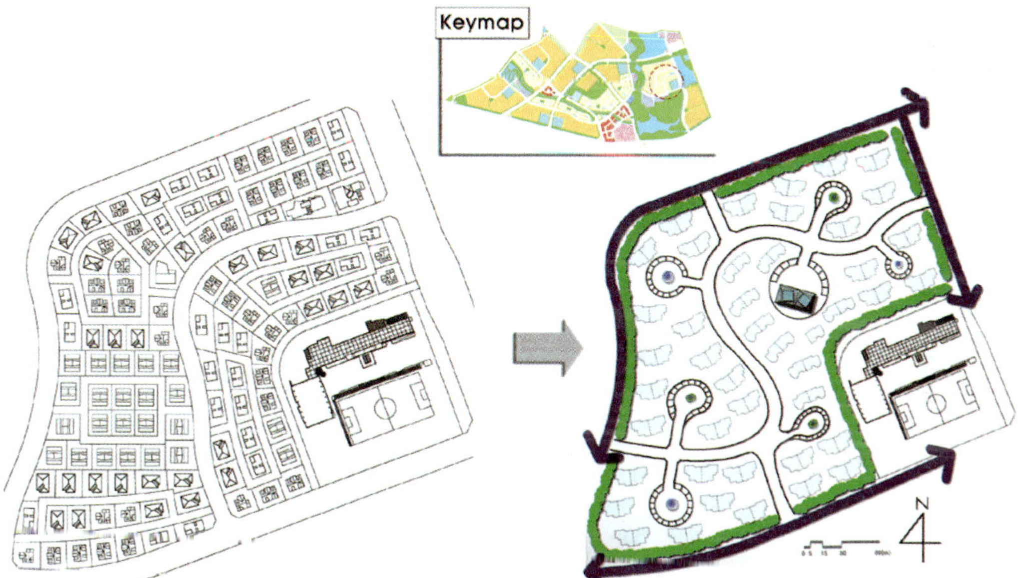

기존안

- 현 토지이용계획상의 단독주택 획지분할 배치 현황
- 획일적이고 정형화된 배치

개선안

- 쿨데삭형 배치를 통하여 다양한 경관 연출
- 쿨데삭형 배치로 오픈스페이스공간을 유효하게 합리적으로 창출하여 주민들의 커뮤니티를 형성하며 중심부에는 공동의 커뮤니티 공간이 배치되도록 하여 수영장, 헬스장, 다목적 공간 등이 배치될 수 있도록 하여 주민 편의를 증진시킴

그림 6-84 쿨데삭형의 단지배치 방안제시

(2) 기본계획

- 불휘 기픈 이화향의 생태도시 ㅇㅇ지구 옥외광고물 디자인 모티브는 불휘 기픈 이화의 휘날리는 배꽃과 안정된 형태의 피라미드를 상징하는 삼각뿔을 디자인 모티브로 활용
- 피라미드의 사선의 이미지와 배꽃의 이미지를 적용하여 ㅇㅇ지구의 세련되고 특색 있는 이미지 연출

그림 6-85 이웃하는 합벽건축 단독주택 사례

(3) 옥외광고물 기본원칙

- 본 계획에서는 「옥외광고물 등 관리법 시행령」 제3장 금지 및 제한 제12조 법제4조의 의하여 도지사는 제13조의 규정에 불구하고 다음 지역 중 특정지구를 지정하여 특정구역을 설정하여 광고물 등의 표시를 금지하거나 제한할 수 있도록 할 수 있으므로 평택 ㅇㅇ지구의 옥외광고물계획은 본 시행령의 적용을 받도록 함
- 「옥외광고물 등 관리법 시행령」 제3조에 제시된 16개 옥외광고물 중 가로형광고물, 돌출형광고물, 지주이용형광고물은 본 지침이 정하는 바에 따라 표시할 수 있으며, 옥상광고물, 창문이용광고물, 세로형광고물은 표시할 수 없음
- 본 계획에서 제시되지 않은 사항은 「옥외광고물 등 관리법」(이하 "법"이라 함), 동법 시행령(이하 "영"이라 함)을 참고함
  옥외광고물 설치지역을 구분, 입체형, 돌출형, 지주형, 기타 광고물 등으로 구분하여 특색있게 배치하도록 가이드라인을 부여함

7 도시경관 색채 기본계획

(1) 기본방향

• 평택 ○○지구의 색채개념은 생태적인 요소인 배나무 밭(뿌리 깊은 나무), 자원적 요소인 ○○저수지(생명탄생, 무한에너지)의 친환경적이고 에너지 넘치는 이미지가 연출될 수 있도록 고 · 중명도, 저채도의 2.5YR-7.5RP 또는 무채색계열의 Off-white 등의 색채를 사용하여 "불휘 기픈 이화향의 생태도시 신 · 재생에너지시스템 시범도시"의 이미지가 나타날 수 있도록 함

(2) 기본구상

• ○○지구는 공동주택지1,2,3, 단독주택1,2, 중심상업지역, 도시지원시설 등 용도별 색채 적용범위를 달리하여 다양한 느낌이 나도록 하되, 전체적으로는 자연스럽게 연결되어 하나의 이미지가 나타날 수 있도록 계획함
• 꽃의 흩날리는 모습을 연상시킬 수 있는 깨끗하고 맑은 White 컬러를 강조색으로 사용하여 지구 전체가 맑고 청명한 느낌이 나타나도록 함
• 모든 건축물, 특수구조물, 옥외광고물, 가로시설물의 색채에 적용하도록 함
• 옥외광고물, 가로시설물의 색채는 용도를 구분하지 않고 공통적으로 적용함

(3) 공동주택, 단독주택, 상업업무지역 등의 색채계획에 대한 가이드라인 제시

8 안내체계 및 가로시설물 계획

(1) 기본방향

• 신재생에너지를 테마로한 가로시설물의 디자인 통합을 통해 ○○지구의 일관된 이미지 형성과 개성 있고 질서 있는 거리경관 형성을 기함
• 시설물간의 조정 및 주변 환경과의 조화를 고려한 디자인 코디네이션(Design Co-ordination)과정을 통해 시각적 혼란을 방지하고 시설물간의 합리적인 연계체계 구성
• 가로시설물은 지역경관을 형성하는 중요한 요소 중의 하나이므로 개성 있고 정체성이 부여된 가로경관을 형성하기 위하여 일관된 디자인 모티브에 따라 독창적인 이미지 요소를 적극 도입함
• 상기한 현황조사 분석, 선진 사례조사 분석, 가로시설물 디자인방법

론 등을 분석, 종합하여 평택 ㅇㅇ지구 규모에 맞는 체계 창출

- 안내체계 및 가로시설물이라는 매개체를 통하여 지구에 맞는 아이덴티티(Identity)를 확립하고 개성 모색
- 비좁고 복잡한 보행자도로 환경의 모습을 바꿀 수 있는 복합화, 정돈화함
- 가로시설물을 통합계획하여 거리를 산만하게 하는 요소를 제거, 단정하며 깨끗한 거리환경을 조성
- 거리를 차지하고 지저분하게 하는 요소가 되고 있는 휴지통을 없애거나 용적최소화

그림 6-86 **버스쉘터 디자인 예시**

: 신재생에너지의 도시임을 부각시킬 수 있도록 하기 위하여 상징적인 개념에서 버스쉘터의 지붕을 설치 방향에 따라 남향 사면의 면적을 많이 줌

9 거점 경관계획

(1) 주요 진입부 계획

① 기본방향

- ㅇㅇ지구의 테마연출을 통한 특색 있는 인상 창출
- 도시의 개성 있는 이미지 연출
- 이용자에게 명확한 장소성과 지역성 제공

② 기본구상

- 주요 진입부에 평택 ○○지구의 상징성을 살릴 수 있는 경관요소 도입하기 위하여 ‘상징공간’ 이라는 테마를 부여함
- 다양한 조경처리, 디자인 요소를 도입하여 변화감 있는 공간 연출이 되도록 함
- 주간은 물론 야간에도 장소성과 진입성이 표현되도록 함
- 유동인구가 많으며 대상지의 첫 인상을 느낄 수 있는 진입부마다 개방감과 변화감을 연출하도록 함
- 타 지구와의 차별화 전략으로 생동감 넘치는 지구의 이미지 연출

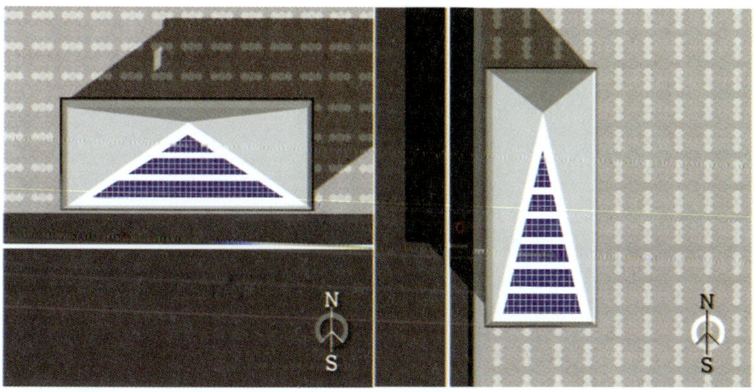

그림 6-87 **태양 입사각에 따른 버스쉘터 지붕의 변화**

: 가장 많은 면적의 남향사면을 만들기 위해서 꼭지점을 달리한 지붕모양과 태양전지판을 설치한 모습

(2) 주요 결절부 계획

① 기본방향

- 쾌적한 보행환경, 도로경관 연출
- ○○지구의 장소성과 인지성 확보
- 볼거리, 즐길 거리 등 지역의 명소화 전략 추진
- 개성 있는 도시특성 연출

② 기본구상

- 지구 내의 ○○천과 도로가 만나는 곳으로서 보행자와 운전자의 시선이 머물 수 있는 지점을 ‘‘초점공간’ 으로 설정하도록 함
- ○○저수지와 상업지역은 결절부6과 함께 ○○저수지 주변에 위치

하고 있어 '타운코어'의 이미지를 테마로 연출하도록 함

③ **기본계획**

- 결절부 상업시설에 대한 형태, 높이, 외관, 배치, 규모에 대한 체계적인 관리를 통해 입체적인 경관의 창출을 도모하고 가각부 건축물의 벽면후퇴, 건축물의 랜드마크화를 통하여 도시의 점적인 개발을 배제함
- 초점공간, 코너공간, 타운코어 등 결절부 성격에 따라 테마 공간 조성
- 결절부에는 ○○지구만의 개성을 살릴 수 있는 특색 있는 조형물 설치

(3) 랜드마크 계획

① **기본방향**

- 지역의 이미지 연출을 통한 지역의 엑센트가 되는 전략 추진
- 지역의 개성과 특색화 구현
- 이용자의 시각적 효과 및 홍보효과 제공

그림 6-88 **결절부 디자인 예시**

• 쾌적한 도시환경 창출과 상징성 제공

② **기본구상**

• "불휘 기픈 이화향의 도시"의 테마를 부각시킬 수 있는 계획을 하도록 함

• 경관적 가치의 중요도가 높거나 통행량이 많은 도로 및 주요 지점을 선정하여 지역의 지표요소로 활용할 수 있도록 유도함. 인접해 있는 주요 상업시설물과 연계하여 지역을 상징하는 인지성 높은 랜드마크

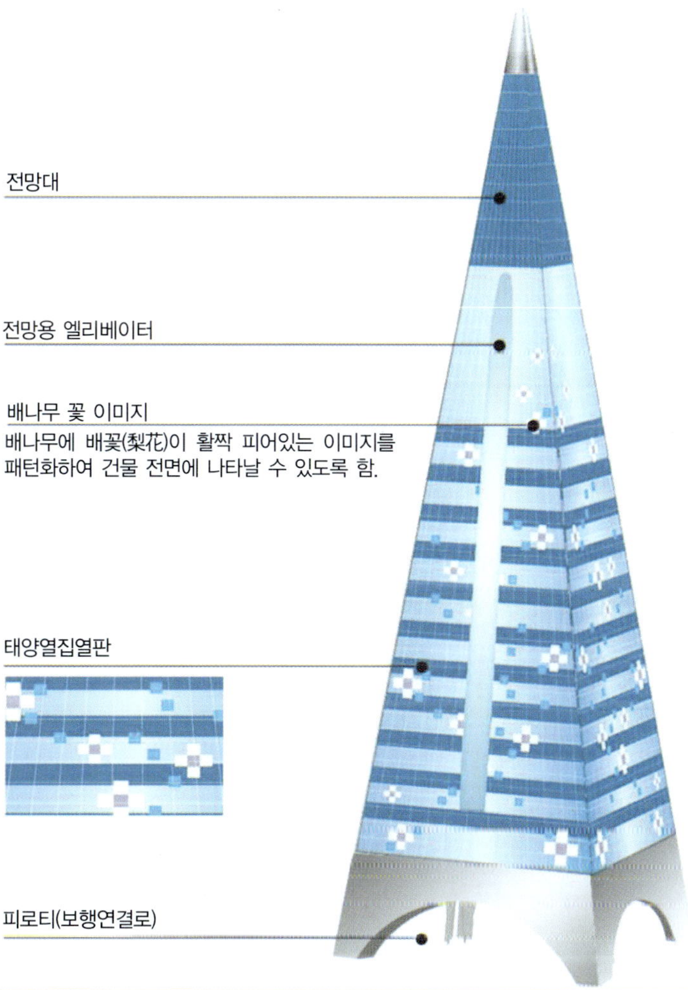

그림 6-89 **상징조형 타워**

: ㅇㅇ저수지와 PF사업부지 사이의 주 간선도로의 상부를 연결하고 있는 녹지연결 육교상부에 상징조형 타워를 설치하여 건물외피에 태양열 집열판을 도입하면서 지구의 상징적 이미지를 배치함.

적 시설물 도입

③ **기본계획**

• 랜드마크 요소설정

• 지역의 교량, 역사문화, 대규모 상업시설, 특별한 자연경관요소 등에 대해서 지역테마에 맞는 디자인으로 처리하고 야경연출을 통한 지역성 부각

• ○○저수지 주변에 상징조형 타워 설치

-○○저수지와 PF사업부지를 관통하는 폭 34m도로의 상부에 녹지연결육교의 개념으로 연결하면서 상부의 공간을 활용, 지역의 랜드마크가 되는 전망탑을 배치하도록 함

⑩ 야간경관계획

• 신도시로서의 편안함과 밤이 아름다운 ○○지구 도시야경 연출계획으로 주민들과 방문객을 위한 이벤트 요소의 활용을 통하여 경관미를 효과적으로 부각시킬 수 있는 다양한 방법론 제시

6.4 특정경관계획 사례(3): 남악신도시건설 경관계획

1. 3無3有의 도시를 통한 남악신도시정체성 확립

3無3有의 도시라는 슬로건을 목표로 3無(불법광고물이 없는도시, 전신주가없는 도시, 담장이 없는도시)를 통해 무계획적인 도시의 확장을 막고 이 기능을 이어받아 3有(多綠, 多水, 多龍) '풍부한 자연과 청정도시기능이 조화된 환경친화적인 도시, 활기찬 거리' 를 조성하여 남악의 정체성을 확립하였다.

인구 및 산업의 자발적 정착을 유도하고, 불필요한 교통량을 배제하고 일부 불합리한 시가지 내의 도로망을 정비하여 도시 내부동선의 효용성을 제고하며, 개성이 발휘된 매력있는 도시가 되기 위해서 개발과 보전이 조화를 이루도록 하였다. 새로운 복합적인 아름다운 도시조성을 추진하고, 수변녹지 등의 쾌적한 요소를 적극적으로 활용해 매력있고, 아름다운 도시조성을 추진하며, 생태적으로 안정된 도시를 위해 저밀도 도시조성을 추진하도록 하였다.

그림 6-90 경관조성 슬로건

표 6-19 슬로건의 부문별 적용방안

구분		3無	3多
사인 시스템		• 향후 민간 옥외광고물을 선도할 수 있는 간결하고 품위있는 디자인 적용 • 간결하고 일관된 구조로 물리적, 시각적 부담감 최소화	• 주변 녹음 등 자연색과 조화될 수 있는 공통 및 지구별 뉴트럴 컬러시스템 적용 • 남악 C.I.체계 도입과 이에 조화되는 색채, 질감 조화로 친환경과 권위감 부각
SF 시스템		• 간결한 후레임과 일관된 색채 및 소재사용으로 개방적이고 시각적 무리없는 형태 구현 • 필요한 기능에 부합한 최소지향의 디자인	• 주변경관에 무리없는 조화되는 색채, 질감, 구조 체계 • 사인 시스템과 통일된 C.I. 도입방식과 구조 연계로 친환경성 표현
도시색채계획		• 향후 증가될 도시 경관요소와 조화되는 무난하고 편안한 색채계획 • 지구별 색채계획으로 다양함 속에 일관된 신도시 이미지 구현	• 이펙트 컬러를 제외한 경관 점유비가 큰 배색면에 중채도 고명도의 뉴트럴 컬러 적용으로 경관색과 조화유도 • 남악 공통색과 지구 상징색의 적용으로 일관성 속의 다양성 부각
공원녹지계획		• 최소 지장물의 오픈스페이스 연출 • 친환경의 쾌적한 근린공원 및 어린이 공원, 중심녹지연출로 위요감 고조	• 적극적 친수공간 도입으로 지역주민의 휴식 및 정서안정의 장 마련 • 공원 및 녹지체계에 친수, 상징공간 구현으로 친환경과 상징성
야간경관연출계획		• 지구별, 상징체계별 리듬감 있는 야경 연출로 효율적이고 개방적인 도시경관 조성 • 야간보행과 주거환경의 안전성을 고려한 야간경관계획	• 영산호 및 관련 공원 등 녹지 경관조명으로 친환경도시 위상부각 • 해양도시의 낭만적 야간경관의 향취를 느낄 수 있는 남악만의 야경창출
교량연출 계획		• 주변 지역의 특징과 주민의 이용성을 최대한 고려하여 교량형식 선정 • 지역단위 테마가 있는 교량경관연출로 주변 지역과의 조화와 통일감 있는 교량경관형성	• 남도의 자연과 문화적 요소를 최대한 반영한 남악만의 독창적 교량연출 • 독창적이고 통일감있는 교량경관연출로 교량으로서 기능적 만족과 주민의 휴식처로 활용
Design Guideline	옥외광고물	• 옥외광고물의 난립으로 인한 도시경관 저해원인 방지를 위한 체계적 원칙 수립 • 전라남도 제일신도시 남악에서의 쾌적하고 시너지 높은 가로 환경조성	• 지역별 개성미와 장소성이 충분히 나타난 옥외광고물계획으로 정체성있는 아름다운 남악의 가로문화 창출 • 세계 제일의 단아함 속의 풍부한 도시시각환경조성도시로 부각
	예술장식품	• 남악 신도시이미지가 부각된 형상과 체계적인 배치계획 • 일반인들이 쉽게 이해할 수 있도록 표현하여 공간에 표정과 의미를 담은 친근한 요소로 인식	• '용의 상생'을 테마로 하여 랜드마크이자 관문적 역할을 담당하여 풍요로운 신도시환경 창출 • 예술적 가치와 창의력이 돋보인 조형성을 부여하여 지구 상징성 부여
네이밍 개발		• 해양신도시이미지 및 개발목표와 부합되는 네이밍개념 확립 • 이름짓기 대상을 체계적으로 구분하여 사용자의 의미전달이 확실하게 전달될 수 있는 기능적 이름조합	• 활용 가능한 지명, 개념, 상징요소를 발전시켜 신도시 정체성이 확립된 네이밍 설정 • 해양신도시와 남도 도청소재지로서의 상징성이 부여된 알기 쉽고, 부르기 쉬운 특화된 네이밍 개발

2. 자연을 도입한 도시공간계획

남악신도시의 경관은 녹지보전 및 확장을 도모하여 오룡득주형 풍수지리를 도입한 환경조성과 도시 내 자연요소를 도입하였다. 분수 · 인공호수 등의 수경시설 정비와 수변공원의 친수적인 정비를 유도하였으며 생태계를 이용한 수질정화와 수변과 건물이 일체화된 경관형성을 계획하였다. 도시화에 따른 도시 내 동 · 식물 생태서식환경을 보존하고, 계절따라 변화하는 식재 · 꽃나무 조성으로 사계절 이벤트를 연출하도록 하였다.

따라서 남악신도시의 메인테마는 "The HUB of Harmony"(자연, 사람, 문화가 공존하는 남악신도시)로 설정하여 신도시의 정체성의 부각과 통일감 있는 도시경관을 연출하였다.

표 6-20 남악신도시 경관 테마

Theme	Communication	Effection	Identification
Key word	소통	공감	표성

그림 6-91 남악신도시 경관 Main Theme

표 6-21 지구별 테마의 전개

삶의 생명력	자연의 그윽한 향취	물과 인간의 화합	신문명의 대동	활기의 생동
생활문화지구	휴식문화지구	생태관광지구	업무상업지구	상업문화지구
생동과 활력을 느낄 수 있는 건전하고 평온한 삶의 비전	남악신입부 및 주변도로에서 느껴지는자연과 문화가 조화된 신도시의 발전상을 가늠	육지와 하천, 인간이 만나는 이국적 신비의 장 수상 스포츠와 젊음, 그리고 생동감이 넘치는 활동의 장	21세기 남악의 오룡산 정기와 전라남도 도청사의 입지를 통해 남악은 물론, 전라남도의 미래상을 조망	남악 신도시의 중심위치로 21세기 환황해안 시대에 영산호와 황해를 기반으로 한 물류교역과 다채로운 문화, 소비의 장

3. 가로경관계획

주변건물의 조화와 표식 · 광고물의 정리로 도로주변의 미적 측면을 고려하였으며, 조각 · 식재 · 교통 「사인」류 정리로 주 진입로 이미지를 강조하였다. 또한 지하매설화로 전주와 전선류를 정리하여 쾌적한 가로경관을 연출하였다. 보행자 도로 · 중앙분리대 · 가로수 정비 및 공개공지를 이용한 소광장 정비를 통하여 교차점 공간을 연출하였다.

그림 6-92 지구별 상징거리 선정도

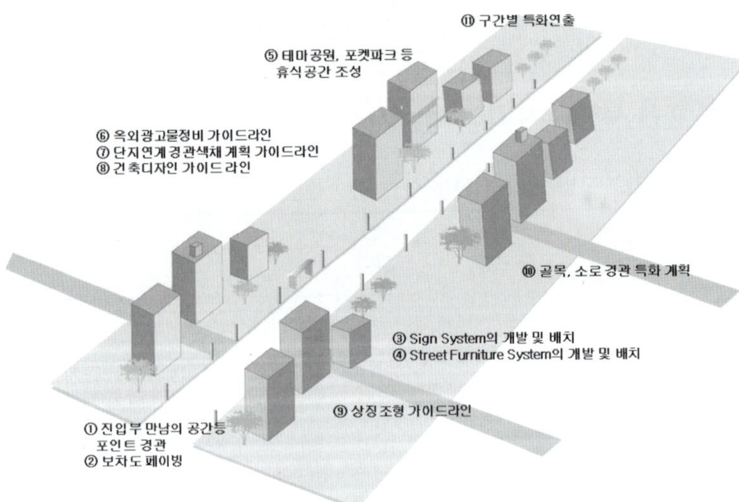

그림 6-93 지구별 상징거리 예시도

개성적인 디자인의 교량설계로 고수부지에서의 「랜드마크」로 부각을 유도하였으며, 도로선형변화를 유도하여 조망성의 다양화를 확보할 수 있도록 계획하였다. 보도확폭, 공개공지 확보 등을 통하여 보행공간을 확충하고 녹도, 가로수, 노면포장, 가로등, 안내표식, 벤치 등의 적정 배치에 의한 보행환경의 쾌적성을 제고할 수 있도록 계획하였다.

또한 지역을 대표하는 5개의 특화거리를 지정하여 각종행사와 홍보를 통하여 상권 활성화를 위해 도시경쟁력을 향상시키도록 하였다.

4. 부문별 경관계획

1 사인시스템

(1) 기본방향

남악신도시 연출공간에 적합한 기능성과 심미성이 복합된 친환경적 사인시스템을 연출한다. 남도의 수목과 해양이미지를 모티브로 하며 생태관광지구는 부분적 자연소재로 사용하였으며, 지역주민정서에 부합된 정리되고 깔끔한 표시디자인으로 인지성을 향상시켰으며, 지구별 강조컬러 적용으로 지구별 Identity를 부각시켰다.

(2) 사인시스템 배치계획

- 대거점사인 : 주요 교통결절부를 중심으로 대중교통이 발달한 교통중심에 설치한다.
- 거점사인 : 교통결절부를 중심으로 통행량이 많은 곳에 설치한다.
- 주변사인 : 각 지역의 정보를 제공할 공공성이 확보된 공간에 설치한다.
- 가로안내사인 : 특화거리에 설치하여 가로안내 제공한다.

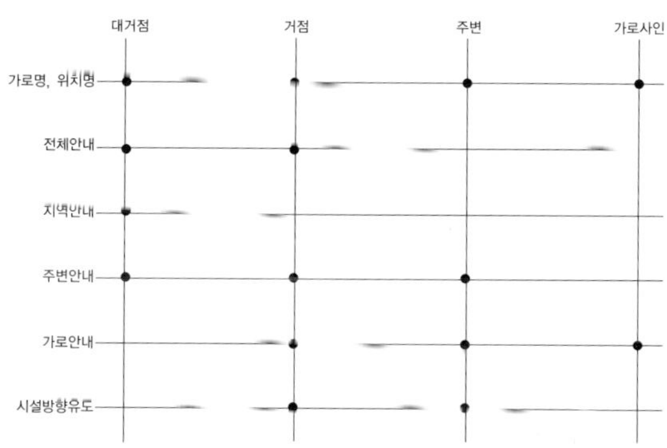

그림 6-94 사인시스템 배치원칙

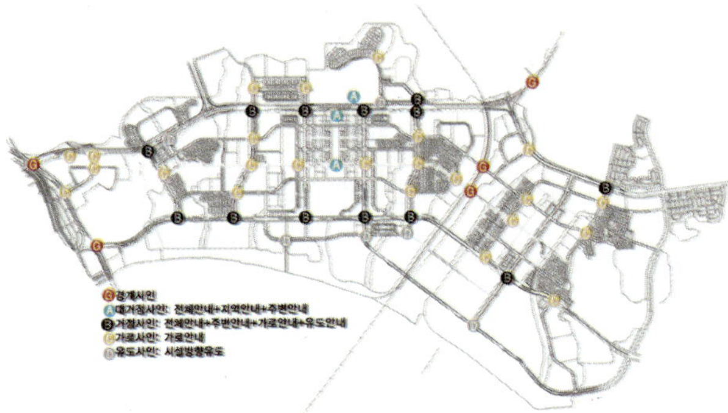

그림 6-95 **사인시스템 배치도**

(3) 사인시스템 지침예시

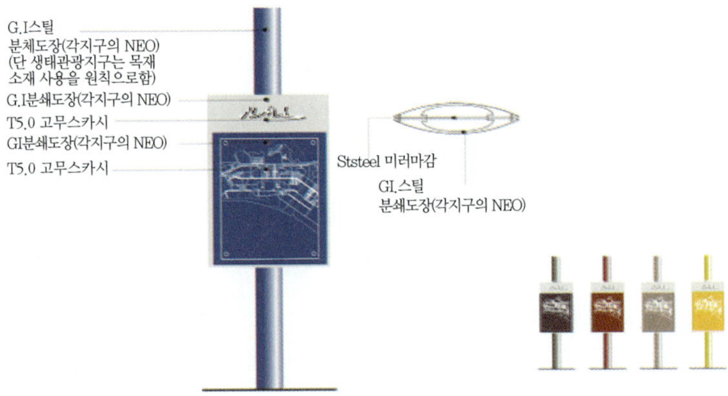

그림 6-96 **존별 사인시스템 컬러적용예시 및 지침예시**

(4) 사인시스템 일람

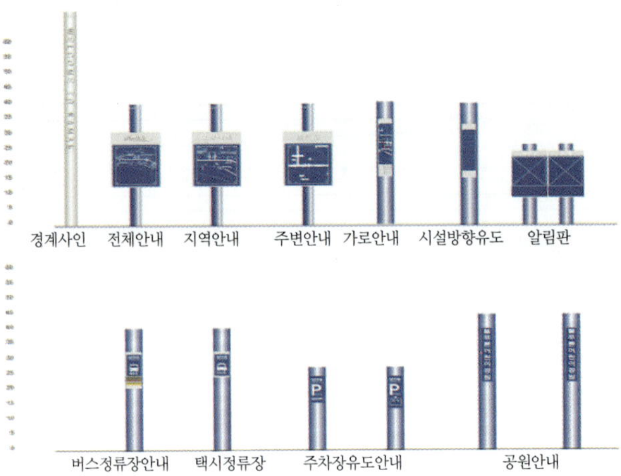

그림 6-97 **사인시스템 일람**

2 SF시스템

(1) 기본방향

지역별 · 블럭별 특성이 강화되도록 지역의 정체성이 표출된 SF시스템 디자인을 한다.

인간의 행위를 보조 및 조절하며 시각적 아름다움과 안정성, 편리성, 쾌적성을 부합시키며, 각 시설물 형태의 모듈화, 색채적용의 통일화로 전체적 통일성 추구한다. 또한 커뮤니티 시설과 연계하여 전체적으로 하나의 시스템화 방안강구한다.

(2) 세부구상

그림 6-98 SF시스템 세부구상

3 도시색채계획

색채의 무절제한 난립을 막고 시가지의 질서와 조화를 구하기 위하여 계획에서의 토지이용계획시에 주변 자연환경을 고려한 색채계획에 따라 색상, 명도, 채도의 질서 있는 안배와 규정을 통하여 안정된 경관을 형성하였다.

(1) 기본원칙

건물의 색채유형은 NFC(Namak Face Color), NBC(Namak Body Color), NEC(Namak Effect Color), 3가지로 유형화하여 신도시 전체의 이미지와 조화되면서 즉 개성, 쾌적성, 식별성을 유도할 수 있도록 하였다. 쾌적성은 소음, 진동, 먼지, 일조방해, 공기오염 등으로부터 도시민을 보호하듯이, 우리 시각에 과도한 부하를 주는 고채도 색채를 배제하고 편안함과 안락함을 주는 색채를 사용하였다.

환경의 자연색채와 기존 환경색채를 조사하여 색채팔레트를 만들고, 그 가운데서 NFC(Namak Face Color), NBC(Namak Body Color), NEC(Namak Effect Color)을 선정, 조화되는 배색은 모티브에서 추출하고 인공환경색에 순응하도록 하여 안정감과 친근감있는 도시경관 형성하였다.

(2) 남악신도시의 색채 분석 및 추출

자연지구, 풍치지구에서 다양한 색계가 나타나고 있으며, 계절별 주 구

표 6-22 남악신도시 색채 분석 및 추출

남악신도시의 풍토색 분석에 의한 색채	추출 중명도/중채도의 Brown 계열의 색채
	지구에서 나타나는 일반적인 자연색채계 

성색계가 뚜렷한 전형적인 자연색채계를 이룬다. 그러므로 남악신도시의 색채는 모든 자연요소의 공통포함색인 Brown 계열에서 추출함을 원칙으로 하며 채도와 명도는 주변경관을 고려하여 선정하였다.

(3) 색채조닝계획의 공간구성

표 6-23 조닝별 색채 구성표

구분	개념전개의 흐름	색상구성
생활주거지구	• 삶의 평온과 안정 • 언제나 편리한 쉼터 • 자연과 인간이 조화된 삶	BL ZONE (Blue Zone)
휴식문화지구	• 자연의 향취를 느끼며 • 자유와 낭만을 위한 열린공간 • 전통과 상징	WT ZONE (White Zone)
생태관광지구	• 자연의 신선함 속에 • 이국적 신비의 장소 • 자유, 젊음, 공삼	BR ZONE (Brown Zone)
업무상업지구	• 문화정체성의 회복 • 깊이 있는 역사체험공간 • 신도시의 21세기가 만나는곳	BK ZONE (Black Zone)
상업문화지구	• 늘 새로운 생동감 • 함께하는 한마당 • 문화와 소비의 장	YL ZONE (Yellow Zone)

(4) 색채계획의 컬러 적용예시

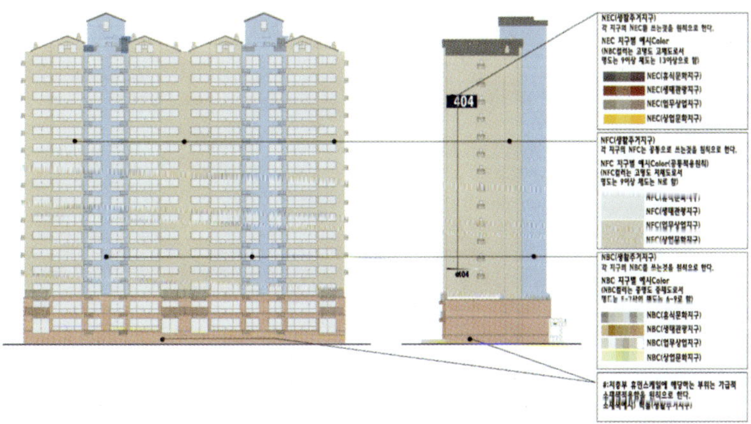

그림 6-99 색채계획 예시 : 휴식문화지구

생활문화지구 야간경관 예시

휴식문화지구 야간경관 예시

생태관광지구 야간경관 예시

업무상업지구 야간경관 예시

상업문화지구 야간경관 예시

주거지역 야간경관 예시

중심녹지축 야간경관예시

그림 6-100 **주요 공간별 야간경관 예시**

4 건축물 디자인 및 야간경관연출계획

건축물은 도시경관을 좌우하는 가장 중점적 요소가 되는 것으로 토지이용계획과 그 맥락을 함께 하도록 스카이라인, 벽면 돌출후퇴, 건축의 외장색채, 재질, 가각부분 처리방법, 벽면선 후퇴, 식재 등에 대한 기본적인 가이드라인에 의해 계획한다. 공공건축물은 도시이미지 요소로 만드는 시스템의 확립으로 건축구조물 디자인의 질적 향상을 도모한다. 건축물간의 조화와 시민의 공유의식을 높이고, 건물 외벽이나 옹벽 등에 벽화를 추진한다.

「네온사인」이나 「쇼-윈도우」에서의 야경연출로 24시간 도시활동과 시민생활의 다양성을 확보하며, 가로등을 도로평면, 선형특성에 따라 배치하여 리듬감을 연출한다. 또한 대형건물, 교량, 분수 등의 조명과 하천 등의 수변을 조명으로 연출하여 야경의 아름다움을 연출하였다.

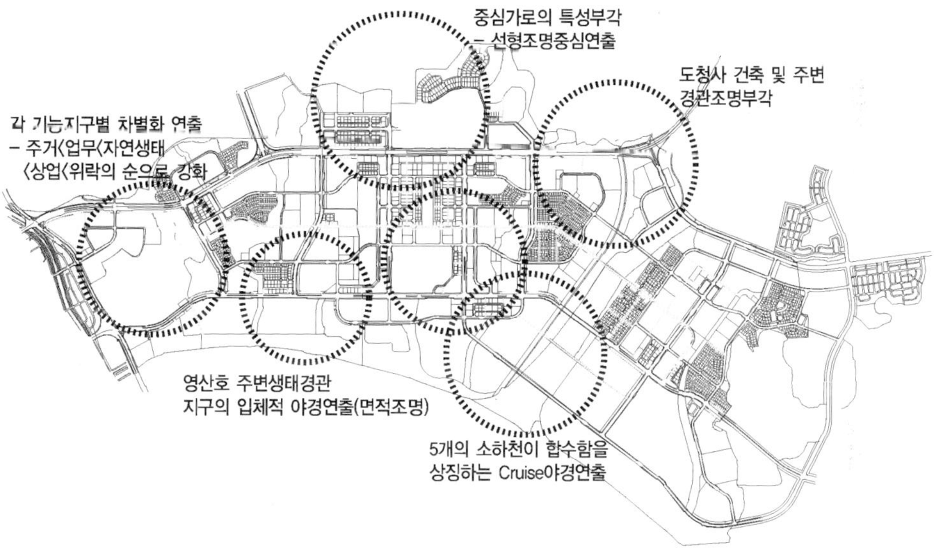

그림 6-101 건축물 디자인 및 야간경관연출 세부계획

5 교량디자인 계획안

옥암천 3교

PSC Rahmen교
- 녹지공원과의 시각적 연계
- 숲길을 걷다 문득 만나는 정겨운 느낌의 다리
- 상부에 PIPE-LIGHT가로등 설치로 정적인 이미지 극대화

초당천 1 · 2교

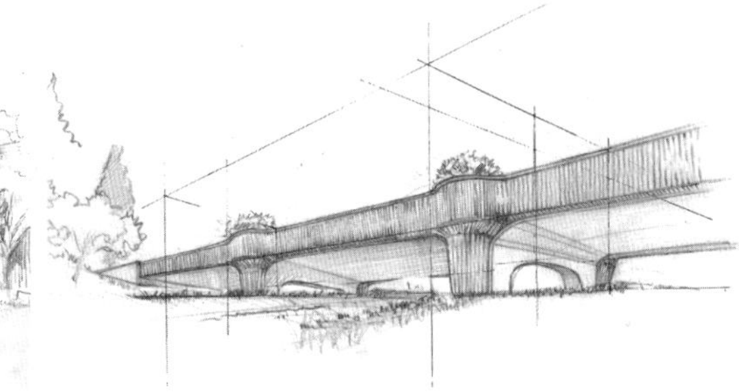

PSC Rahmen교
- 수변 생태공원의 게이트 폐쇄감 해소 주의
- 교량하부조경 적극적 고려
- 지점부에 화분의 형상을 도입한 디자인으로 친자연적인 이미지 연출
- 표면에 부드러운 질감의 요철을 적용

오룡천 3교

상로 콘크리트 아치교
- 녹지의 부드러움과 조화로운 형식 추구
- 투과성이 좋고 괴체감(Mass)이 적은 형식으로 주변의 녹지와 조화로운 형식
- 공원을 연결하는 하부통행 조건 양호

신흥천 3 · 4교

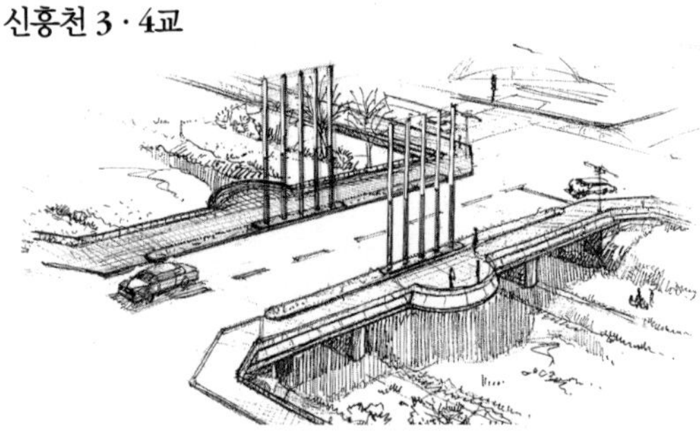

R.C. Rahmen교
- 상업지구의 활성화
- 보행자전용로(녹지)축 연계
- 테라스 지점에 Light-Pipe가로등 설치
- 직선적이고 상승하는 듯한 강한 이미지

남창천 1교

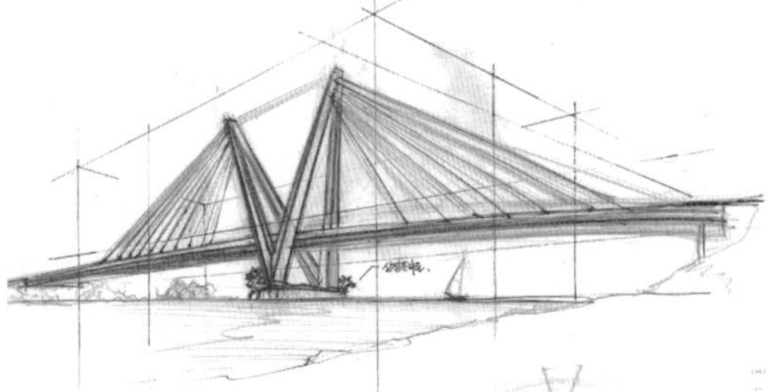

V형 주탑 강사장교
- 남악신도시의 번영, 약동, 힘, 희망, 승리의 이미지를 표출
- 첨단도시의 이미지 연출
- 주탑상부로부터 상판의 좌우로 체결된 케이블로 인해 주행시 관문성이 강조되며 야간 조명 효과 극대화 가능

망모천 2교

R.C. Rahmen교
- 장식성 강한 디자인
- 직선적이며 장식적인 이미지 추구
- 벽돌 또는 문양 거푸집으로 표면 마감
- 36m교폭의 하부 보행을 고려하여 교각부의 투시성 확보

6 옥외광고물디자인

도시건설 후 필요시마다 설치하는 것보다 토지이용에 따른 장소적 특성이 배려될 수 있도록 하고 옥외광고물법에 의한 강력한 규제와 동시에 활성화 유도지침을 마련, 도시분위기의 특성이 나타날 수 있도록 기본적인 방향을 수립하였다.

표식의 종합화(형상/색채/서체 등의 통일)로 안내정보시스템의 통일성을 도모하였으며, 신축건물 · 옥상광고탑 설치 시 건축설계단계에서 건물과 조화를 고려하고, 재질/색채/형태/규모 등의 규정을 확보하였다. 광고 · 간판류의 바탕색은 건축물 본체와 유사색으로 하는것을 원칙으로 하며, 옥상광고탑 · 옥상구조물 등의 형태 · 색채 등을 주변과 일체적으로 디자인하여 스카이라인 등의 정비를 도모한다.

표 6-24 남악신도시 광고물의 형성 전략

목 표		세부 전략
기존 국내도시보다	저밀도 조성원칙 수립	–저밀도 우선시 의원칙으로 남도의 정갈 · 단아한 신도시 이미지 부각
전남 타도시보다	질적 · 우수광고물 배양	–간결하고 쾌적한 시각환경의 신도시 이미지 제고
타지역 도시보다	우수광고물 장려 행정	–규제보다는 장려와 이용자 여론조성을 통한 발전적 행정지도체계
해외 유명도시보다	지역 정서 전달	–인정과 믿음이 있고, 세계 제일의 단아함 속의 부한 시각환경조성도시로 부각
"살고 싶고 찾고 싶은 남악" 관광해양신도시 위상 제고		–남악신도시 정체성 확립 –대표문화도시 기반소성 –각 지구별 단지가로활성화 –대외 이미지 홍보

표 6-25 용도별 적용계획

용도	적용
일반상업시설	–중심가로변 일반상업지의 전면(가로형) 간판은 1층까지 제한하되 조각형 간판은 2층까지 허용 –전면간판의 경우 1층 면적의 40%가 넘지 않도록 하며 3층 이상 업소는 세로형 간판과 건물입구 지주형 간판을 연합광고물 설치방법을 적용하여 깨끗한 상업지역 연출
근린생활시설	–지역별 분산 위치되는 근린생활시설은 5층 이하의 소건축물 및 전면간판은 1층으로 제한 –3층 이상의 업소는 연합광고형 세로형 간판과 지주형 간판을 이용
단독주택지내 생활편익시설	–3층 이내의 단독주택지 내 생활편익시설은 1층에 상업시설이 위치하는 생활편익업소가 대부분이므로 전면간판은 1층까지 허용 –광고물의 면적은 1층 면적의 40%가 넘지 않도록 하고 2층 업소가 있을 경우 연합광고형 돌출형 간판을 적용
공동주택지내 생활편익시설	–공동주거단지 내 생활편익시설은 주거지역의 대중적 성격으로 건물 자체가 광고물로 뒤덮히는 경우가 많아 주거환경의 질을 떨어뜨리는 요인이 됨 –이러한 점을 감안하여 가로형 간판은 1층만 허용하며 3층 이상의 업소는 연합 광고형 세로형 간판과 지주형 간판을 적용하여 건물의 형태미 보존과 쾌적한 생활환경 조성

7 예술장식품디자인

주요 결절점 또는 랜드마크가 될 수 있는 환경조형물이나 벽화의 설치를 미리 계획적으로 구상하여 환경의 질을 향상시키며 주민정서에 기여하여 지역민의 자부심과 긍지를 지닐 수 있도록 배치와 가이드라인을 설정하였다. 주위환경과 조화될 수 있는 환경조형적 가치를 추구하며, 불필요한 대형화는 지양하며 내구성을 유지하도록 가이드라인을 제시하였다.

남악 신도시의 예술장식품디자인 연출방향은 전체를 용의 상생을 테마로 하여 3개의 연출공간과 5개 지구로 구분하여 하나의 일관된 이야기로 구성한다.

표 6-26 남악신도시 예술장식품디자인 세부적용사례

도시	연출공간	지구	적용사례	사례예시
남악 신도시	숲의공간	휴식문화지구	자연적 요소를 이용한 사례	
	빛의공간	생태관광지구	수경요소를 이용한 사례	
		상업문화지구	용을 상징하는 힘있는 요소를 이용한 사례	
	음의공간	업무상업지구	용과 결을 이용하여 힘있는 요소인 돌을 이용한 사례	
		생활주거지구	빛을 이용한 사례	

5. 경관유지 · 관리의 필요성

(1) 경관유지 · 관리의 기본방향

남악신도시의 효율적인 경관유지 및 관리를 위해 종합적인 경관계획에 의한 체계적인 관리가 필요하다. 경관관리와 유지는 지구별 다양성이 있어 일률적 제도와 규제기준으로는 효과 달성이 어려워 이해당사자인 건축주나 주민의 상호협의에 의한 자율적 노력이 필수 불가결한 요소이다. 따라서 지구별로 독특한 경관자원을 보전하면서 좋은 주거 및 상업환경이 조성되도록 협의체 결성이 필요하고, 그 협의체가 중심이 되어 자율적 경관관

리를 추진하는 방식으로 유도되도록 행정지도 필요하다.

또한, 경관훼손은 개발행위 허가나 건축허가 시점에서부터 원천적으로 방지되어야 다양하고 독특한 경관을 유지, 관리할 수 있으므로 각 지구별 실정에 적합한 운영이 필요하며 경관관리심의제의 효과적인 운영 또한 중요한 과제이다.

(2) 행위규제보다는 도시계획위원회(경관관리)에서 관리

도시계획위원회의 소위원회에서는 경관계획 수립시 자문 수행 및 각종 경관사업의 원활한 진행을 유도한다. 구성은 도시계획, 조경, 건축, 환경 부문의 전문가 및 주민대표들로 구성한다. 담당부서와 유기적인 관계를 유지하면서 도시의 경관정책의 '입안과 결정' 에 참여한다.

(3) 주민 자치적인 참여에 의한 관리

경관계획을 실행 · 운용함에 있어서 무엇보다도 중요한 것은 주민들의 적극적인 참여이므로, 경관계획의 수립과정에 주민의견을 적극적으로 수렴할 수 있도록 설명회, 간담회, 공청회 등의 행정에 주민이 직접 참여하도록 유도한다.

경관관리위원회에 주민대표를 참여시켜 주민의견을 관리단계에서도 반영하도록 한다.

6. 위원회 및 조직의 활성화 유도

(1) 도시계획위원회(소위원회 ; 경관관리위원회)의 적극적 운영

각 지구의 특성이 반영되고 지구주민의 적극적인 참여가 이루어지는 경관관리를 위해 운영되고 있는 도시계획위원회에 소위원회(분과위원회)를 보다 적극적으로 운영하여, 경관에 관한 내용을 조사, 연구토록 해야 하며, 경관에 관한 내용을 심의하여야 한다. 소위원회에는 도시계획, 토지이용, 교통, 조경, 건축, 환경, 방재 등의 분야에서 전문가와 시민단체, 주민대표 등으로 구성된 경관관리위원회를 설치하며, 적극적인 운영이 필요하다.

(2) 경관관련 조직의 강화방안

무질서한 개발로 자연경관이 파괴되고 난잡한 경관이 형성되는 추세를 전문적으로 기획 · 통제 · 관리할 행정조직의 정비가 필요하다. 경관전담 행정조직은 경관조례 설치 · 운영 및 경관에 미치는 원인과 영향의 복합성을 고려하여 단기적, 중 · 장기적 방안의 마련이 필요하다.

7. 주민참여에 의한 경관관리

효율적이고 평등하며 공익을 위한 경관관리는 시민의 적극적인 참여가 이루어질 때 성공할 수 있으므로 도시경관계획 및 경관지구계획 등의 수립 과정에서 주민의견을 적극적으로 수렴하기 위하여 경관관련사항을 심의하는 도시계획위원회 내의 경관관리위원회에 주민대표를 참여시켜 관리 단계에서도 반영될 수 있도록 추진한다.

한편, 장기적인 측면에서의 주민에 의한 경관관리 방향은 주민자율에 의한, 비권력적인 수단에 의한, 다양한 주체에 의한, 자주적인 경관관리제도 도입에 의한 경관관리로 발전 유도한다. 그러므로 주민들의 자주적인 경관보전 노력에 힘을 실어줄 수 있는 경관조례의 제정권한을 자치단체에게 부여할 수 있도록 법적인 제도의 확립이 필요하다.

경관보호를 위한 시민단체, 시민협의회를 지원하여 자주적 감시와 경관보호의식을 정착시키는 등 행정의 시책은 보조, 계몽, 조언, 권고 등의 유도수단으로 활용한다.

부 록

부 록

경 관 법

[제정 2007.5.17 법률 제8478호]

제1장 총 칙

제1조(목적) 이 법은 국토의 체계적 경관관리를 위하여 각종 경관자원의 보전·관리 및 형성에 필요한 사항들을 정함으로써 아름답고 쾌적하며 지역특성을 나타내는 국토환경 및 지역환경의 조성에 기여함을 목적으로 한다.

제2조(정의) 이 법에서 사용하는 용어의 정의는 다음과 같다.

1. "경관"이란 자연, 인공요소 및 주민의 생활상 등으로 이루어진 일단의 지역환경적 특징을 나타내는 것을 말한다.
2. "건축물"이란 「건축법」 제2조제1항제2호에 따른 건축물을 말한다.

제3조(경관관리의 기본원칙) 경관은 다음 각 호의 원칙에 따라 계획되고 관리되어야 한다.

1. 지역의 고유한 자연·역사 및 문화를 드러내고 지역주민들의 생활 및 경제활동과의 긴밀한 관계 속에서 지역주민의 합의를 통하여 양호한 경관이 유지될 수 있도록 관리할 것
2. 개발과 관련된 행위는 경관과 조화·균형을 이루도록 할 것
3. 우수한 경관을 보전하고 훼손된 경관을 개선·복원함과 동시에 새롭게 형성되는 경관은 개성 있는 요소를 가지도록 유도할 것
4. 각 지역의 경관이 고유한 특성과 다양성을 가질 수 있도록 자율적인 경관행정 운영방식을 권장하고, 지역주민이 이에 주체적으로 참여할 수 있도록 할 것

5. 국민이 아름답고 쾌적한 경관을 향유할 수 있도록 할 것

제4조(국가 및 지방자치단체 등의 책무) ① 국가 및 지방자치단체는 쾌적하고 양호한 경관형성에 필요한 시책을 강구하여야 한다.
② 국가 및 지방자치단체는 경관관리의 기본원칙에 대한 국민의 이해를 높이도록 노력하여야 한다.
③ 국민은 아름답고 쾌적한 경관의 보전 및 개선을 위하여 국가 및 지방자치단체의 시책에 적극적으로 협력하여야 한다.

제5조(다른 법률과의 관계) 경관의 보전 · 관리 및 형성 등에 관하여 다른 법률에 특별한 규정이 있는 경우를 제외하고는 이 법이 정하는 바에 따른다.

제 2 장 경관계획

제6조(경관계획의 수립권자 및 대상지역) 특별시장 · 광역시장 · 도지사 · 특별자치도지사(이하 "시 · 도지사"라 한다) 또는 시장 · 군수(광역시 관할구역 안에 있는 군의 군수를 제외한다. 이하 같다)는 다음 각 호의 구분에 따라 일정지역의 경관을 보전 · 관리 및 형성하기 위한 계획(이하 "경관계획"이라 한다)을 수립할 수 있다.

1. 경관계획의 대상지역이 특별시 · 광역시 · 시 또는 군(광역시 관할구역 안에 있는 군을 제외한다. 이하 같다)의 관할구역 전부 또는 일부에 속하는 경우에는 관할 특별시장 · 광역시장 · 시장 또는 군수가 수립한다.
2. 경관계획의 대상지역이 2 이상의 특별시 · 광역시 · 시 또는 군의 관할구역에 걸쳐 있는 경우에는 관할 특별시장 · 광역시장 · 시장 또는 군수가 공동으로 수립한다.
3. 경관계획의 대상지역이 2 이상의 시 또는 군의 관할구역에 걸쳐 있는 경우로서 해당 시장 · 군수가 요청하거나 도지사가 필요하다고 인정하는 경우에는 관할 도지사가 수립한다.
4. 특별자치도의 경우에는 특별자치도지사가 수립한다.

제7조(경관계획 수립의 제안) ① 주민(이해관계자를 포함한다)은 제6조에 따라 경관계획을 수립할 수 있는 자에게 제안내용을 첨부하여 경관계획의 수립을 제안할 수 있다.
② 제1항에 따라 경관계획의 수립을 제안받은 자는 그 처리결과를 제안자에게 통보하여야 한다.
③ 제1항 및 제2항에 규정된 사항 외에 경관계획의 제안, 제안서의 처리 등에 관하여 필요한 사항은 대통령령으로 정한다.

제8조(경관계획의 내용)

① 경관계획에는 다음 각 호의 사항이 포함되어야 한다.

1. 경관계획의 기본방향 및 목표에 관한 사항
2. 경관자원의 조사 및 평가에 관한 사항
3. 경관형성의 전망 및 대책 수립에 관한 사항
4. 「국토의 계획 및 이용에 관한 법률」 제37조제1항제1호에 따른 경관지구(이하 "경관지구"라 한다) 및 같은 항 제2호에 따른 미관지구(이하 "미관지구"라 한다)의 관리 및 운용에 관한 사항
5. 경관관리 행정체계 및 실천방안에 관한 사항
6. 경관계획의 시행을 위한 재원조달 및 단계적 추진에 관한 사항
7. 그 밖에 경관의 보전 · 관리 및 형성에 관한 사항으로서 대통령령이 정하는 사항

② 경관계획의 수립기준 등에 관하여는 대통령령이 정하는 바에 따라 건설교통부장관이 관계 중앙행정기관의 장과 공동으로 정하여 고시한다.

③ 경관계획은 도시기본계획(「국토의 계획 및 이용에 관한 법률」 제2조제3호에 따른 도시기본계획을 말한다. 이하 같다)에 부합되어야 하며, 경관계획의 내용이 도시기본계획의 내용과 다른 때에는 도시기본계획의 내용이 우선한다.

제9조(경관계획의 수립을 위한 기초조사) 시 · 도지사 또는 시장 · 군수는 경관계획을 수립 또는 변경하려는 때에는 대통령령이 정하는 바에 따라 경관계획의 수립 또는 변경에 필요한 사항을 조사하여야 한다. 다만, 관계 행정기관 또는 전문기관이 이미 조사를 실시한 경우에는 그 결과를 활용할 수 있다.

제10조(공청회 및 지방의회의 의견청취) ① 시 · 도지사 또는 시장 · 군수는 경관계획을 수립 또는 변경하려는 때에는 미리 공청회를 개최하여 주민 및 관계 전문가 등의 의견을 들어야 하며, 공청회에서 제시된 의견이 타당하다고 인정하는 때에는 경관계획에 반영하여야 한다.

② 제1항에 따른 공청회 개최에 관하여 필요한 사항은 대통령령이 정하는 바에 따라 당해 지방자치단체의 조례로 정한다.

③ 도지사는 제6조제3호에 따라 경관계획을 수립 또는 변경하려는 때에는 관계 시장 · 군수의 의견을 듣기 위하여 기한을 명시하여 경관계획안을 관계 시장 · 군수에게 송부하여야 한다.

④ 제3항에 따라 경관계획안을 송부받은 시장 · 군수는 명시된 기한 이내에 그 경관계획안에 대한 의견을 도지사에게 제출하여야 한다.

⑤ 시 · 도지사 또는 시장 · 군수는 경관계획을 수립 또는 변경하려는 때에는 해당 지방의회의 의견을 들어야 한다. 이 경우 지방의회는 특별한 사유가 없는 한 30일 이내에 의견을 제시하여야 한다.

제11조(경관계획의 승인 등) ① 시장 · 군수는 경관계획을 수립 또는 변경하는 때에는 제23조제1항에 따라 해당 지방자치단체에 설치하는 경관위원회(이하 "경관위원회"라 한다)의 심의를 거쳐 도지사의 승인을 얻어야 한다.

② 시 · 도지사는 제1항에 따라 경관계획을 승인하거나 제6조에 따라 직접 경관계획을 수립 또는 변경하려는 때에는 관계 행정기관의 장과 미리 협의하여야 한다. 이 경우 협의요청을 받은 기관의 장은 특별한 사유가 없는 한 그 요청을 받은 날부터 30일 이내에 의견을 제시하여야 한다.

③ 시 · 도지사는 경관계획을 승인하거나 직접 경관계획을 수립 또는 변경하려는 때에는 경관위원회의 심의를 거쳐야 한다.

④ 특별시장 · 광역시장 또는 특별자치도지사가 경관계획을 수립 또는 변경한 때에는 대통령령이 정하는 바에 따라 공고하고 주민이 열람할 수 있도록 하여야 한다.

⑤ 도지사가 경관계획을 승인하거나 직접 경관계획을 수립 또는 변경한 때에는 관계 서류를 해당 시장 · 군수에게 송부하여야 하며, 관계 서류를 송부받은 시장 · 군수는 대통령령이 정하는 바에 따라 공고하고 주민이 열람할 수 있도록 하여야 한다.

제12조(경관지구 및 미관지구의 관리) 시 · 도지사 또는 시장 · 군수는 경관지구 및 미관지구를 경관계획에 따라 관리하여야 한다.

제 3 장 경관사업

제13조(경관사업의 대상 등) ① 시 · 도지사 또는 시장 · 군수는 지역의 경관을 향상시키고 경관의식을 높이기 위하여 경관계획이 수립된 지역 안에서 다음 각 호의 사업(이하 "경관사업"이라 한다)을 시행할 수 있다.

1. 가로환경의 정비 및 개선을 위한 사업
2. 지역의 녹화와 관련된 사업
3. 야간경관의 형성 및 정비를 위한 사업
4. 지역의 역사 · 문화적 특성의 경관을 살리는 사업
5. 농산어촌의 자연경관 및 생활환경을 개선하는 사업
6. 그 밖에 경관의 보전 · 관리 및 형성을 위한 사업으로서 당해 지방자치단체의 조례로 정하는 사업

② 시 · 도지사 및 시장 · 군수 외의 자는 경관계획이 수립된 지역 안에서 그 경관계획을 수립한 시 · 도지사 또는 시장 · 군수의 승인을 얻어 경관사업을 시행할 수 있다. 이 경우 경관사업 시행의 승인을 얻으려는 자는 대통령령이 정하는 바에 따라 시 · 도지사 또는 시장 · 군수에게 사업계획서를 제출하여야 한다.

③ 제2항에 따른 승인신청을 받은 시 · 도지사 또는 시장 · 군수는 경관사업을 승인하기 전에 경관위원회의 심의를 거쳐야 한다.

제14조(경관사업추진협의체) ① 시 · 도지사 또는 시장 · 군수는 경관사업의 원활한 추진을 위하여 필요한 경우 지역주민 · 시민단체 · 전문가 등으로 구성된 경관사업추진협의체(이하 "경관사업추진협의체"라 한다)를 설치할 수 있다.

② 경관사업추진협의체는 사업계획의 수립, 경관사업의 추진 및 사후관리 등의 단계에 참여하여 경관사업이 일관성을 유지하도록 노력하여야 한다.

③ 경관사업추진협의체의 조직 · 운영 및 업무 등에 관하여 필요한 사항은 해당 지방자치단체의 조례로 정한다.

제15조(경관사업에 대한 재정지원 및 감독) ① 지방자치단체는 제13조제1항 및 제2항에 따른 경관사업에 필요한 소요자금의 전부 또는 일부를 보조하거나 융자할 수 있다.

② 지방자치단체의 장이 필요하다고 인정하는 때에는 경관사업을 시행하는 자에 대하여 감독상 필요한 보고를 하게 하거나 자료를 제출하도록 명령할 수 있다.

제 4 장 경관협정

제16조(경관협정의 체결) ① 토지소유자 그 밖에 대통령령이 정하는 자(이하 "소유자등"이라 한다)는 쾌적한 환경 및 아름다운 경관형성을 위한 협정(이하 "경관협정"이라 한다)을 경관협정 체결자 전원의 합의에 의하여 체결할 수 있다. 이 경우 경관협정의 효력은 경관협정을 체결한 소유자등에게만 미친다.

② 일단의 토지 또는 하나의 토지의 소유자가 1인인 경우에도 그 토지의 소유자는 해당 토지의 구역을 경관협정 대상지역으로 하는 경관협정을 정할 수 있다. 이 경우 그 토지소유자 1인을 경관협정 체결자로 본다.

③ 제1항에 따른 경관협정을 체결(제2항에 따라 토지소유자 1인이 경관협정을 정하는 경우를 포함한다. 이하 같다)하는 경우 다음 각 호의 사항을 준수하여야 한다.

1. 이 법 및 관계 법령에 위배되지 아니할 것
2. 「국토의 계획 및 이용에 관한 법률」 제2조제6호에 따른 기반시설의 입지를 제한하는 내용을 포함하지 아니할 것

④ 경관협정은 다음 각 호의 사항을 포함할 수 있다.

1. 건축물의 의장 · 색채 및 옥외광고물(「옥외광고물 등 관리법」 제2조제1호에 따른 옥외광고물을 말한다)에 관한 사항

2. 공작물(「건축법」 제72조제1항에 따라 시장 · 군수 · 구청장에게 신고하여 축조하는 공작물을 말한다. 이하 같다) 및 건축설비의 위치에 관한 사항
3. 건축물 및 공작물 등의 외부공간에 관한 사항
4. 토지의 보전 및 이용에 관한 사항
5. 역사 · 문화경관의 관리 및 조성에 관한 사항
6. 그 밖에 대통령령이 정하는 사항

⑤ 소유자등이 경관협정을 체결하는 경우 경관협정서를 작성하여야 하며, 경관협정서에는 다음 각 호의 사항이 명시되어야 한다.

1. 경관협정의 명칭
2. 경관협정 대상지역의 위치 및 범위
3. 경관협정의 목적
4. 경관협정의 내용
5. 경관협정 체결자 및 제17조제1항에 따른 경관협정운영회의 명칭 및 주소
6. 경관협정의 유효기간
7. 경관협정 위반시 제재에 관한 사항
8. 그 밖에 경관협정에 필요한 사항으로서 해당 지방자치단체의 조례로 정하는 사항

제17조(경관협정운영회의 설립) ① 제16조에 따른 경관협정을 체결하는 자(이하 "협정체결자"라 한다)는 경관협정서의 작성 및 경관협정의 관리 등을 위하여 필요한 경우 협정체결자들 간의 자율적 기구로서 운영회(이하 "경관협정운영회"라 한다)를 설립할 수 있다.

② 제1항에 따라 경관협정운영회를 설립하려는 경우에는 협정체결자 과반수의 동의를 얻어 경관협정운영회의 대표자 및 위원을 선임하고, 대통령령이 정하는 바에 따라 특별시장 · 광역시장 · 특별자치도지사 · 시장 또는 군수에게 신고하여야 한다.

제18조(경관협정의 인가) ① 협정체결자 또는 경관협정운영회의 대표자는 경관협정서를 작성하여 특별시장 · 광역시장 · 특별자치도지사 · 시장 또는 군수의 인가를 받아야 한다. 이 경우 인가신청을 받은 특별시장 · 광역시장 · 특별자치도지사 · 시장 또는 군수는 인가를 하기 전에 경관위원회의 심의를 거쳐야 한다.

② 특별시장 · 광역시장 · 특별자치도지사 · 시장 또는 군수는 제1항에 따라 경관협정을 인가한 때에는 대통령령이 정하는 바에 따라 그 내용을 공고하고 주민이 열람할 수 있도록 하여야 한다.

제19조(경관협정의 변경) 제16조 및 제18조는 경관협정의 변경에 관하여 준용한다.

제20조(경관협정의 폐지) ① 협정체결자 또는 경관협정운영회의 대표자는 경관협정을 폐지하려는 경우에는 협정체결자 과반수의 동의를 얻어 해당 특별시장·광역시장·특별자치도지사·시장 또는 군수의 인가를 받아야 한다.
② 제18조제2항은 경관협정의 폐지에 관하여 준용한다.

제21조(경관협정의 준수 및 승계) ① 경관협정의 대상이 되는 구역 안에서 제16조제4항 각 호의 행위를 하려는 협정체결자는 제18조 및 제19조에 따라 인가된 경관협정의 내용을 준수하여야 한다.
② 경관협정이 제18조제2항에 따라 공고된 후 경관협정의 대상이 되는 구역 안에서 협정체결자인 소유자등으로부터 권리를 이전 또는 설정 받은 자 중 대통령령이 정하는 자는 협정체결자로서의 지위를 승계한다. 다만, 경관협정에서 달리 정한 경우에는 그에 따른다.

제22조(경관협정에 관한 지원) ① 특별시장·광역시장·특별자치도지사·시장 또는 군수는 경관협정서 작성 등의 자문 등 경관협정에 관한 기술·재정상의 지원을 할 수 있다.
② 협정체결자 또는 경관협정운영회의 대표자는 경관협정에 필요한 비용 등을 지원받고자 하는 때에는 대통령령이 정하는 바에 따라 특별시장·광역시장·특별자치도지사·시장 또는 군수에게 사업계획서를 제출하여야 한다.

제 5 장 경관위원회

제23조(경관위원회의 설치) ① 경관과 관련된 사항에 대한 심의 또는 자문을 위하여 시·도지사 또는 시장·군수 소속 하에 경관위원회를 둔다. 다만, 경관위원회를 설치·운영하기 어려운 경우에는 대통령령이 정하는 경관과 관련된 위원회가 그 기능을 수행할 수 있다.
② 시·도지사 또는 시장·군수는 건축 등 경관 관련 사항의 심의가 필요한 경우 대통령령이 정하는 바에 따라 「건축법」 등 다른 법률에 의하여 설치된 경관과 관련된 위원회와 경관위원회가 공동으로 하는 심의를 거칠 수 있다.

제24조(경관위원회의 기능) ① 경관위원회의 심의를 받아야 할 사항은 다음 각 호와 같다.
1. 경관계획의 수립 또는 변경
2. 경관계획의 승인
3. 경관사업의 승인
4. 경관협정의 인가
5. 그 밖에 경관에 중요한 영향을 미치는 사항으로서 대통령령이 정하는 사항

② 경관위원회는 다음 각 호의 사항에 관하여 시 · 도지사 또는 시장 · 군수의 자문에 응한다.

1. 경관계획에 관한 사항
2. 경관지구 및 미관지구의 관리 및 운용에 관한 사항
3. 경관조례의 제정에 관한 사항
4. 경관사업의 계획 및 추진에 관한 사항
5. 경관협정의 체결 및 운용에 관한 사항
6. 그 밖에 경관에 중요한 영향을 미치는 사항으로서 해당 지방자치단체의 조례로 정하는 사항

제25조(경관위원회의 구성 · 운영) 이 법에 규정한 사항 외에 경관위원회의 구성 · 운영 그 밖의 필요한 사항은 대통령령으로 정한다.

부 칙

이 법은 공포 후 6개월이 경과한 날부터 시행한다.

경관법 시행령

[제정 2007.11.13 대통령령 제20376호]

제1조(목적) 이 영은 「경관법」에서 위임된 사항과 그 시행에 필요한 사항을 규정함을 목적으로 한다.

제2조(경관계획의 수립에 관한 제안의 처리절차) ① 「경관법」(이하 "법"이라 한다) 제7조제1항에 따라 법 제6조에 따른 경관계획(이하 "경관계획"이라 한다)의 수립을 제안하려는 자는 경관계획수립제안서를 작성하여 특별시장 · 광역시장 · 도지사 · 특별자치도지사(이하 "시 · 도지사"라 한다) 또는 시장 · 군수(광역시 관할 구역에 있는 군의 군수는 제외한다. 이하 같다)에게 제출하여야 한다.

② 제1항에 따라 경관계획의 수립을 제안받은 시 · 도지사 또는 시장 · 군수는 제안일부터 60일 이내에 그 제안을 경관계획에 반영할 것인지를 제안자에게 알려야 한다. 다만, 부득이한 사정이 있는 경우에는 그 기간을 1회에 한하여 30일 연장할 수 있다.

③ 시 · 도지사 또는 시장 · 군수는 제1항에 따른 제안을 경관계획에 반영할 것인지를 결정하려는 경우 필요한 때에는 법 제23조제1항에 따라 해당 지방자치단체에 설치된 경관위원회에 자문할 수 있다.

④ 제1항부터 제3항까지 규정한 것 외에 경관계획의 수립 제안에 필요한 세부적인 절차는 해당 지방자치단체의 조례로 정한다.

제3조(경관계획의 내용) 법 제8조제1항제7호에서 "대통령령이 정하는 사항"이란 다음 각 호의 사항을 말한다.

1. 중점적으로 경관을 보존 · 관리 및 형성하여야 할 구역 등에 관한 사항
2. 법 제13조제1항에 따른 경관사업(이하 "경관사업"이라 한다)과 법 제16조제1항에 따른 경관협정(이하 "경관협정"이라 한다)의 관리 · 운영에 관한 사항
3. 그 밖에 경관의 보전 · 관리 및 형성에 관한 사항으로서 해당 지방자치단체의 조례로 정하는 사항

제4조(경관계획의 수립기준 등) ① 건설교통부장관은 법 제8조제2항에 따라 관계 중앙행정기관의 장과 경관계획의 수립기준 등을 정하려는 경우에는 다음 각 호의 사항을 고려하여야 한다.

1. 자연경관, 역사 · 문화경관, 농산어촌 경관 및 시가지 경관에 대한 장기적 방향을 제시하고 삶의 질을 향상하기 위한 내용이 반영되도록 할 것

2. 지역적 특성과 요구를 충분히 반영하여 경관계획의 독창성과 다양성이 확보되도록 할 것
3. 경관계획이 실질적으로 추진될 수 있도록 상세하고 구체적으로 수립되도록 할 것

② 법 제8조제2항에서 "관계 중앙행정기관의 장"이란 행정자치부장관, 문화관광부장관, 농림부장관, 환경부장관, 해양수산부장관 및 산림청장을 말한다.

제5조(경관계획의 수립을 위한 기초조사의 대상) 법 제9조에 따라 기초조사를 하는 경우 조사할 사항은 다음 각 호의 사항으로 한다.

1. 지형, 지세(地勢), 수계(水界) 및 식생(植生) 등 자연적 여건
2. 인구, 토지 이용, 산업, 교통 및 문화 등 인문·사회적 여건
3. 경관과 관련된 다른 계획 및 사업의 내용
4. 그 밖에 경관계획의 수립 또는 변경에 필요한 사항

제6조(경관계획의 수립을 위한 공청회) ① 시·도지사 또는 시장·군수는 법 제10조제1항에 따라 공청회를 개최하려면 다음 각 호의 사항을 해당 경관계획의 수립 지역을 주된 보급지역으로 하는 일간신문에 공청회 개최예정일 14일 전까지 1회 이상 공고하여야 한다.

1. 공청회의 개최목적
2. 공청회의 개최예정 일시 및 장소
3. 수립하거나 변경하려는 경관계획의 개요
4. 그 밖에 공청회 개최에 필요한 사항

② 법 제10조제1항에 따른 공청회는 시·도지사 또는 시장·군수가 지명하는 자가 주재한다.

제7조(경관계획의 승인 등) ① 시장·군수는 법 제11조제1항에 따라 경관계획의 승인을 받으려면 경관계획안에 다음 각 호의 서류를 첨부하여 도지사에게 제출하여야 한다.

1. 법 제9조에 따른 기초조사 결과
2. 법 제10조제1항에 따른 공청회 개최 결과
3. 법 제10조제5항에 따른 해당 지방의회 의견
4. 법 제23조제1항에 따른 경관위원회(이하 "경관위원회"라 한다)의 심의(법 제23조제2항에 따라 「건축법」 등 다른 법률에 따라 설치된 경관과 관련된 위원회와 공동으로 하는 심의를 포함한다) 및 자문(시장·군수가 자문을 하는 경우에 한한다) 결과

② 법 제11조제4항 및 제5항에 따른 경관계획의 공고는 해당 지방자치단체의 공보에 게재하는 방법으로 하며, 관계 서류의 열람기간은 30일 이상으로 하여야 한다.

제8조(경관사업 사업계획서) 법 제13조제2항에 따라 경관사업 시행의 승인을 받으려는 자는 다음 각 호의 사항이 포함된 사업계획서를 시·도지사 또는 시장·군수에게 제출하여야 한다.

1. 사업의 목표
2. 사업주체
3. 사업 내용 및 추진방법
4. 경관계획과의 연계성
5. 유지관리 방안
6. 사업비용
7. 그 밖에 해당 지방자치단체의 조례로 정하는 사항

제9조(경관협정 체결자의 범위) 법 제16조제1항 전단에서 "그 밖에 대통령령으로 정하는 자"란 다음 각 호의 자를 말한다.

1. 건축물소유자
2. 지상권자
3. 그 밖에 해당 토지 또는 건축물에 이해관계가 있는 자로서 해당 지방자치단체의 조례로 정하는 자 중 그 토지 및 건축물소유자의 동의를 받은 자

제10조(경관협정의 내용) 법 제16조제4항제6호에서 "그 밖에 대통령령으로 정하는 사항"이란 다음 각 호의 사항을 말한다.

1. 녹지, 가로, 수변공간(水邊空間) 및 야간조명 등의 관리 및 조성에 관한 사항
2. 경관적으로 가치가 있는 수목이나 구조물 등의 관리 및 조성에 관한 사항
3. 그 밖에 해당 지방자치단체의 조례로 정하는 사항

제11조(경관협정운영회의 설립신고) 법 제17조제1항에 따른 경관협정운영회(이하 "경관협정운영회"라 한다)의 대표자는 법 제17조제2항에 따라 경관협정운영회의 설립을 신고하려면 다음 각 호의 사항이 포함된 경관협정운영회 설립신고서를 설립한 날부터 15일 이내에 특별시장·광역시장·특별자치도지사·시장 또는 군수에게 제출하여야 한다.

1. 명칭 및 소재지
2. 대표자 및 회원명단
3. 운영 목적 및 방법
4. 기능과 역할
5. 그 밖에 해당 지방자치단체의 조례로 정하는 사항

제12조(경관협정의 공고 등) 법 제18조제2항에 따른 경관협정의 공고는 해당 지방자치단체의 공보에 게재하는 방법으로 하며, 경관협정이 유효한 기간 동안 경관협정 관련 서류를 해당 시청·군청 또는 관할 지역의 읍·면·동사무소에

비치하여 주민이 열람할 수 있도록 하여야 한다.

제13조(경관협정의 승계자) 법 제21조제2항 본문에서 "대통령령으로 정하는 자"란 법 제17조제1항에 따른 경관협정 체결자(이하 "협정체결자"라 한다)로부터 권리를 이전 또는 설정받은 날부터 60일 이내에 해당 특별시장 · 광역시장 · 특별자치도지사 · 시장 또는 군수에게 해당 지방자치단체의 조례로 정하는 바에 따라 협정체결자로서의 지위를 승계하기로 신고한 자를 말한다.

제14조(경관협정 지원 대상 사업계획서) 법 제22조제2항에 따라 경관협정에 필요한 비용 등을 지원받기 위하여 제출하는 사업계획서에는 다음 각 호의 사항이 포함되어야 한다.

1. 사업의 목표
2. 협정체결자 또는 경관협정운영회의 대표자
3. 사업내용 및 추진계획
4. 사업비용(지원이 필요한 금액을 포함한다)
5. 그 밖에 해당 지방자치단체의 조례로 정하는 사항

제15조(경관과 관련된 위원회) 법 제23조제1항 단서에서 "대통령령으로 정하는 경관과 관련된 위원회"란 다음 각 호의 위원회 중 해당 지방자치단체의 장이 정하는 위원회를 말한다.

1. 「국토의 계획 및 이용에 관한 법률」 제113조에 따라 해당 지방자치단체에 두는 지방도시계획위원회
2. 「건축법」 제4조에 따라 해당 지방자치단체에 두는 건축위원회
3. 「농업 · 농촌기본법」 제43조에 따라 해당 지방자치단체에 두는 농정심의회
4. 「옥외광고물 등 관리법」 제7조에 따라 해당 지방자치단체에 두는 광고물관리심의위원회
5. 「도시공원 및 녹지 등에 관한 법률」 제50조에 따라 해당 지방자치단체에 두는 도시공원위원회
6. 그 밖에 해당 지방자치단체의 조례로 정한 위원회

제16조(공동위원회의 구성 및 운영) ① 법 제23조제2항에 따라 「건축법」 등 다른 법률에 따라 설치된 경관과 관련된 위원회와 경관위원회가 공동으로 심의하려면 공동위원회(이하 "공동위원회"라 한다)를 구성하여야 한다.

② 공동위원회의 위원은 경관위원회 및 「건축법」 등 다른 법률에 따라 설치된 경관과 관련된 위원회의 위원 중 해당 지방자치단체장의 장이 임명하거나 위촉하는 30명 이내의 위원으로 구성하되, 경관위원회 위원을 2분의 1 이상으로 하며, 공동위원회의 위원장은 경관위원회의 위원장으로 한다.

③ 공동위원회의 회의는 재적위원 3분의 2 이상의 출석으로 개의하고 출석위

원 과반수의 찬성으로 의결한다.

④ 제1항부터 제3항까지 규정한 것 외에 공동위원회의 운영에 필요한 사항은 해당 지방자치단체의 조례로 정한다.

제17조(경관위원회의 심의 대상) 법 제24조제1항제5호에서 "대통령령으로 정하는 사항"이란 다음 각 호의 사항을 말한다.

1. 법 제22조제2항에 따라 비용 등을 지원받는 경관협정의 결정
2. 다른 법령에서 경관위원회의 심의를 받도록 규정한 사항
3. 그 밖에 해당 지방자치단체의 조례로 정한 사항

제18조(경관위원회의 구성 및 운영) ① 경관위원회는 위원장과 부위원장 각 1명을 포함한 10명 이상 20명 이내의 위원으로 구성한다.

② 경관위원회의 위원장과 부위원장은 위원 중에서 호선(互選)한다.

③ 경관위원회의 위원은 다음 각 호의 어느 하나에 해당하는 자 중에서 해당 지방자치단체의 장이 임명하거나 위촉한다. 이 경우 제3호에 해당하는 위원의 수는 전체 위원의 2분의 1 이상이어야 한다.

1. 해당 지방자치단체 지방의회의 의원
2. 해당 지방자치단체 및 경관계획과 관련이 있는 행정기관의 공무원
3. 건축 · 도시 · 조경 · 토목 · 교통 · 환경 · 문화 · 농림 · 디자인 · 옥외광고 등 경관계획 관련 분야에 관한 학식과 경험이 풍부한 자

④ 제3항제3호에 해당하는 위원의 임기는 2년으로 하되, 연임할 수 있다. 다만, 보궐위원의 임기는 전임자의 잔임기간으로 한다.

⑤ 경관위원회의 위원장은 위원회의 업무를 총괄하며, 위원회를 소집하고 그 의장이 된다.

⑥ 경관위원회의 회의는 재적위원 과반수의 출석으로 개의하고, 출석위원 과반수의 찬성으로 의결한다.

⑦ 경관위원회에 간사 1명과 서기 약간 명을 둘 수 있으며, 간사와 서기는 위원장이 임명한다.

⑧ 제1항부터 제7항까지 규정한 것 외에 경관위원회의 구성 및 운영에 필요한 사항은 해당 지방자치단체의 조례로 정한다.

부 칙

이 영은 2007년 11월 18일부터 시행한다.

경관계획수립지침

행정자치부 · 문화관광부 · 농림부
환경부 · 건설교통부 · 해양수산부 · 산림청

1 이 지침은 경관계획 수립기준을 제시하여 지방자치단체가 경관계획을 원활히 수립할 수 있도록 도움을 주기 위한 것입니다.

2 자연환경, 옥외광고물, 건축 등 경관과 관련된 분야별 별도지침이 있을 경우 이에 따릅니다.

3 본 지침에서 제시하고 있는 경관계획 분류(기본경관계획, 특정경관계획), 계획수립체계(기본구상, 경관계획 수립, 경관설계지침), 실행계획 등 관련사항은 지역여건에 따라 선택적으로 활용할 수 있습니다.

4 특색있는 경관계획 수립이 필요한 경우 본 지침의 내용은 지역별 특성과 여건에 맞게 변경적용할 수 있으며, 본 지침에 제시되지 않은 내용이 있을 경우 지방자치단체별로 따로 정하여 적용할 수 있습니다.

제정 2007 · 12 · 18 건설교통부고시 제 597 호

제1장 총 칙

제1절 지침의 목적

1-1-1. 이 지침은 경관법(이하 "법"이라 한다) 제8조제2항 및 경관법 시행령(이하 "영"이라 한다) 제4조의 규정에 의한 경관계획의 수립방향, 계획체계 등 필요한 사항을 정하여 지방자치단체가 경관계획을 수립시 당해 지침을 참조하여 체계적인 경관계획을 수립할 수 있도록 지원하기 위함이다.

제2절 경관계획의 지위 및 성격

1-2-1. 경관계획은 지역의 자연경관 및 역사 · 문화경관, 도시 · 농산어촌의 우수한 경관을 보전하고, 훼손된 경관을 개선 · 복원함과 동시에 새로운 경관을 개성 있게 창출하기 위한 정책방향, 기본구상 및 계획을 수립하고, 그 실행방안 등을 제시하는 해당 지방자치단체의 자치적 법정계획이다.

1-2-2. 경관계획은 지방자치단체에서 의무적으로 수립해야 하는 강제적 계획이 아니며, 지역주민의 의견과 요구, 지방재정의 고려, 정책집행의 우선순위 등 지역의 여건과 상황에 따라 필요하다고 판단될 경우에 선택적으로 수립하는 계획이다.

1-2-3. 경관계획은 경관을 보전 · 관리 및 형성하는 수단으로서 경관사업, 경관협정 및 경관심의 등을 통한 행정적, 기술적, 재정적 지원을 포함함으로써 규제적 수법 외에 유도적 수법을 통한 경관관리를 포함하는 계획이다.

1-2-4. 경관의 보전 · 관리 및 형성 등에 관하여 다른 법률에 특별한 규정이 있는 경우를 제외하고는 이 법이 정하는 바에 따른다.(법 제5조)

1-2-5. 경관계획은 도시기본계획(「국토의 계획 및 이용에 관한 법률」 제2조제3호에 따른 도시기본계획을 말한다. 이하 같다)에 부합되어야 하며, 경관계획의 내용이 도시기본계획의 내용과 다른 때에는 도시기본계획의 내용이 우선한다.(법 제8조 3항)

1-2-6. 시 · 도지사 또는 시장 · 군수는 경관지구 및 미관지구를 경관계획에 따라 관리하여야 한다.(법 제12조)

1-2-7. 경관법에 의한 경관계획은 지역의 자연경관, 역사 · 문화경관, 도시 · 농산어촌경관에 관한 종합계획으로서 도시기본계획, 경관형성계획, 농산어촌경관보전 시책, 고도보존계획 등 다른 법률에 의한 경관 관련 계획을 수립시 참조계획으로서의 지위를 갖는다.

제3절 법적 근거

1-3-1. 본 수립지침은 법 제8조제2항 및 영 제4조에 근거한다.

법 제8조(경관계획의 내용) ② 경관계획의 수립기준 등에 관하여는 대통령령이 정하는 바에 따라 건설교통부장관이 관계 중앙행정기관의 장과 공동으로 정하여 고시한다.

영 제4조(경관계획의 수립기준) ① 건설교통부장관은 법 제8조제2항에 따라 관계 중앙행정기관의 장과 경관계획의 수립기준 등을 정하려는 경우에는 다음 각 호의 사항을 고려하여야 한다.

1. 자연경관, 역사 · 문화경관 · 농산어촌경관 및 시가지경관에 대한 장기적 방향을 제시하고 삶의 질 향상을 위한 내용이 반영되도록 할 것
2. 지역적 특성과 요구를 충분히 반영하여 경관계획의 독창성과 다양성이 확보되도록 할 것
3. 경관계획이 실질적으로 추진될 수 있도록 상세하고 구체적으로 수립되도록 할 것

② 법 제8조제2항에서 "관계 중앙행정기관의 장"이란 행정자치부장관, 문화관광부장관, 농림부장관, 환경부장관, 해양수산부장관, 산림청장을 말한다.

제4절 계획수립 대상지역 및 수립권자

1-4-1. 경관계획 수립대상지역 : 특별시장 · 광역시장 · 도지사 · 특별자치도지사 (이하 "시 · 도지사"라 한다), 시장 · 군수(광역시 관할구역 안에 있는 군의 군수를 제외한다. 이하 같다)는 관할구역의 전부 또는 일부에 대한 경관계획을 수립할 수 있다.

1-4-2. 경관계획의 대상지역이 특별시 · 광역시 · 시 또는 군의 관할구역 전부 또는 일부에 속하는 경우에는 관할 특별시장 · 광역시장 · 시장 또는 군수(광역시 관할구역 안에 있는 군의 군수를 제외한다. 이하 같다)가 수립한다.

1-4-3. 경관계획의 대상지역이 2 이상의 특별시 · 광역시 · 시 또는 군의 관할구역에 걸쳐 있는 경우에는 관할 특별시장 · 광역시장 · 시장 또는 군수가 공동으로 수립한다.

1-4-4. 경관계획의 대상지역이 2 이상의 시 또는 군의 관할구역에 걸쳐 있는 경우로서 해당 시장 · 군수가 요청하거나 도지사가 필요하다고 인정하는 경우에는 관할 도지사가 수립한다.

1-4-5. 특별자치도의 경우에는 특별자치도지사가 수립한다.

제5절 경관계획의 유형

1-5-1. 경관계획은 계획의 목적과 내용적 범위, 계획수준에 따라 아래와 같이 구분하여 수립할 수 있다.

(1) 기본경관계획 : 관할지역 전부를 대상으로 경관계획의 목표를 제시하고, 경관 권역, 축, 거점 등 경관관리단위를 설정하며, 경관을 보전, 관리 및 형성하기 위한 기본방향을 제시하는 계획

(2) 특정경관계획 : 관할지역의 특정한 지역이나 특정한 경관유형(산림, 수변, 가로, 농산어촌, 역사문화, 시가지 등), 특정한 경관요소(야간경관, 색채, 옥외광고물, 공공시설물 등)를 대상으로 경관의 보전 · 관리 및 형성을 위한 실행방안을 제시하는 계획

1-5-2. 경관계획은 필요성과 시급성 등 해당 지방자치단체의 여건에 따라 기본경관계획 또는 특정경관계획 중 하나를 선택적으로 수립하거나 모두를 수립할 수 있다.

제 2 장 경관계획의 내용과 작성원칙

제1절 경관계획의 내용

2-1-1. 경관계획에는 법 제8조(경관계획의 내용) 제1항에 명시된 다음의 내용을 포함해야 한다.

(1) 경관계획의 기본방향 및 목표에 관한 사항

① 계획의 배경, 수립범위(공간적, 내용적, 시간적 범위), 수립과정 등

② 계획의 목표 및 기본방향

(2) 경관자원의 조사 및 평가에 관한 사항

① 대상지의 경관적 가치를 판단하고 경관적 특성을 파악하기 위한 기초조사

② 경관자원 특성분석, 경관의식조사, 관련계획 및 법규조사, 국내외 사례분석, 분석의 종합 등 경관 현황조사 및 분석, 평가 등

(3) 경관형성의 전망 및 대책에 관한 사항

① 경관계획의 목표, 기본방향 설정, 경관의 보전 · 관리 및 형성방안 수립 등

② 경관 기본구상, 경관계획 및 설계 지침의 제시 등

(4) 경관지구, 미관지구의 관리 및 운용에 관한 사항

① 「국토의 계획 및 이용에 관한 법률」 제37조(용도지구의 지정)에 따른 경관지구와 미관지구의 설정

② 이미 설정되었거나 신설할 경관지구와 미관지구에 대한 관리운용방안의 제시

(5) 경관관리 행정체계 및 실천방안에 관한 사항

① 경관관리를 위한 실행조직 및 행정체계, 경관사업추진협의체 설립 및 운영에 관한 사항

② 경관법 또는 다른 법률에서 규정하고 있는 경관 관련 계획, 지역 · 지구 · 구역 및 경관 관련 사업, 협정, 협약, 그밖에 경관 관련 심의 및 계획기준 등의 적용사항 도출 및 연계 추진방안의 제시

(6) 경관계획의 시행을 위한 재원조달 및 단계적 추진에 관한 사항

① 경관사업, 경관협정 및 기타 경관관리 등 경관계획의 수립내용을 실행하는데 필요한 사업요소별 예산의 산정, 재정확보 및 추진방법 등

(7) 그 밖에 경관의 보전 · 관리 및 형성에 관한 사항

① 중점적으로 경관을 보존 · 관리 및 형성하여야 할 구역 등에 관한 사항

② 법 제13조제1항에 따른 경관사업과 법 제16조제1항에 따른 경관협정의 관리 · 운영에 관한 사항

③ 그 밖에 경관의 보전 · 관리 및 형성에 관한 사항으로서 해당 지방자치단체의 조례로 정하는 사항

제2절 경관계획 수립의 기본원칙

2-2-1. 삶의 질을 높이는 계획 : 경관계획은 도시미관의 향상뿐만 아니라 역사 · 문화자원의 가치제고, 농산어촌의 어메니티 증진, 마을가꾸기 사업추진

등 생활환경 개선과 삶의 질 향상을 위한 방향으로 계획되어야 한다.

2-2-2. 계획의 독창성과 다양성, 유연성 제고 : 경관계획은 정해진 하나의 일률적인 기준보다는 지역적 특성과 요구를 고려하여 독창성이 확보되고, 다양한 가치가 상존할 수 있는 것이어야 하며, 계획의 자율성과 유연성을 최대한 확보해주는 방향으로 수립되어야 한다.

2-2-3. 총체적 계획 : 경관계획은 경관관리와 관련된 도시계획, 자연환경관리, 역사문화 보존, 농산어촌 생활환경 개선 등 행정자치부, 문회관광부, 농림부, 환경부, 건설교통부, 해양수산부, 산림청 등 각 소관부처의 경관관리의 목표와 추진방향, 실행수단을 고려한 총체적인 계획이어야 한다.

2-2-4. 계획의 실행력 확보 : 경관계획은 계획의 실천력을 담보할 수 있도록 자연경관, 농산어촌경관, 역사문화경관 관련 사업계획 및 지구지정 등과의 연계, 실행을 위한 행정체계, 조직 및 절차, 예산확보 및 재원조달, 주민참여계획 등 구체적 실행계획이 제시되어야 한다.

제 3 장 경관계획의 수립절차

제1절 경관계획의 입안

3-1-1. 경관계획의 입안권자는 시 · 도지사 또는 시장 · 군수로서 관할 구역의 전부 또는 일부에 대해 경관계획을 입안할 수 있다.

3-1-2. 경관계획 입안은 계획의 종합성과 집행성을 확보하기 위하여 경관 관련 부서 및 기획 · 예산 · 집행부서간의 긴밀한 협의에 의하여 추진될 수 있도록 한다.

3-1-3. 경관계획 입안은 시 · 군의 게시판 및 인터넷, 언론 등을 통하여 주민에게 알려 참여할 수 있게 하여야 한다.

3-1-4. 경관계획은 당해 시 · 군의 사연적 · 사회적 · 경제적 조사와 시행이 예정된 개발사업 등 계획에 필요한 조사를 실시하여 수립한다.

제2절 주민 등의 의견청취

3-2-1. 작성된 경관계획안(대안을 포함한 2개 이상의 계획안)에 대하여는 해당 분야 전문가와 각계 주민대표 및 관계기관이 참석하는 공청회를 개최하여 의견을 청취해야 한다.

3-2-2. 시 · 도지사 또는 시장 · 군수는 법 제10조제1항에 따른 공청회를 개최할 때에는 공청회 개최예정일 14일 전까지 다음 각 호의 사항을 해당 경관계획의 수립지역을 주된 보급지역으로 하는 일간신문에 1회 이상 공고한다.

(1) 공청회 개최목적

(2) 공청회 개최예정 일시 및 장소

(3) 수립하거나 변경하려는 경관계획의 개요

(4) 그 밖에 공청회 개최에 필요한 사항

3-2-3. 공청회 개최시 제출된 의견이 타당하다고 인정될 경우에는 이를 경관계획에 반영한다.

3-2-4. 공청회에서 제안된 의견은 조치결과 또는 미조치사유 등의 의견청취결과 요지를 승인신청시 첨부한다.

제3절 경관계획의 승인신청

3-3-1. 시장 · 군수는 경관계획을 수립 또는 변경하는 때에는 해당 지방자치단체가 설치하는 경관위원회의 심의를 거쳐 도지사에게 승인을 신청한다.

3-3-2. 시장 · 군수는 도지사에게 경관계획 승인을 신청할 경우 각 부문별계획과 관련된 지방단위 기관과의 협의결과를 함께 제출하여 관계 행정기관과의 협의기간을 단축할 수 있도록 조치한다.

3-3-3. 승인신청서류

(1) 경관계획 승인신청 공문

(2) 공청회시 경관계획보고서(안) 및 구상도(안)

(3) 공청회 개최 결과, 지방의회 의견청취, 관계 지방행정기관과의 협의에 대한 조치내용 각 1부

(4) 경관심의위원회 심의(법 제23조제2항에 따라 「건축법」 등 다른 법률에 따라 설치된 경관과 관련된 위원회와 공동으로 심의를 포함한다) 및 자문(시장 · 군수가 자문을 하는 경우에 한한다) 결과

(5) 기초조사 결과 및 계획수립을 위한 산출근거에 관한 자료집

제4절 경관계획의 승인

3-4-1. 시 · 도지사는 법 제11조1항에 따라 신청된 경관계획(안)을 승인하거나 또는 직접 경관계획을 수립 또는 변경하려는 때에는 관계 행정기관과 미리 협의를 하고, 경관위원회의 심의를 거쳐 승인한다. 신청된 경관계획(안)에 대하여 이의가 있을 때는 조정 · 보완하여 승인한다.

3-4-2. 시 · 도지사가 경관계획을 수립 또는 변경한 때에는 당해 지방자치단체

공보에 게재하여 공고하고, 관계서류를 30일 이상 주민이 열람할 수 있도록 하여야 한다.

3-4-3. 도지사가 경관계획을 승인하거나 직접 경관계획을 수립 또는 변경한 때에는 관계서류를 해당 시장 · 군수에게 송부하여야 하며, 관계서류를 송부받은 시장 · 군수는 당해 지방자치단체 공보에 게재하여 공고하고, 관계서류를 30일 이상 주민이 열람할 수 있도록 하여야 한다.

제 4 장 기본경관계획

제1절 기본경관계획의 개요

4-1-1. 배경 및 목적

(1) 계획을 수립하고자 하는 배경 및 필요성을 기술한다.

(2) 계획을 통해 달성하고자 하는 목표와 목적을 제시한다.

4-1-2. 기본경관계획의 범위

(1) 관할구역 전체를 대상으로 경관의 보전 · 관리 및 형성을 위한 기본 골격을 설정하고, 중장기적인 기본방향을 제시하기 위한 계획의 공간적, 내용적, 시간적 범위를 제시한다.

(2) 시간적 범위는 기본경관계획의 내용이 시작되는 시작연도와 계획이 완성, 종료되는 목표연도를 제시한다.

4-1-3. 기본경관계획의 수립 방법과 과정

(1) 계획의 수립 방법을 구체적으로 제시하고, 계획 수립과정을 단계별로 기술한다.

제2절 기본경관계획의 경관자원조사 및 분석

4-2-1. 경관자원의 조사대상

(1) 관할구역 전체에 영향을 주는 주요 경관자원을 중심으로 조사한다.

(2) 자연경관자원, 산림경관자원, 농산어촌경관자원, 시가지 및 도시기반시설 경관자원, 역사문화경관자원, 지역상징경관자원 등 경관자원의 유형을 구분하고, 각 유형별 주요 경관자원의 분포 및 특성 등을 종합적으로 조사한다. 다만, 경관자원 유형별로 조사, 분석 등에 관한 별도의 법정 지침이나 기준이 있는 경우에는 이에 따른다.

① 자연경관자원 : 주요 지형, 산림, 하천, 호수, 해변 등

② 산림경관자원 : 주요 식생현황, 보안림, 마을숲 및 보전대상 산림 등

③ 농산어촌경관자원 : 주요 경작지, 농업시설, 염전, 갯벌, 포구, 취락지, 마을공동시설 등

④ 시가지 및 도시기반시설경관자원 : 주요 건물, 교량, 상징가로, 광장, 기념물, 주요 주거경관, 상업업무경관, 공업경관 자원 및 도시기반시설 등의 분포 등

⑤ 역사문화경관자원 : 지역 고유의 경관을 나타내는 성곽, 서원, 근대건축물 등의 문화재와 기타 역사적, 문화적 가치가 있는 경관자원 등

(3) 경관자원은 긍정적, 기회적인 자원뿐만 아니라 경관에 부정적, 제약적인 자원을 함께 조사한다.

(4) 상징적 지역이미지, 지명유래, 역사문화자원, 행사나 이벤트, 풍수지리 등 비물적 경관자원도 포함하여 조사한다.

4-2-2. 경관자원조사 범위

(1) 경관자원이 관할구역의 경계 밖으로 연결되어 있거나 경계 밖에 인접하여 있을 경우에는 그 경계로부터 가시권 주변지역을 포함하여 경관자원을 조사하거나 경관계획수립에 필요하다고 인정되는 경계 밖의 일정 범위를 정하여 조사한다.

(2) 관할구역 주변지역에 포함되지 않더라도 해당 계획에 영향을 줄 수 있는 경관자원은 조사대상에 포함한다.

(3) 문헌조사 및 현장조사를 병행하며, 현황사진을 포함하여야 한다.

4-2-3. 경관자원조사의 내용

(1) 경관자원 유형별로 경관자원의 위치, 특성, 중요도, 분포 등을 기록한 경관자원조사표와 이를 종합한 경관자원분포도를 제시한다.

(2) 경관자원분포도는 경관자원의 특성이 충분히 파악될 수 있는 축척을 사용한다. 조사대상지의 공간적 범위가 넓거나 대상지 내의 경관자원이 많을 경우에는 권역별로 경관자원조사표와 경관자원분포도를 작성할 수 있다.

(3) 경관자원조사 결과는 기본구상 및 경관계획 수립시 경관보전, 관리 및 형성의 대상을 설정하는데 연계시켜야 한다.

4-2-4. 경관구조분석

(1) 계획대상지의 경관단위와 경관적 민감지역 파악 등 거시적 경관구조분석을 시행한다.

(2) 상세한 경관구조분석이 필요한 경우에는 주요 조망점을 기준으로 가시지역분석을 시행한다. 가시지역분석을 위한 기준 조망점은 이용밀도가 높은 장소, 우수한 경관자원을 잘 조망할 수 있는 장소 등을 선정하며, 계획대상지 내부 및 외부에서 모두 선정한다.

(3) 경관단위별 특성을 조사하고, 이를 계획에 반영한다.

4-2-5. 경관의식조사

(1) 계획대상지역의 경관특성에 대한 주민과 방문자들의 의식을 파악하기 위한 설문조사와 인터뷰조사 등을 시행한다.

(2) 설문조사나 인터뷰 조사는 대상자의 속성(연령, 성별, 거주자와 방문자의 구분 등)과 조사 시기 등을 고려하고, 지역적으로 편중되지 않도록 대상자를 선정한다.

(3) 경관의식조사는 계획대상지역의 대표경관, 경관현황 및 문제점, 경관개선 방향 및 지역이미지 등을 포함해야 하며, 그 결과는 경관계획에 연계하여 활용한다.

(4) 경관의식조사는 색채에 대한 선호, 수목에 대한 선호 등 개인적 취향에 대한 항목은 포함하지 않는 것을 원칙으로 한다.

4-2-6. 관련법규 및 유사사례 검토

(1) 계획대상지역에 이미 수립되어 있는 도시계획, 농산어촌계획, 산림기본계획, 역사문화계획 등 관련 계획을 조사하며, 관련계획의 계획목표, 발전전략, 공간구조 및 도입기능 구상 등을 검토한다.

(2) 광역지방자치단체의 경관관리 기본계획 또는 경관형성 계획 등 경관관련 상위계획상의 내용을 검토한다.

(3) 해당 계획내용과 관련 있는 국내외 경관계획, 관련 제도와 법규정, 계획기법 등을 조사하여 시사점을 도출하고, 그 적용성을 검토한다.

제3절 기본경관계획의 기본구상

4-3-1. 기본방향 설정

(1) 관할구역 전체의 거시적 경관이 지향해야 할 목표와 방향, 추진전략을 제시한다.

4-3-2. 미래상 설정

(1) 미래상은 지역의 역사, 문화 · 생활상, 입지, 잠재력, 주민의식, 미래 변화 방향 등 다양한 측면을 고려하여 설정한다.

(2) 계획대상지역의 상징성 제고, 고유의 정체성 확보, 거주민의 자긍심 고양 등을 위한 경관 이미지의 미래상을 설정한다.

(3) 경관계획의 홍보 등에 필요한 경우에는 경관 테마나 캐치프레이즈 또는 비전 등을 설정한다.

4-3-3. 추진전략의 제시

(1) 경관계획의 목표와 기본방향, 미래상을 구현하고 실행하기 위한 전략을 제시한다.

(2) 경관을 보전 · 관리 및 형성할 과제를 분류하고, 과제별 추진전략을 제시

하며, 경관 저해요소의 극복수단이나 잠재력을 강화할 수 있는 방향을 제시한다.

⑶ 추진전략은 너무 추상적으로 설정되지 않도록 하며, 실행하기 위한 범위와 대상, 추진 단계 및 장단기별 세부전략 등을 제시할 수 있어야 한다.

4-3-4. 기본구상의 방향

⑴ 관할구역 전체의 경관 골격을 형성하고 양호한 경관자원을 보전하며, 경관을 형성하거나 관리하기 위한 구상을 제시한다.

⑵ 경관골격은 경관자원조사 및 분석의 결과를 반영하여 관할구역 전체에 대해 면적인 경관권역, 선적인 경관축, 점적인 경관거점 등으로 구분하여 설정한다.

⑶ 설정된 경관권역, 경관축, 경관거점 등에 대해서는 관할구역 전체적 관점에서 거시적으로 경관을 보전 · 관리 및 형성할 방향을 설정한다.

4-3-5. 기본구상

⑴ 경관권역의 설정

① 경관자원이 넓은 면적에 걸쳐 동질적 또는 유사한 경관특성을 보일 경우에 설정한다.

② 관할구역이 매우 넓고, 다양한 경관특성이 혼재하는 경우에 계획의 편의를 위해 토지이용, 지형적 특성, 생활권 분포 등을 고려하여 권역을 세분할 수 있다.

⑵ 경관축의 설정

① 관할지역에 분포하는 동질한 경관이 선의 형태로 연속하여 형성되거나 형성될 잠재성이 있는 산림, 녹지, 수계, 시가지, 도로, 가로 등에 대해 설정한다.

② 경관적으로 우수한 자연물이나 경작지, 기념물, 랜드마크 등으로의 조망을 확보하거나 관리가 필요한 곳에 경관축을 설정할 수 있다.

③ 녹지와 산림 경관을 연결해야 할 구간 또는 시가지 스카이라인을 연속적으로 형성해야 할 구간을 경관축으로 설정할 수 있다.

④ 우수한 경관특성을 지닌 도로나 가로를 선적으로 형성되거나 보전 또는 관리하려는 곳에는 가로경관축을 설정할 수 있다.

⑤ 해안이나 강 또는 하천 등의 경관요소를 선적으로 형성하거나 보전 또는 관리하려는 경우에는 수변경관축으로 설정할 수 있다.

⑥ 그 밖에 우수한 선적 경관을 형성하거나 관리, 보전하려는 경우에는 경관자원의 특성을 주제로 하는 경관축을 설정한다.

⑶ 경관거점의 설정

① 경관거점은 우세한 경관이 점적으로 위치하여 경관적 특성을 부여하는데 중요한 역할을 하거나 잠재성이 있는 지역에 설정할 수 있다.

② 기념탑, 청사, 광장, 교량 등과 같이 시각적으로 우세하여 랜드마크가 되거나 그러한 잠재성이 있는 공간이나 장소 등은 지표적 경관거점으로 설정할 수 있다.

③ 문화재, 향토문화유적 등이 우세한 경관을 형성하는 건축물이나 장소는 역사문화적 경관거점으로 설정할 수 있다.

④ 특정한 경관을 형성하는 지역의 경계부에서 진출입 역할을 하는 장소를 관문적 경관거점으로 설정할 수 있다.

⑤ 그밖에 우수한 경관이 점적인 형태로 입지하거나 잠재력을 지닌 건축물이나 장소를 거점경관으로 보전 · 관리 및 형성하려는 경우에는 경관자원의 특성을 주제로 하는 경관거점을 설정할 수 있다.

(4) 경관권역, 경관축, 경관거점은 상호 중첩하여 설정할 수 있다.

제4절 기본경관계획의 수립

4-4-1. 경관계획의 내용

(1) 경관기본구상에서 설정한 경관권역, 경관축, 경관거점별로 추구해야 할 경관 이미지나 주제 등을 설정하고, 경관의 보전 · 관리 및 형성을 위한 실행방향을 제시한다.

(2) 경관계획은 기본구상에서 설정한 경관권역, 경관축, 경관거점의 골격의 작성체계를 동일하게 유지한다.

(3) 경관을 관리하기 위한 경관사업, 경관조례, 정책 및 제도 등에 반영해야 할 사항을 중심으로 다룬다.

(4) 중점적으로 경관을 관리해야 할 필요가 있는 지역을 경관중점관리구역으로 설정하고, 경관관리의 목표 및 보전 · 관리 및 형성을 위한 실행수단 등을 검토, 제시한다. 경관중점관리구역은 경관권역, 경관축, 경관거점을 포함하거나 그 일부에 설정할 수 있으며, 중첩하여 설정할 수도 있다.

(5) 경관권역, 경관축, 경관거점 또는 경관중점관리구역에 대해서 경관설계의 방향이나 원칙 등을 제시할 필요가 있을 경우에는 경관설계지침을 작성하고, 이를 경관설계지침도로 제시한다.

4-4-2. 경관권역계획

(1) 경관권역의 목표, 구현방향, 경관자원의 보전 · 관리 및 형성하기 위한 계획방향을 수립한다.

(2) 농산어촌의 경작지 등 생산활동이 형성하는 경관과 주거지 등 주민생활을 통해 나타나는 경관의 보전 또는 관리방향을 수립한다.

(3) 우수한 산림 경관은 생태적 경관미를 제고하기 위한 목표와 기본방향을 제시하고, 경관림, 자연휴양림 등 산림경관의 유형과 조성목적에 맞는 조성, 관리방향을 수립한다.

(4) 공장이전지 등 과거 산업경관의 흔적이 있거나 그 특성이 형성된 지역은

개발시 그 경관적 특성이 복원되거나 표출될 수 있도록 계획방향을 수립한다.

4-4-3. 경관축계획

(1) 경관축의 설정 배경과 목표, 구현방향, 경관축 자원의 보전 · 관리 및 형성을 위한 계획방향을 제시한다.

(2) 경관축 주변의 주요 접근로와 조망점, 주요 조망구간 등을 설정하고, 관리방향을 설정한다.

(3) 조망경관자원과 조망점 사이에 있는 건축물과 가로의 규모와 야간경관 등에 대한 계획방향을 포함한다.

(4) 주요 조망점에서 지역을 대표하는 뛰어난 자연경관, 랜드마크, 역사적 건축물, 상징적 건축물이나 구조물에 이르는 구간에 조망축을 설정할 수 있다.

(5) 시가지의 중심가로와 상징성이 큰 가로, 경관자원이 많은 가로에 대해서 가로경관축을 지정하고, 가로경관자원을 보전하기 위한 목표와 방향이나 특화가로로 조성하기 위한 방향을 계획한다.

(6) 주요 조망점에서 우수한 산림과 공원, 녹지경관의 조망을 확보하기 위해 그 규모와 배치에 관한 계획방향을 수립할 수 있다.

(7) 강이나 수로, 호수, 해안을 따라 형성되는 수변 경관축의 조망기회 확대, 개방감 확보, 연속적 경관의 보전 · 관리 및 형성을 위한 계획방향을 제시한다.

4-4-4. 경관거점계획

(1) 경관단위의 진출입부, 경관특성이 우수한 공공시설, 건축물, 역사자원, 문화자원 등이나 환경조형물, 광장 및 공원, 수목 등을 거점경관자원으로 설정하고, 경관을 보전 · 관리 및 형성하기 위한 목표와 계획방향을 제시한다.

(2) 특히 지역의 랜드마크가 되는 건축물의 경관형성과 조망확보를 위한 계획방향을 수립한다.

(3) 전통마을이나 전통건축물, 근현대적 중요 건축물 등 역사적 가치가 있는 역사물이나 지역에 대해 경관의 보전 · 관리 및 형성 등의 계획방향을 수립한다.

(4) 지역의 전통문화, 농작물 등의 생산물이나 생활상, 상업활동, 축제 등 문화경관자원의 보전 · 관리 및 형성을 위한 계획방향을 수립한다.

4-4-5. 경관중점관리구역계획

(1) 경관 관련 지구 및 구역 등의 지정, 경관 관련 사업 등의 실행을 위해 필요하다고 판단되는 지역에 대해 '경관중점관리구역' 을 설정할 수 있다.

(2) 경관중점관리구역의 명칭과 계획방향을 제시하며, 지구 내에 포함된 건축물, 시설물, 가로, 하천, 녹지 등의 보전 · 관리 및 형성 등의 계획방향을 제시한다.

(3) 경관중점관리구역의 계획방향을 실행하기 위한 경관 관련 지역 · 지구 · 구역의 지정, 경관사업의 추진, 경관협정 등을 검토 · 제시한다.

제5절 기본경관계획의 경관설계지침

4-5-1. 경관설계지침의 적용 및 수준

(1) 유형별 경관설계지침이나 구성요소별 경관설계지침 중 하나를 선택하여 제시할 수 있다. 다만, 필요한 경우 두 가지 경관설계지침을 함께 제시할 수 있다.

(2) 유형별 경관설계지침은 동일한 경관유형(산림, 수변, 가로, 농산어촌, 역사문화, 시가지 등)에 대해서 경관설계의 방향, 원칙 등을 적용할 필요가 있을 경우에 제시한다.

(3) 구성요소별 경관설계지침은 경관의 보전 · 관리 및 형성을 위한 계획내용을 건축물, 오픈스페이스, 옥외광고물, 공공시설물, 색채, 야간조명 등의 경관구성요소별로 경관 설계의 방향, 원칙 등을 적용할 필요가 있을 경우에 제시한다.

(4) 경관설계지침은 원경과 중경의 수준에서 다룰 수 있는 내용을 제시한다.

(5) 경관설계지침은 도시관리계획에 반영될 수 있는 수준으로 제시한다.

(6) 경관설계지침은 모든 대상과 계획에 공통적으로 적용되는 지침과 특정 대상이나 계획에만 적용되는 지침으로 구분하여 제시할 수 있다.

(7) 기본경관계획의 경관설계지침과 관련된 별도의 법정 지침이나 기준이 있는 경우에는 이를 따른다.

(8) 다음에 제시된 '4-5-2. 구성요소별 경관설계지침' 은 부분적으로 선택하여 적용할 수 있다.

4-5-2. 구성요소별 경관설계지침

(1) 건축물 경관설계지침

① 건축물 간의 조화, 주변과의 연속성 등을 위한 부여하기 위한 기본방향을 제시한다.

② 필요시 주거지, 상업지, 공업지, 녹지 등 지역구분에 따른 건축물 경관설계지침을 작성할 수 있다.

③ 건축물의 통일 또는 강조 등을 위해 경관 창출이 필요한 경우에 경관을 규제 또는 관리하기 위한 경관설계지침을 수립할 수 있다.

(2) 오픈스페이스 경관설계지침

① 오픈스페이스의 경관적 연계성 확보, 가로의 연속성 확보 등을 위한 기본방향을 제시한다.

② 공원, 녹지, 도로, 하천 등 오픈스페이스 유형별로 경관설계지침을 작성할 수 있다.

③ 오픈스페이스의 연계성, 연속성, 연출성을 확보하기 위해 경관 창출이 필요한 경우에 경관을 규제 또는 관리하기 경관설계지침을 수립할 수 있다.

(3) 옥외광고물 경관설계지침

① 가로경관의 통일, 건물과의 조화 등을 위한 기본방향을 제시한다.

② 옥외광고물을 관리할 지역을 관리등급에 따라 구분하고, 관리지역별 규제

수준을 달리하여 지침을 수립할 수 있다.

③ 관리지역별로 설치 가능한 광고물 종류 및 수량을 지침으로 수립할 수 있다.

(4) 공공시설물 경관설계지침

① 공공시설물의 상징성과 조화성, 가로의 연속성을 확보하기 위한 기본방향을 제시한다.

② 기능권별 및 생활권별로 통일요소를 추출하여 경관설계지침을 제시할 수 있다.

③ 도시구조물의 배치, 형태, 규모 등에 대한 경관설계지침을 제시할 수 있다.

(5) 색채 경관설계지침

① 지역의 색채이미지의 통일성, 조화성을 높이기 위한 기본방향을 제시한다.

② 경관권역별, 건축용도별, 시설유형별로 사용색 범위와 색채기준을 제시할 수 있다.

③ 지침 작성시 색채표기는 먼셀 또는 NCS 등 국제표준규격을 사용한다.

(6) 야간 경관설계지침

① 야간경관 구성요소를 도시적 차원, 지역적 차원, 요소적 차원으로 구분하여 야간경관 수립을 위한 지표를 마련한다.

② 야간경관의 연출 및 관리를 위한 유도사항과 규제사항을 구분하여 제시한다.

제5장 특정경관계획

제1절 특정경관계획의 개요

5-1-1. 배경 및 목적

(1) 계획을 수립하고자 하는 배경 및 필요성을 기술한다.

(2) 계획을 통해 달성하고자 하는 목표와 목적을 제시한다.

5-1-2. 특정경관계획의 범위

(1) 특정경관계획은 관할구역 내의 일부 특정 지역을 대상으로 수립한다. 다만, 특정 경관유형이나 특정 경관요소에 대한 특정경관계획을 수립하는 경우에는 관할구역 전체를 공간적 범위로 포함할 수 있다.

(2) 내용적으로는 특정 지역, 특정 경관유형, 특정 경관요소를 보전 · 관리 및 형성하기 위한 구체적인 실행계획 수립을 대상으로 한다.

(3) 특정경관계획의 내용이 시작되는 시작연도와 계획이 완성, 종료되는 목표연도를 제시한다.

5-1-3. 특정경관계획 수립 방법과 과정

(1) 계획의 수립 방법을 구체적으로 제시하고, 계획 수립과정을 단계별로 기술한다.

(2) 자연경관, 농산어촌경관 및 문화 · 역사경관 등 특정 경관유형과 관련한 별도의 법정 경관계획수립 지침이나 기준이 있을 경우에는 이를 따른다.

제2절 특정경관계획의 경관자원조사 및 분석

5-2-1. 유형별 경관자원조사

(1) 특정지역 또는 특정 경관유형과 요소에 대한 미시적 차원의 조사로 경관자원의 구체적 위치, 규모, 특성 및 영향도 등을 포함한다.

(2) 특정 경관유형이나 특정 경관요소에 대한 특정경관계획을 수립하는 경우에는 해당 경관유형이나 요소와 관련된 경관자원을 중심으로 조사한다.

(3) 해당 경관자원 유형별 조사항목, 내용, 방법 등에 대한 별도의 법정 지침이나 기준 있는 경우에는 이를 따르고, 별도의 기초자료가 있는 경우에는 이를 활용할 수 있다.

5-2-2. 경관자원조사의 범위

(1) 경관자원이 계획대상지역의 경계 밖으로 연결되어 있거나 경계 밖에 인접하여 있을 경우에는 경계로부터 가시권 주변지역을 포함하여 경관자원을 조사하거나 경관계획수립에 필요하다고 인정되는 경계 밖의 일정 범위를 정하여 조사한다.

5-2-3. 경관자원조사의 종합

(1) 특정경관계획 수립에 필요한 현장조사를 중심으로 진행한다.

(2) 특정 경관자원의 위치, 특성, 중요성 등을 표시한 경관자원조사표와 경관자원분포도를 작성한다.

(3) 경관자원분포도는 특정경관의 특성이 충분히 파악될 수 있는 축척을 사용하여, 필요한 경우 구역별로 경관자원분포도와 경관자원조사표를 작성할 수 있다.

(4) 경관자원조사 결과는 해당 특정경관의 기본구상, 특정경관계획 수립시 특정경관의 보전 · 관리 및 형성의 대상을 설정하는데 반영하거나 경관설계지침에 연계시킨다.

5-2-4. 경관구조분석

(1) 지형지세 및 중요 구조물에 의해 형성되는 특정 지역이나 특정경관유형의 특성을 파악하기 위해 미시적인 경관 및 공간구조분석을 시행한다.

(2) 특정경관유형 및 경관요소의 특성파악에 필요한 내용을 포함하여 조사, 분석한다.

5-2-5. 경관의식조사

(1) 특정 지역의 구체적인 경관적 특성이나 특정 경관유형 또는 특정 경관요소에 대한 주민이나 방문자들의 경관의식을 파악하기 위해 설문조사, 인터뷰 등의 조사를 한다.

(2) 설문조사나 인터뷰 조사는 대상자의 속성(연령, 성별, 거주자와 방문자의 구분 등)과 조사시기 등을 고려하고, 지역적으로 편중되지 않도록 대상자를 선정한다.

(3) 경관의식조사는 계획대상지역의 대표경관, 경관현황 및 문제점, 경관개선 방향 및 지역이미지 등을 포함해야 하며, 그 결과는 경관계획에 연계하여 활용한다.

(4) 특정경관계획의 경관의식 조사항목은 특정경관유형 및 지구별 특성을 고려하여 결정한다.

5-2-6. 관련법규 및 유사사례 검토

(1) 계획대상지에 수립된 경관 관련 계획, 지역 및 지구, 지구단위계획, 경관사업, 경관협정, 경관규제 사항 및 심의 규정 등의 각종 관련계획 및 법규를 조사하여 계획 수립시 반영하거나 연계시킨다.

(2) 해당 특정경관계획과 관련 있는 국내외 경관계획, 관련 제도와 법규정, 계획기법 등을 조사하여 특정경관계획에 적용하기 위한 시사점을 도출, 적용방향을 제시한다.

제3절 특정경관계획의 기본구상

5-3-1. 기본방향의 설정

(1) 계획대상지역의 경관을 특정하게 보전 · 관리 및 형성하려는 기본방향을 제시한다.

(2) 계획대상지역의 경관특성, 주변환경, 입지적 특성, 현안 등을 고려하여 기본구상의 방향을 설정한다.

5-3-2. 미래상의 설정

(1) 특정경관유형이나 요소, 특정지역의 경관적 상징성과 장소성 등을 다른 지역과 차별화할 수 있는 미래상을 설정한다.

5-3-3. 추진전략의 제시

(1) 특정경관계획의 목표와 기본방향, 미래상 등에서 제시된 내용을 실현하기 위한 구체적인 추진전략을 제시한다.

(2) 추진전략은 특정경관유형이나 요소의 특성에 따라 세분하여 구체적으로 기술한다.

5-3-4. 기본구상의 방향

(1) 계획 대상지역의 입체적인 경관구조 및 공간특성이 특화될 수 있도록 구상한다.

(2) 필요할 경우 점, 선, 면 등으로 경관유형별로 구분하여 구상할 수 있다.

5-3-5. 기본구상의 내용

(1) 경관권역

① 건물, 산림, 녹지, 수공간 등의 경관적 특성이 동일하며, 면적으로 분포하는 일정지역에 대해서 계획상 필요한 경우 경관권역으로 설정할 수 있다.

② 공간적 범위가 작지만 건물의 양식이나 형태, 식생 등이 면적으로 동질의 독특한 경관특성을 형성하는 지역에도 설정할 수 있다.

(2) 경관축

① 특정한 경관자원의 조망을 연속적으로 보전 · 관리 및 형성하려는 선적형태의 도로나 가로, 산책로, 수변, 녹지대 등에 설정한다.

② 공간적 범위는 작지만 세밀한 구상이 필요한 경관축의 경우에는 입체적으로 설정할 수 있다.

(3) 경관거점

① 우세한 경관요소가 점적으로 입지하면서 랜드마크가 되는 곳, 장소성을 형성하거나 그 잠재성이 있는 지점에 대해 설정할 수 있다.

② 독특한 경관이 국지적으로 나타나는 지점, 경관특성이 우수한 점적 형태의 건물, 구조물, 시설물, 산림 또는 수목, 역사물 및 문화재 주변의 일정지역에 대해서 설정할 수 있다.

제4절 특정경관계획의 수립

5-4-1. 특정경관계획의 내용

(1) 특정경관계획은 특정한 지역, 특정한 경관유형 및 요소를 대상으로 경관사업, 경관협정, 경관심의 등을 통해 실행될 수 있는 구체적 수준의 실행방안 수립을 내용으로 한다.

(2) 특정경관계획은 특정경관계획의 기본구상 체계를 동일하게 유지하도록 수립한다.

(3) 특정경관계획은 입체적으로 수립되어야 하며, 대상을 명확하게 하고, 실현가능한 실행방안을 제시하여야 한다.

(4) 특정경관계획 내용의 설계사항은 경관설계지침과 경관설계지침도로 작성, 제시한다. 특정경관계획의 경관설계지침은 입체적으로 수립하고, 이해하기 쉽도록 단면, 이미지도 등을 작성한다

(5) 경관사업이나 경관조례에 반영해야 할 계획내용은 적용할 공간적 대상을 구체적으로 표기한다.

5-4-2. 경관권역계획

(1) 경관권역의 계획 방향을 실행하기 위한 계획방안을 제시한다.

(2) 경관권역 내외부의 주요 조망점에서 보이는 입체적 경관을 보전 · 관리 및 형성하기 위한 주요 경관요소들의 구체적인 계획방안을 제시한다.

5-4-3. 경관축계획

(1) 경관축을 형성하는 주변지역의 토지이용 및 도로계획, 건축계획 등과 연계하여 물리적, 시각적 접근성을 높이기 위한 입체적인 경관계획을 수립한다.

(2) 주요 조망축이나 시각회랑에 대해서는 시각적 연속성과 개방감을 확보하기 위한 입체적인 계획방안을 제시한다.

(3) 경관자원과 조망점 사이의 건축물, 가로시설물, 가로수 등의 높이와 배치, 단면 등을 검토하고, 필요한 경우 야간경관 등에 관한 계획을 수립한다.

(4) 보행자 전용도로, 녹도, 연결녹지 등의 시각적 연속성, 주제의 통일성을 확보하기 위한 계획방안을 수립한다.

(5) 테마가로의 경우, 주제를 구현할 수 있도록 가로시설물, 교통안내판, 포장재료 등의 형태와 색채 등에 대한 계획방안을 제시한다.

(6) 주요가로와 접근로, 보행로 등에서의 조망점을 설정하고, 교량 및 주요 건축물 등에 대한 랜드마크 조망계획을 수립한다.

5-4-4. 경관거점계획

(1) 경관거점이 되는 건축물이나 구조물의 경관 보전 · 관리 및 형성을 위한 입체적인 계획방안을 제시한다. 경관거점 주변의 건축물이나 구조물의 높이와 규모, 외관, 건축선 지정, 가로시설물, 포장, 가로수 등의 경관관리방안을 수립한다.

(2) 경관거점의 물리적, 시각적 접근성을 높이기 위한 토지이용, 도로, 건축물 등에 대한 입체적 계획방안을 수립한다.

(3) 진출입부의 이미지 부각, 상징성 강화 등을 위해 가로시설물, 도로표지, 안내시설에 대한 통합적인 계획을 수립한다.

제5절 특정경관계획의 경관설계지침

5-5-1. 경관설계지침의 적용 및 수준

(1) 유형별 경관설계지침이나 구성요소별 경관설계지침 중 하나를 선택하여 제시할 수 있다. 다만, 필요한 경우 두 가지 경관설계지침을 함께 제시할 수 있다.

(2) 유형별 경관설계지침은 동일한 경관유형(산림, 수변, 가로, 농산어촌, 역사문화, 시가지 등)에 대한 경관 설계의 방향, 원칙, 기법, 설계사항 등을 포함한다.

(3) 요소별 경관설계지침은 경관계획의 실행을 위한 건축물, 오픈스페이스,

옥외광고물, 공공시설물, 색채, 야간조명 등의 경관구성요소별 규모, 배치, 형태, 재료, 색채 등에 관한 설계사항 등을 포함한다.

(4) 특정경관계획의 경관설계지침은 중경이나 근경에서 고려해야 할 계획내용을 내용을 구체적으로 제시한다.

(5) 특정경관계획의 경관설계지침은 지구단위계획에 반영될 수 있는 수준으로 제시한다.

(6) 경관설계지침은 모든 대상과 계획에 공통적으로 적용되는 지침과 특정 대상이나 계획에만 적용되는 지침으로 구분하여 제시할 수 있다.

(7) 특정경관계획의 경관설계와 관련된 별도의 법정 지침이나 기준이 있는 경우에는 이를 따른다.

(8) 다음에 제시된 '5-5-2. 구성요소별 경관설계지침'은 부분적으로 선택하여 적용할 수 있다.

5-5-2. 구성요소별 경관설계지침

(1) 건축물 경관설계지침

① 건축물의 통일 또는 강조 등 경관 창출이 필요한 경우에 규제 또는 관리 등의 경관설계지침을 제시할 수 있다.

② 지역이미지 형성을 위한 스카이라인, 랜드마크, 통경축, 시봉형태 등의 경관설계지침을 제시할 수 있다.

③ 가로의 연속성 확보를 위한 건축선, 건축형태, 광고물, 아케이드 등의 계획방향을 제시할 수 있다.

④ 건물과의 조화를 위한 외관, 출입구, 경계부, 조경 등의 계획방향을 제시할 수 있다.

⑤ 공동주택, 단독주택, 상업시설, 근린생활시설, 공공시설, 도시지원시설 등 필요한 용지에 대해 건축물 경관설계지침을 작성할 수 있다. 지침의 요소로는 건축물의 규모 및 배치에 관한 사항, 건축물의 형태 및 외관에 관한 사항, 외부공간에 관한 사항 등에 대해 작성할 수 있다.

가. 공동주택 경관설계지침은 다음에 필요한 사항을 제시할 수 있다.

㉠ 스카이라인, 건축선, 통경축, 주동형태, 중저층 배치구간, 탑상형 배치구간, 단지경계부 처리, 부속동의 위치 등 건축물의 규모 및 배치

㉡ 주동길이, 지붕형태, 부속동, 필로티, 색채 등 건축물의 형태 및 외관

㉢ 단지입구, 공공조경, 보임광장, 숲길, 담장, 지상주차, 보행자 통로 등의 외부공간 등

나. 단독주택 경관설계지침은 다음에 필요한 사항을 제시할 수 있다.

㉠ 건축선, 배치, 길이 등 건축물의 규모 및 배치

㉡ 지붕, 창문, 발코니, 형태, 색채, 재료 등 건축물의 형태 및 외관

㉢ 전면공지, 담장, 대문, 주차장 등 외부공간에 관한 사항 등

다. 상업 및 근린생활시설 경관설계지침은 다음에 필요한 사항을 제시할

수 있다.

㉠ 건축선, 배치방향, 필지크기 등 건축물의 규모 및 배치에 관한 사항

㉡ 입면설계, 1층부 높이, 아케이드, 지붕, 색채 등 건축물의 형태 및 외관에 관한 사항

㉢ 공개공지, 전면공지, 담장, 진출입구, 공공통로, 주차장 등 외부공간에 관한 사항 등

라. 공공건축물 경관설계지침은 다음에 필요한 사항을 제시할 수 있다.

㉠ 건축물의 규모 및 배치에 관한 사항으로서 건축선, 배치방향 등의 요소

㉡ 건축물 형태 및 외관에 관한 사항으로 형태, 재료, 색채, 지붕 등의 요소

㉢ 외부공간에 관한 사항으로서 공개공지, 조경, 입구, 경계부 등의 요소

(2) 오픈스페이스 경관설계지침

① 원경, 중경, 근경을 고려한 오픈스페이스의 기본방향을 계획한다.

② 원경의 녹지축 형성을 위한 공원, 녹지, 도로, 수변 등의 경관설계지침을 작성할 수 있다.

③ 중경에서 보이는 가로의 연속성 형성을 위한 상징가로, 보행자 전용도로 등의 경관설계지침을 작성할 수 있다.

④ 근경에서 보이는 건축물 외부공간 형성을 위한 공개공지, 공공공지, 경계부, 상업몰 등의 경관설계지침을 작성할 수 있다.

⑤ 세부요소로는 도입 테마, 도입수종의 종류와 크기와 배치, 공간의 형태와 설계 등에 대해 작성할 수 있다.

(3) 옥외광고물 경관설계지침

① 가로의 조화성 형성을 위한 광고물 종류, 형태, 색채, 재료 등의 기본방향을 제시한다.

② 원경에서 보이는 가로의 상징성을 확보하기 위한 광고물 종류, 광고물 요소 등의 경관설계지침을 작성할 수 있다.

③ 중경에서 보이는 건물과 조화성 형성을 위한 광고물 종류, 형태, 색채, 소재 등의 경관설계지침을 작성할 수 있다.

④ 근경에서 보이는 업소의 특성을 연출하기 위한 광고물 종류별 형태, 소재, 색채, 조명 등의 경관설계지침을 작성할 수 있다.

⑤ 옥외광고물을 관리할 지역을 유도 및 규제수준의 관리등급에 따라 일반지역과 특정구역 등으로 구분하여 다르게 계획한다.

⑥ 관리지역별로 가로형 간판 등(가로형, 돌출형, 지주이용형, 창문이용형 광고물 등)의 설치 가능한 광고물 종류를 구분하고, 이에 대한 상세도를 작성할 수 있다. 또한 각 종류별 설치위치, 수량, 크기, 색채, 재료, 서체, 조명 등의 항목별 지침을 계획할 수 있다.

⑦ 필요한 경우 차양막, 전자식광고물, 현수막 등의 설치계획을 정할 수 있다.

(4) 공공시설물 경관설계지침

① 가로시설물의 통일성이 필요한 요소에 대한 경관설계지침을 제시할 수 있다.

② 가로의 가로등, 포장, 휴지통, 사인 등의 계획방향을 제시할 수 있다.
③ 공공시설물의 시설별로 공통형태, 공통색채, 공통재료, 공통그래픽 등을 제시할 수 있다.
④ 가로시설물은 교통시설, 조명시설, 휴게시설, 공공시설, 안내시설, 편의시설 등으로 구분하여 배치, 형태, 규모 등에 대한 가이드라인을 제시할 수 있다
⑤ 랜드마크, 교량, 옹벽, 방음벽, 포장 등의 형태, 색상, 재료 등에 대한 지침을 제시할 수 있다.
(5) 색채 경관설계지침
① 원경에서 보이는 테마색, 지붕색, 사용색 범위 등의 계획방향을 제시한다.
② 중경에서 보이는 가로 또는 권역의 요소별 색채범위, 부위별 색채범위 등의 계획방향을 제시한다.
③ 근경에서 보이는 건축물 및 시설물에 대한 주조색 범위, 보조색 범위, 강조색 범위 등의 계획방향을 제시한다.
④ 건축물 용도별, 시설물 유형별 사용색의 범위 및 색채기준을 제시할 수 있다. 건축물은 공동주택용지, 단독주택용지, 상업업무용지, 도시지원시설용지, 공공시설용지 등으로 구분하여 색채기준을 제시할 수 있다. 시설물은 안내시스템, 가로시설물, 교량 등으로 구분하여 색채기준을 제시할 수 있다.
⑤ 지침작성시 색채표기 단위는 먼셀, NCS 등 국제표준규격을 사용한다.

가. 건축물 색채 경관설계지침
- ㉠ 건축물 색채 경관설계지침를 위한 권역별 구분을 할 수 있다. 권역구분은 경관권역과 일치시킬 수 있으며, 권역구분도를 제시하여야 한다.
- ㉡ 주조색, 보조색, 윤곽색, 강조색 등의 사용색 범위를 제시하도록 한다. 공동주택, 단독주택, 상업용지 등 용도별로 구분하여 제시할 수 있다.
- ㉢ 공동주택 측벽의 설계 방향과 내용을 제시하도록 한다.

나. 시설물 색채 경관설계지침
- ㉠ 시설물을 그림과 배경으로서 역할을 하는 요소로 분류한다. 그림의 역할이 강한 요소로는 버스정류장, 상징타워, 게이트 등이 있으며, 강조색을 사용할 수 있다. 배경의 역할이 강한 요소로는 전화부스, 가로등, 펜스, 휴지통, 의자, 보도포장 등이 있으며, 윤곽색을 사용할 수 있다.
- ㉡ 윤곽색과 강조색의 사용색 범위를 제시하고, 사인시스템에 적용할 색채범위 및 지침을 제시할 수 있다.

(6) 야간 경관설계지침
① 야간경관 구성요소를 도시적 차원, 지역적 차원, 요소적 차원으로 분류하여 야간경관을 수립할 수 있는 지표를 제시한다.
- ㉠ 면 또는 선적으로 나타나고 지역 내에서 영향이 큰 야간경관 요소는 지역적 차원에서 검토되어야 한다.

㉡ 도시의 구조적 특성을 반영하거나 도시의 전체에 상호 영향을 미치는 야간경관요소는 도시적 차원에서 검토되어야 한다.

㉢ 단위요소로서 조망대상이 되거나 주요 조망점, 랜드마크적 특성이 강한 야간경관요소는 단위 요소적 차원에서 검토되어야 한다.

② 야간경관계획은 연출, 유도, 규제 등으로 구분하여 제시한다.

㉠ 야간경관 연출을 위해 랜드마크, 건축물, 도로, 가로 등의 지침을 제시할 수 있다.

㉡ 상업광고조명의 합리적 규제를 위하여 운영중인 법적 · 제도적인 조치를 계획에 반영할 수 있다.

제 6 장 실행계획

제1절 실행계획의 성격 및 내용적 범위

6-1-1. 실행계획은 경관계획의 내용을 구체적으로 실행하기 위한 방안을 제시하는 것으로서 다음의 사항을 포함한다.

(1) 경관계획에서 제안된 지역, 지구 및 구역 등의 지정 등에 관한 사항

(2) 경관조례의 제정 및 개정에 관한 사항

(3) 지구단위계획에 의한 관리방안 (대상지역, 지구단위계획 경관지침 등)

(4) 경관사업 추진에 관한 사항(사업 유형 및 핵심 내용)

(5) 경관협정의 적용 및 운영방안

(6) 경관관리 실행조직 및 행정체계에 관한 사항

(7) 단계별 사업계획 수립

(8) 예산 및 재정계획 수립

6-1-2. 실행계획의 작성을 위해서는 다음 사항들이 함께 검토되어야 한다.

(1) 경관계획대상지역이 관할구역 전체 또는 일부인지, 또는 특정경관유형이나 특정경관요소에 대한 계획인지에 따라 수립지침 제6장 제2절 이후의 실행계획 수립지침 중 해당되거나 필요한 지침을 선택적으로 적용한다.

(2) 도시관리계획, 농산어촌 자연환경 및 경관보전 시책, 자연경관기본계획, 산림기본계획, 산림경관관리 시책, 고도보전계획 등 경관법 및 관련법에서 규정하고 있는 경관 관련 계획에의 반영 및 연계할 사항의 도출 및 추진방안을 포함해야 한다.

제2절 경관관련 지역, 지구 및 구역 등의 적용 및 연계방안

6-2-1. 관련법의 경관 관련 지역, 지구 및 구역 등의 적용 및 연계방안 검토

(1) 경관계획에서 제안된 경관 관련 지역, 지구 및 구역 등의 지정을 위해서는 경관특성이나 관리수단 등을 고려하여 지정가능한 종류와 규제내용 등을 정하고, 필요한 경우 관련법규가 허용하고 있는 범위 내에서 경관 관련 지역,

지구 및 구역의 지정 등을 제안한다.

(2) 자연공원구역, 공원자연보존지구, 공원자연환경지구, 생태경관보전지역, 경관보전지구, 산촌진흥지역, 마을정비구역, 문화재보호구역, 문화지구, 고도보전 관련 특별보전지구, 역사문화환경지구, 해양경관보호구역 등 도시, 농산어촌, 자연경관 및 역사문화 경관 관련 법률에서 규정하고 있는 경관 관련 지역, 지구 및 구역 등의 적용 및 연계 관리방안 등을 검토하여 제시한다.

6-2-2. 경관 관련 지구 등의 지정 및 관리

(1) 경관지구와 미관지구의 지정은 「국토의 계획 및 이용에 관한 법률」에서 도시관리계획으로 결정하고, 동법에 근거한 지방자치단체의 도시계획조례로써 지역의 특성에 적합한 지정 및 관리 방안을 제안한다.

(2) 관련 법률에 의한 경관 관련 지역, 지구 및 구역은 당해 법률의 지정절차에 따라 지구지정을 위한 행정절차와 담당자를 적시하여 제안하도록 한다.

(3) 제안된 경관 관련 지역, 지구 및 구역의 경관관리는 해당 지구에 대한 경관계획을 수립하고 그에 따라 관리하도록 하며, 별도의 지역, 지구 및 구역의 지정 및 관리운영계획서를 마련한다.

6-2-3. 지역특성에 적합한 경관 관련 지구 등의 세분 등

(1) 도시관리계획의 지구지정에 필요한 경관지구나 미관지구를 검토·제안하고, 시·도 도시계획조례에 반영될 수 있도록 경관지구의 세분을 검토·제안한다.

(2) 지역의 경관특성에 적합하도록 「농어촌정비법」에 의한 마을정비구역, 「임업 및 산촌진흥촉진에 관한 법률」의 산촌진흥구역, 「자연공원법」에 의한 공원자연보존지구 또는 공원자연환경지구, 자연경관보전조례에 의한 자연경관보전지역, 「해양생태계의 보전 및 관리에 관한 법률」의 해양경관보호구역, 「문화예술진흥법」에 의한 문화지구 등의 지정을 검토, 제안한다.

6-2-4. 경관지구의 경관규제 방안 제시

(1) 경관지구의 지정이나 경관관리를 위한 규제는 경관보전 등 공공의 이익을 위해 목적이 달성되는 범위 내에서 개인의 재산권이 최대한 보장될 수 있도록 해야 한다.

(2) 규제의 기준은 건축 자유를 유지하면서 도시경관을 확보할 수 있어야 하며, 규제에 따른 개선효과가 직접적이고, 지속적으로 개선을 유도하는 방향이어야 한다.

제3절 경관조례의 제정 및 개정 등의 제안

6-3-1 경관관리를 위한 경관계획, 경관사업, 경관위원회 등에 대한 경관법의 규정에 맞도록 지방자치단체의 경관 관련 조례의 구성과 내용을 신설하거나

조정하도록 방안을 제시한다.

6-3-2. 경관조례에는 경관형성을 위한 경관사업, 경관협정 등의 추진과 실행을 위한 근거를 마련하고, 지방자치단체의 적극적인 유도나 지원이 가능하도록 하는 내용을 담는다. 특히, 특정 권역별 특성이나 경관유형별 경관특성을 살리기 위한 내용을 경관 관련 조례에 반영하거나 신설하도록 제시한다.

6-3-3. 「국토의 계획 및 이용에 관한 법률」에 의해 위임된 도시계획조례에는 경관지구 및 미관지구의 세분화가 포함되어 있으므로 이들 내용과 신설하려는 경관조례와의 관계를 검토하여 충돌되지 않도록 한다.

6-3-4. 도시계획조례에서 경관지구나 미관지구에 관련된 사항 중 경관조례에 위임될 수 있는 제한이나 규제 사항, 경관형성을 유도하기 위한 인센티브 등을 경관조례 반영할 수 있도록 제시한다.

제4절 지구단위계획에 의한 관리사항

6-4-1. 지구단위계획은 토지이용을 합리화 · 구체화하고, 도시 또는 농산어촌의 기능의 증진, 미관의 개선 및 양호한 환경을 확보하기 위해 수립하는 계획이므로 경관계획에서 제안된 경관중점관리구역 중 지구단위계획의 수립에 의해 경관을 관리하기 위한 대상을 설정하고, 지구단위계획에 의해 관리할 수 있는 사항을 제시한다.

6-4-2. 지구단위계획수립 지침 상의 경관상세계획과 연계하여 경관협정이나 경관사업 등의 적용 등을 검토하고, 이에 대한 지원 방안을 검토한다.

제5절 경관사업 추진에 관한 사항

6-5-1. 경관사업의 선정

(1) 경관사업으로 지정할 수 있는 사업에는 경관계획에서 제안된 사업이나 경관형성을 위한 사업들이 포함될 수 있으며, 공간적으로 도시 뿐만 아니라 농산어촌을 포함하도록 고려한다.

(2) 민간의 제안으로 추진되는 경관사업 이외에도 지역 특성에 적합한 새로운 경관사업을 발굴하여 추진방안을 검토 · 제시한다.

(3) 경관사업 선정시 기존에 진행되고 있는 택지개발사업, 농어촌생활환경정비사업, 문화 · 역사마을가꾸기사업, 경관림 조성관리사업, 사방사업 등 경관법 및 관련법에서 규정하고 있는 경관관련 사업의 적용방법 및 연계방안이 함께 제시되어야 한다.

(4) 경관사업의 선정은 사업의 시급성과 효과성을 고려하되 관련 사업을 통해 재정지원을 받을 수 있는 사업을 우선적으로 선정하고, 지방자치단체의 특성에 맞는 경관형성 및 관리를 위한 경관사업 지정 방법 및 절차를 조례에 반영

할 수 있도록 제시한다.

6-5-2. 경관사업의 추진방안

(1) 경관사업은 지역 및 도시의 자연적, 문화적, 역사적 개성을 살리기 위한 사업으로, 경관계획에 근거하거나, 경관협정 혹은 별도의 사업계획을 수립하여 추진할 수 있으며, 사업주체는 공공과 민간 모두 가능하도록 제시한다.

(2) 지방자치단체가 지원을 할 수 있는 경관사업의 예산범위에서 사업주체에게 실질적 지원이 될 수 있는 방안을 제시한다.

6-5-3. 경관사업추진협의체의 운영

(1) 경관사업추진협의체의 조직 · 운영 및 업무 등에 관하여 필요한 사항을 경관사업 추진 단계별 · 주체별로 제시하고, 필요하다면 조례에 반영할 사항을 제시한다.

(2) 공공이 추진하는 경관사업은 사업부서와 경관관리부서가 다를 수 있으므로 부서 간의 협의체 구성 등 협의를 제도화 할 수 있는 방안을 제시한다.

제6절 경관협정의 적용 및 운영에 관한 사항

6-6-1. 경관계획에서 경관협정을 적용하도록 제안된 대상지역 안의 토지소유자 등이 경관협정을 적극적으로 추진할 수 있도록 유도 및 지원방안을 제시한다.

6-6-2. 주민의 자율적인 경관협정을 유도할 수 있도록 민간제안 내용을 적극적으로 수용할 수 있는 다양한 방안을 검토 · 제시한다.

6-6-3. 경관법에 의한 경관협정 뿐만 아니라 관련법에 규정하고 있는 녹지보전협정, 경관협약, 경관보전직접지불제, 문화유산보전협약 등 다양한 경관 관련 협약 등의 적용방법 및 연계방안이 검토 · 제시되어야 한다.

6-6-4. 경관협정을 추진해야 할 대상구역의 명칭, 위치와 범위, 목적 및 내용, 경관협정의 체결 및 실행을 위한 기술, 행정 및 재정적 지원체계를 마련하고, 조례에 반영해야 할 사항들을 제시한다.

제7절 경관관련 자문 및 심의에 관한 사항

6-7-1. 경관계획에서 제시한 경관의 보존, 관리 및 형성을 위한 계획방안 중 경관위원회 심의를 비롯, 건축심의, 공동주택심의, 자연경관심의, 산지의 이용 및 보전심의, 고도보존심의 등 각종 경관 관련 위원회에서 다루는 각종 심의 · 자문사항을 도출하고, 심의 · 자문위원회를 통해 경관을 관리해야 할 사항을 검토 · 제시한다.

제8절 단계별 추진계획 수립

6-8-1. 단계별 계획 수립을 위해서는 대상 사업에 대한 사업우선순위 평가기준을 마련하도록 하고, 그에 따라 사업을 장기, 중기, 단기 등의 단계를 구분하되, 사업의 단계는 도시기본계획, 도시관리계획 등의 기간과 일치시켜 계획의 실효성을 높이도록 조정하고, 구체적인 사업계획은 연차별 집행계획 수준으로 작성사업이 용이하게 추진될 수 있도록 한다.

6-8-2. 경관은 단기간에 조성되거나 일회성 계획으로 이루어 낼 수 없는 속성을 가지고 있으므로 도시비전을 고려하여 장기적인 안목에서 점진적으로 경관을 형성해 나아가야 하며, 그 중에서도 우선순위가 높은 사업으로부터 단계별 점진적인 추진되도록 계획이 제시되어야 한다.

6-8-3. 시각적인 대상을 다루는 계획 내용과 더불어 관련된 각종 시민활동에 대한 지원과 다양한 프로그램 등의 비물리적 계획내용도 중요한 사안이므로 이를 단계별 계획에 포함하여 수립해야 한다.

제9절 예산계획 수립

6-9-1. 사업비 산정

(1) 추진해야 할 핵심 사업은 구체적인 사업목록, 공사내역별 규모 등에 대하여 총량 및 기준 단가를 제시하여 현실적인 사업비 산정이 되도록 하고, 산정된 사업비에 대하여 사전에 감독기관 등이 검토할 수 있도록 한다.

6-9-2. 사업비 확보

(1) 소요예산을 충당하기 위한 체계화된 재정계획을 수립하며, 현실적인 사업비 확보가 가능하도록 한다.

(2) 재정계획에는 다음의 내용을 구체화하여 포함한다.

① 재원별 사용가능 예산계획

② 공공, 민간의 재원구분

③ 구체적 예산확보방안

④ 사업별 집행계획

(3) 경관사업의 재원마련 방안

① 예산 지원계획

② 개별 사업비용 마련방안(사업자, 수익자 부담)

③ 기타 재원조달방안 제시

6-9-3. 사업비 부담

(1) 사업비 부담은 재정계획에 따라 분담하는 것을 원칙으로 작성한다.

(2) 경관사업과 관련 있는 타 사업의 예산 집행과 연계시킬 수 있는 방안을 검

토한다. 예컨대 경관가로조성사업의 경우 해당 도로관련 예산과 연계하여 수립할 수 있다.

(2) 경관사업에 소요되는 사업비는 개별 사업의 특성에 따라 크게 차이가 발생할 수 있고, 구체적 사업비 산출이 어려운 경우에는 관련 자료와 기존 계획 보고서상의 집행계획 등을 참고하여 사업비를 추정토록 한다.

(3) 사업비는 조사설계비와 공사비, 기타 부대비용 등으로 구성하되 보상비는 제외한다.

제10절 경관관리 실행조직 및 실행체계에 관한 사항

6-10-1. 경관계획의 효과적인 실행을 위해 지방자치단체의 전담 행정조직이나 경관추진협의체의 설립 및 운영과 실행방법 등에 관한 사항을 제시해야 한다.

제7장 도서의 작성

제1절 규격 및 작성기준

7-1-1. 공통사항

(1) 용지규격은 A4(210mm×297mm)로 하고, 인쇄는 양면으로 한다.

(2) 계획서의 표지에는 계획수립연도, 최종목표년도 및 해당 지자체명을 표시하여 지자체별 자율적으로 작성한다.

(3) 계획서는 계획내용을 함축적으로 표현하도록 한다.

(4) 계획서의 내용은 가급적 도표와 그림을 삽입하여 홍보효과를 높일 수 있도록 작성한다.

(5) 경관조사자료 등은 별도의 책자와 CD로 작성, 제출한다.

제2절 도면의 작성수준

7-2-1. 경관기본구상도

(1) 개념 : 경관계획대상지역의 전반적인 경관골격에 대한 구상으로 양호한 경관을 보전·관리 및 형성 등의 방향을 설정한 도면이다.

㉠ 경관기본구상, 주요 경관자원, 경관권역의 구분, 경관축, 경관거점 등의 계획대상과 범위를 표시한다.

(2) 경관기본구상도는 계획대상을 모두 포함하도록 하며, 계획대상과 범위를 명확하게 구분하여야 하고, 범례를 통하여 도면의 이해가 쉽도록 작성한다.

(3) 기본경관계획의 경우, 경관기본구상도는 1/50,000~1/25,000 축척에서 이해될 수 있는 수준으로 작성한다.

(4) 특정경관계획의 경우, 경관기본구상도는 1/5,000의 축척 수준으로 작성한다. 다만, 대상지의 규모에 맞게 계획의 내용을 표현하기에 부적당한 경우에는 축척 수준을 따로 정하여 작성할 수 있다.

7-2-2. 경관계획도

(1) 개념 : 향후 경관형성의 방향 설정을 위해 계획대상의 규모 및 특성에 따라 보전·관리 및 형성의 대상과 목표를 제시하는 도면이다.

(2) 도면

① 경관권역, 경관축, 경관거점이나 경관중점관리구역 등을 구체적으로 파악할 수 있도록 표기하고, 필요시 범례를 추가하여 이해가 쉽도록 경관기본계획도를 작성한다.

② 기본경관계획의 경우의 경관계획도는 1/25,000~1/10,000 축척에서 이해할 수 있는 내용의 수준으로 표현한다. 다만, 권역의 범위가 넓어 계획의 내용을 상세하게 표현할 필요가 있다고 판단되는 경우에는 별도의 세부 도면을 작성한다.

③ 특정경관계획의 경우, 경관계획도는 1/5,000 이상의 축척에서 이해할 수 있는 내용의 수준으로 작성한다. 다만, 대상지의 규모에 맞게 계획의 내용을 표현하기에 부적당한 경우에는 축척 수준을 따로 정하여 작성할 수 있다.

(3) 경관시뮬레이션

① 주요 조망점에 대해서는 조망대상과 시각회랑, 보전 및 관리대상 등의 표현이 명확하게 표현되도록 시뮬레이션을 작성할 수 있다.

② 경관시뮬레이션은 도로, 공원, 전망대, 교차로 등의 주요 조망점에서 사람 눈높이에서 보이는 조망을 위주로 제작한다.

③ 관할구역 전체를 대상으로 계획하는 기본경관계획의 경관시뮬레이션은 시각회랑, 조망축 등의 설정 등과 같은 형태와 규모 등을 판단하기 위한 자료로 활용하기 위해 작성한다. 지형, 도로 및 건물의 형태, 높이, 녹지 등에 대한 단순한 형태의 모델링을 제작하여 사용한다.

④ 관할구역 일부 또는 특정경관유형이나 특정경관요소에 대해 계획하는 특정경관계획의 경우, 주요 조망점에서의 조망과 경관축, 경관거점 등의 주요 대상에 대한 경관 변화를 판단하거나 예시에 필요할 경우에만 작성한다.

7-2-3. 경관설계지침도

(1) 기본경관계획의 경관설계지침도

① 개념 : 경관계획에서 제시한 경관보전·관리 및 형성 측면에서 경관관리가 필요한 대상에 대한 경관설계지침사항을 표현하는 도면이다.

② 도면

가. 경관권역, 경관축, 경관거점을 파악할 수 있도록 표기하고 필요시 범례를 추가하여 이해가 쉽도록 경관설계지침도를 작성한다.

나. 계획내용을 충분히 표시할 수 있는 수준의 축척을 사용하여 작성하여야 하며, 1/5,000 축척 이상의 수준으로 한다.

다. 지역의 지정 범위가 넓어 계획의 내용을 상세하게 기술할 필요가 있다고 판단되는 경우에는 별도의 세부 도면을 작성하여야 한다.

바. 규제가 필요한 경우 규제요소와 규제지역 등을 표시한 도면을 작성하여야 한다.

(2) 특정경관계획 수립시 경관설계지침도

① 개념 : 경관관리가 필요한 경관요소에 대해 세부적인 지침사항을 표시하는 도면이다.

② 도면

가. 계획내용을 충분히 표시할 수 있는 수준의 축척을 사용하여 작성하여야 하며, 1/1,000 축척 이상의 수준으로 한다.

나. 지역의 지정 범위가 넓어 계획의 내용을 상세하게 기술할 필요가 있다고 판단되는 경우에는 별도의 세부 도면을 작성한다.

다. 규제가 필요한 경우 지구단위계획 등에 반영할 수 있도록 규제요소와 규제지역을 표시한 도면을 작성한다.

부 칙 〈07 · 12 · 18〉

이 지침은 2007년 12월 18일부터 시행한다.

참고문헌

- (사)경관협의회 편저(2007), 2006년 일상장소 문화생활공간화 기획 · 컨설팅사업 사업평가서, 경관협의회
- 강원도(1997) 강원도 경관형성기본계획.
- 강원도(1997) 강원도 경관형성기본계획.
- 건설교통부(2004) 신도시 경관계획기준 마련을 위한 연구.
- 건설교통부(2004) 제4차 국토종합계획 수정계획 수립지침.
- 건설교통부(2005) 2005년도 주요 업무 추진계획.
- 건설교통부(2005) 건설기술 및 건축문화 혁신방안.
- 건설교통부(2007) 경관계획 수립방향 및 기준마련을 위한 연구.
- 광주광역시(2006) 2004-2020 광주광역시 도시경관기본계획.
- 광주시(1996) 광주시 도시경관보전 · 관리방안에 관한 연구.
- 김대수 · 안상욱(2005) 도시경관계획 작성지침의 문제점과 개선방향. 한국조경학회 경관연구회 제5차 세미나 발표논문집.
- 김하영, 김광우, 정창무(2006) 해외 건축협정제도와 국내 사례 비교 연구 / 일본의 건축협정제와 헤이리 아트밸리 건축설계지침을 중심으로, 대한국토도시계획학회 정기학술대회 논문집, pp.1267-1280.
- 김한배(1998) 우리 도시의 얼굴찾기. 태림문화사.
- 김한배(2003) 도시경관계획의 작성방식에 관한 비교연구. 대한국토 · 도시계획학회지 38(5).
- 김해시(1993) 김해시 도시환경개선 모델연구.
- 김해시(1997) 김해시 내외지구 경관조성계획.
- 대구시(2002) 대구광역시 도시경관기본계획.
- 대전광역시(2003) 대전시 경관형성기본계획.
- 대전시(1992) (월명공원 주변)도시경관 보전을 위한 건축규제방안 연구.
- 대전시(1993) 보문산 주변 도시경관보전을 위한 건축규제방안 연구.
- 대한주택공사(2006) 경관법 제정을 위한 연구.
- 대한주택공사(2008) 개발대상지 도시경관 향상을 위한 경관계획체계수립.

- 목포시(1995) 유달산 주변지역 최고고도지구 지정.
- 목포시(1995) 해안로 주변지역 최고고도지구 지정.
- 문화관광부(2007) 주민과 함께 도시경관 만들기.
- 배웅규(2007) 도시계획 · 개발과정에서 주민참여 시스템으로서 뉴욕시 커뮤니티보드의 운영특성 및 시사점 연구, 서울시정개발연구원「서울도시연구」제8권 2호, pp.1–18.
- 백운해(2005) 주거단지 경관계획에 관한 연구. 한양대학교 공학대학원 석사학위논문.
- 부산시(1994) 부산어메니티플랜.
- 서울시(1998) 소방가로조성 사업계획.
- 서울시(1999) 시범조망가로 계획 및 설계.
- 서울시(2000) 서울의 주요산 경관풍치 보전계획.
- 서울시정개발연구원(1993) 서울시 도시경관관리방안연구(I).
- 서울시정개발연구원(1994) 서울시 도시경관관리방안연구(II).
- 서울시정개발연구원(1994) 한강연접지역 경관관리방안연구.
- 서울시정개발연구원(1997) 서울시 도시경관관리방안연구(III).
- 서주환 · 최현상 · 김상범(2001) 경관계획수립 관련법규의 비교분석. 한국조경학회지 28(6).
- 심상욱(2002) 일본 도시경관조례에 관한 연구, 대학국토 도시계획학회지「국토계획」제37권 1호(통권 119호), pp.107–125.
- 안양시(2001) 안양시도시경관형성기본계획.
- 안양시(2003) 안양아트시티 21 기본계획.
- 오민근(2005) 일본의 경관법 제정 배경 및 내용. 한국조경학회 경관연구회 제5차 세미나 발표논문집.
- 울산시(2001) 울산도시경관종합기본계획.
- 원세용, 김성중, 김태영(2006) 일본 교토시 건축협정지구 사례분석, 대한건축학회논문집「계획계」제22권 1호(통권 207호), pp.49–57.
- 이규목(2002) 한국의 도시경관. 열화당.
- 이어경, 이정형(2007), 우리나라 경관시책의 현황에 관한 연구 한국도시설계학회 추계학술발표대회.

- 임승빈(1991) 경관분석론. 서울대학교출판부.
- 전주시(1995) 전주시 공원보호를 위한 주변 주거지역 용도세분 및 고도지구지정에 관한 연구.
- 제주시(2004) 제주시 도시경관기본계획.
- 진주시(1999) 진주시 신축건물 고도조정 및 경관기본계획.
- 최순화 · 이동훈 · 이민훈(2003.3.24) 미래유망상품 키워드-중기적 관점에서. 삼성경제연구소 Issue Paper.
- 한국토지공사(2002) 용인동백지구 경관계획.
- 한국토지공사(2004) 시흥능곡지구 경관계획.
- 한국토지공사(2005) 용인흥덕지구 경관계획.
- 한국토지공사(2007) 행정중심복합도시 경관7대전략과제(공공시설물).
- 황기원(1989) 경관의 다의성에 관한 고찰. 한국조경학회지 17(1): 55-67.

- Appleton, J.(1975) The Experience of Landscape. London. John Wiley and Sons.
- Ashihara,Y.(1970) The Exterior Design in Architecture. N.Y.. Van Nostrand Reinhold Co.
- Attoe,W.(1981) Skylines. N.Y.. John Wiley and Sons.
- Cullen G.(1971) The Townscape. London. Architectural Press.
- Institute of Environmental Assessment and the Landscape Institute(1995) Guidelines for landscape and visual impact assessment, E&FN SOPN.
- Kaplan, R. and Kaplan, S.(1989) The Experience of Nature: A Psychological Perspective. New York, U.S.A.: Cambridge University Press.
- Lynch, K.(1960) The Image of The City. Cambridge. M.I.T.Press.
- Meinig, D.W.(1976) The Beholding Eye. The Interpretation of Ordinary Landscape(D.W.Meinig edit). N.Y.. Oxford Univ. Press. pp.33-50.
- Noberg-Schulz, C.(1979) Genius Loci; Towards a phenomenology of Architecture, London. Academy Edition.

- Norberg-Schulz, C.(1971) Existence. Space and Architecture(실존, 공간, 건축; 김광현 역, 1977, 산업도서출판사).
- Rapoport, A.(1982) The Meaning of the Built Environment; A Non-Verbal Communication Approach. Beverly Hills. Sage Pub.
- Relph E.(1976) Place and Placelessness. London. Pion Ltd.
- Spreiregen, P.(1965) Urban Design. N.Y.. Mcgraw-Hill Book Co.
- Ventury, R. et al.(1972) 김정신, 김동찬 공역(1983). 라스베가스의 교훈. 서울. 태림문화사.

- 京都市(1997) 京都の景観 - 保全・再生・創造.
- 尼崎市(1985) 尼崎市都市美形成基本計劃.
- 東京都(1994) 東京都都市景観マスタプラン.
- 藤澤市・辻堂熊ノ森景觀形成協議會(2001) 辻堂熊ノ森のまちづくり(景觀形成計画及び基準).
- 名古屋(1987) 明日のNAGOYA-みんなのまつくり-(名古屋市 都市景観條例のあらまし).
- 鳴海邦碩 編(1988) 景觀からのまちづくり. 京都. 學藝出版社.
- 神戸市(1982) 神戸市都市景觀形成基本計劃.
- 造景編輯部(2000), まちづくり事業企劃マニュアル, 建築資料研究社

[ㄱ]

저자 약력

김경영

라미환경연구원 원장 · 국토경관연구원(주) 대표 ramirami@paran.com

서울대학교 환경대학원 환경조경학과 (석사)

日本千葉(지바)대학교 대학원 공학부 환경시스템학과 (박사)

김경인

(주)브이아이랜드 대표이사 gikim0045@hanmail.net

경희대학교 조경학과 (학사)

서울대학교 환경대학원 환경조경학과 (석사)

일본 교토대학교 대학원 환경지구공학전공 (박사)

김대수

혜천대학 도시환경조경과 교수 dsookim@hcc.ac.kr

서울대학교 조경학과 (학사)

서울대학교 대학원 생태조경학과 (석사)

서울대학교 대학원 협동과정 조경학전공 (박사)

김세용

고려대학교 건축학과 교수 kksy@korea.ac.kr

고려대학교 건축공학과 (학사)

서울대학교 환경대학원 및 컬럼비아대학교 건축대학원 (석사)

고려대학교 대학원 건축공학과 (박사)

김정훈

(주)아키플랜종합건축사사무소 대표이사 jhoonkim@archiplan.com

서울대학교 공과대학 건축학과 (학사)

서울대학교 환경대학원 환경조경학과 (석사)

서울대학교 환경대학원 환경조경학과 (박사수료)

김충식

강릉대학교 환경조경학과 교수 kcs@kangnung.ac.kr

서울시립대학교 조경학과 (학사)

서울시립대학교 대학원 조경학과 (석사)

서울시립대학교 대학원 조경학과 (박사)

김한배

서울시립대학교 조경학과 교수 · 한국경관협의회 부회장(공동) hbkim@uos.ac.kr

서울시립대학교 조경학과 (학사)

서울대학교 환경대학원 환경조경학과 (석사)

서울시립대학교 대학원 조경학과 (박사)

김현선

김현선디자인연구소 대표 khsd6789@korea.com

서울대학교 환경대학원 (석사)

동경예술대학교 미술학 (박사)

목정훈

세종대학교 건축학과 교수 jhmok@sejong.ac.kr

성균관대학교 조경학과 (학사)

서울대학교 환경대학원 (석사)

Texas A&M University 도시 및 지역계획학 (박사)

신지훈

(주)그룹 · 한 경관생태디자인연구소 소장 sjihoon@dreamwiz.com

서울대학교 조경학과 (학사)

서울대학교 대학원 생태조경학과 (석사)

서울대학교 대학원 협동과정 조경학전공 (박사)

안재락

경상대학교 공과대학 건설공학부 도시공학전공 교수 jrakahn@gnu.ac.kr

서울대학교 공과대학 공업교육학과 건축전공 (공학사)

서울대학교 대학원 건축학과 (석사)

일본 교토대학 대학원 건축학과 (박사)

이창호

대한주택공사 주택도시연구원 책임연구원 chang-ho@jugong.co.kr

경희대학교 건축공학과 (학사)

일본 와세다대학교 건축학과 (석사)

일본 와세다대학교 건축학과 (박사)

주신하

서울여자대학교 원예조경학전공 교수 sinhajoo@swu.ac.kr

서울대학교 조경학과 (학사)

서울대학교 대학원 생태조경학과 (석사)

서울대학교 대학원 협동과정 조경학전공 (박사)

최일홍

대한주택공사 주택도시연구원 연구위원 inchoe@jugong.co.kr

서울시립대학교 조경학과 (학사)

서울대학교 환경대학원 환경조경학과 (석사)

서울시립대학교 조경학과 (박사)

최형석

수원대학교 공과대학 도시부동산개발학과 교수 swurban@empal.com

서울대학교 조경학과 (학사)

서울대학교 대학원 생태조경학과 (석사)

서울대학교 대학원 협동과정 조경학전공 (박사)